营　国

——城市规划建设管理实践与思考

周峰越　著

復旦大學出版社

彼得・卡尔索普为本书作序*

Preface for Zhou Fengyue's book

Facing implementation challenges, many designers and city implementers are thinking deeply in terms of how to learn successful international experiences and adapt them to the local context of Chinese cities. Mr. Zhou Fengyue is one such local practitioner who I highly respect, who is doing such work and deep thinking.As someone who also pursuits perfect urban development, I feel very touched by Mr.Zhou's dedication and creative thinking. I hope this book will provide inspirations for our friends and colleagues, and contribute to the future sustainable growth of Chinese cities.

April 2014

---

* 彼得・卡尔索普(Peter Calthorpe),新城市主义创始人,世界著名规划设计大师。

面对城市规划实施方面的挑战，许多城市发展的设计者和实施者都在深刻地思考如何借鉴国际的先进经验，并且与自身城市的特点相结合，走出一条创新的生态文明建设之路。在这批孜孜不倦而上下求索的有识之士中，周峰越先生是我非常尊重的一位地方实践者。作为追求城市完美发展的同道者，我深为峰越先生的精神和思考所感动，希望这本书能同时给我们的朋友和同路人更多的启示，共同构建中国城市可持续发展的美好明天。

彼得·卡尔索普

2014年4月

自 序

本书书名“营国”取自“匠人营国”，就是城市的规划建设与管理。

“匠人营国，方九里，旁三门，国中九经九纬，经涂九轨；左祖右社，前朝后市，市朝一夫。”（《周礼·冬官考工记》）

以上的理论叙述代表了我国最早的城市规划思想；从西周至今漫长的社会发展史，也是城市发展建设的历史。

而今中国的城市化大潮是全世界瞩目的社会经济现象，城市的规划、建设、管理、经营格外重要；而城市规划学科的实践性、社会性更加凸显。

总之，快速城市化的今天，我们“匠人营国”，需要冷静深入地思考：我们要给我们的子孙建造与留下什么样的城市？

2014年2月22日于昆明

目　录

第一编　城市规划随想

第二编　城市规划研究

第一编　城市规划随想

彼得·卡尔索普(Peter Calthorpe)为TOD(公交为导向开发)理念的创始人,世界著名规划设计大师,曾因重新阐释美国城市与郊区发展模式,而被《新闻周刊杂志》提名为二十五名“先进技术先驱”之一,三次荣获美国住房和城市发展部颁发的奖项,2006年被美国城市土地研究所(Urban Land Institute)授予J.C.Nichols奖。图为他(左)与作者(右)在昆明呈贡新区工地现场讨论城市规划

城市规划随想20条

随想01

我们人类是群居的社会，而且集居的数量和规模不断扩大，由农村到乡镇，再从乡镇到城市。

在1898年，英国人霍华德（E. Howard）曾设计了3万人居住的“明天的花园城市”，这是早期的现代城市规划理论的萌芽，而我国今天的上海市，城市人口已达1 400万的巨型规模。在二百年前，世界总人口为9.78亿，只有5%的人口（约3 000万）居住在城市里，可是到2005年1月，全世界有50%的人口在城市中居住，城市人口的总数已达到32.1亿，城市的发展是何等迅速！

城市就是产业、政治、文化、经济的中心，是文明的发源地，是人们从事社会、经济、文化活动的载体。城市规划就是伴随着研究城市的四大功能——居住、工作、交通、游憩而存在与发展的。

中国人均国土面积只有世界平均值的三分之一，20世纪80年代我国城镇、农村开始建房高潮时，从1980年到1985年全国耕地面积减少830万公顷，相当于整个浙江省的耕地。所以，城市问题从来不只是一个城市的问题，而是事关一个国家可持续发展全局性的重大问题。

在过去的一段时间里，我国许多城市的管理层曾认为，城市规划决策仅是一种技术性决策，是工程技术人员干的技术活儿。然而，随着我国快速城市化进程20多年来的经验与教训的积累，越来越多的城市领导者们，对于城市规划技术决策的意义有了深刻的理解。因为如果在城市高速发展过程中，不重视相关城市协调发展技术决策，其后果将会影响到城市的健康发展，会大大降低城市的运行效率。规划决策失误将会给城市带来经济方面、环境方面、社会方面乃至政治方面的多重负面影响。城市规划决策问题解决不好，将会给城市管理者带来许多麻烦，引发一系列的社会问题。

毋庸置疑，城市规划是政府的主要职能之一，规划管理是政府行政的重要组成部分。面对快速的城市化进程，许多人都会脱口说出：规划是"龙头"。然而，舞好这个"龙头"却是一个复杂的系统工程。这正如同我们多数人都知道"雄关漫道真如铁"，却往往不知其后的"苍山如海，残阳如血"。

因此，城市规划研究工作，不是单单提出深刻的启示就够了，还应提出深刻的质疑，还应做更广泛、更深入的基础性研究与分析。无论规划编制、规划管理还是规划决策都需要与时俱进，需要不停地探索，尽管这种探索可能是漫长而曲折的，但黑夜给了我们黑色的眼睛，我们注定要用它来寻找我们的光明！

（2005年2月）

随想02

在中国快速城市化的今天，城市规划无时无刻不处在激烈地发展演变过程之中。

如果现在还有人将城市规划简单地理解为绘制"纸上画画，墙上挂挂"的规划图的话，那么就太落后于这个时代了。

说千言，道万语，城市规划早已演变成了一种最为现实的城市公共政策，它平衡着市场经济激荡下城市中各种利益的对撞。

这个公共政策，应该是以最广大市民利益即城市整体的长远利益高于一切，这就犹如我们头顶上的星空和每一个城市规划师心中的道德定律。

（2006年2月）

随想03

我们多希望我们居住的城市一天天地美起来。美好的城市环境带来了城市的竞争力，城市竞争力带来了更多的就业岗位。可以说，城市竞争力将影响城市中每一个家庭的幸福；而科学的城市规划则必定给我们带来美好的城市生活。

（2007年4月）

随想04

城市规划就应该坚持公众利益最大化的原则。城市的公共利益与城市可持续发展是城市规划永恒的价值取向。

（2007年6月）

随想05

春城的山水环境是无价的。无论多么赚钱的项目，如果破坏了春城的美好环境的话，这山水城市的无限是能够用有限的金钱再买回来的吗？

过去，梁思成说，中国城市多在无知匠人手中改观；

而今，中国城市多在对利益的疯狂追逐中改观！让我们都来理性地看待这种情况，都来遵守和尊重城市规划，都来保护城市的历史与自然，无论你是官员还是学者，无论你是商人还是百姓。总之，城市的未来会给我们恰当的回报。

（2007年8月）

随想06

城市规划还会有许多困惑、许多悖论，有时候城市规划无法但又必须立即做出决定时，唯有不断学习和思考以启迪智慧，寻找我们城市成长与发展的答案。总之，城市规划师要勇敢地面对这目前还有些混沌的城市。

（2007年10月）

随想07

城市规划属性已从过去偏重于技术手段向构建和谐社会的公共政策转型。这是当前城市规划改革最深刻的内涵。亚里士多德曾说："人们来到城市是为了生活，人们居住在城市是为了生活得更好。"我们的城市规划就是要建设让人们生活得更好的城市。所有的规划政策的制定，都要围绕着构建和谐社会、创造人们的美好生活而展开。

（2007年12月）

随想08

要将我们的城市建成最适宜人居住与发展的地方。

城市规划要"三高"；

城市建设要"三化"；

城市管理要"三精"。

那么它们是什么呢？请记住："三高"——高起点、高标准、高品位；"三化"——标准化、规范化、工艺化；"三精"——精心、精细、精品。

（2008年2月）

随想09

一个城市是否有活力，是否可以带动、辐射周围广大的乡村乃至其他城市，取决于这个城市的规模和它的产业支撑力、经济辐射力、政治领导力、文化影响力、要素聚集力、社会管理力、人心凝聚力。

（2008年4月）

随想10

中国还处于由计划经济向市场经济转型的过程，尽管市场非常重要，但是市场不是万能的。

面对房价上涨，许多人无法购买住房时，通过政府财政转移支付来帮助社会弱势群体，修建廉租房、经济适用房等福利住房，让贫困户有房可住，是目前各座城市一种最为现实可行的出路。

（2008年6月）

随想11

中国人主办了奥运，圆了百年的梦想，也学会了在时间框架下，设计一流建筑，实现一流环保，栽植一流绿化，建设一流城市。我国其他城市的领导者们都应感悟和做到！

（2008年8月）

随想12

城市是一个复杂的系统，它的复杂性决定了它的规划工作的多重性。城市规划基层工作者既需要领导的理解与支持，又需要群众的理解与支持，还需要企业家的理解与支持。在当代，城市规划理想与现实的交织，让每一个城市规划工作者走入了一个新境界。

（2008年10月）

随想13

当前，城市越建越高，人口密度也越来越大。在每一个利益集团疯狂逐利搞建设的时候，它们占领了大量的城市空间与田野。

当年林语堂在纽约，他根本不觉得这些曼哈顿密集的摩天大楼是美的，他很反感，只是当他到了芝加哥，看到建筑物互相间距很大，眺望远处，没有视线障碍，这时才体会到了高层建筑物的庄美。

在这座300万人口城市的人们，生活得太狭窄了，对于精神生活的美点，不能获得一个自由的视野。

——我们的许多人缺少精神上的屋前空地。

（2008年12月）

随想14

修建立交桥是大部分城市为缓解交通拥堵所采取的一项工程。

这需要认真、慎重考虑。

立交修得越多，必将吸引和鼓励更多的私人小汽车通行，在缓解交通一段时间后，又引起更大的拥堵，这就是城市交通的“魔鬼循环”。

只有公共交通，才能引导市民们采用积极的出行方式，把城市交通空间优化配置给载客效率高的交通工具。

城市管理者应明确理解这一点，并不断地采取行动，实施这一交通战略。

（2009年2月）

随想15

作为规划师，我们所做的事情应是在公平前提下对社会资源的合理分配，这是我们的社会角色。

然而，受雇于开发商的规划师们，为了生存，往往代表着这些强势群体的利益。

那么，谁来维护社会利益呢？这是这个时代的规划师、政府领导所要思索回答的城市规划首要问题。

（2009年4月）

随想16

新昆明的城市规划最高目标，是打造生态型的人本主义城市。

它的实在摸得到的阶段目标就是“四创两争”。“四创”，即创建国家园林城市、创建国家卫生城市、创建国家环保模范城市、创建全国文明城市；“两争”，即争取联合国人居城市奖和争取进入国家生态城市行列。

（2009年6月）

随想17

当前国内快速城市化，使得城市规划专业被寄予了社会学、经济学、政治学等多学科的厚望。规划师、建筑师成了城市经济发展和文化发扬的被寄托者，所以希望值越高，各种不满意见越多。因此，当前在一线的城市规划工作者需正确对待，负重前行，迎难而上！

（2009年8月）

随想18

“居住机器”“建筑垃圾”伴随着城市的高速变迁而进入，充满了我们的城市；或许我们中的许多人已经忘记了那有洁净水、空气的老街巷的城市；那有武成路、金碧路的梧桐成荫、尺度宜人的城市；那一种由古老城市多年组织肌理形成的城市空间。其实，那才是我们理想中的家园。

（注：武成路、金碧路为昆明市原有的小街，两旁砖木古建筑在20世纪90年代被拆，新建成宽广的大马路。）

（2009年10月）

随想19

城市规划在中国所实际包含的内容，已远远不是学校师生学习的理论，也不是坐而论道的规划人员面对图纸的想象。

真实的城市规划是一座城市政治、经济、社会的总体合成，是公共利益与个体利益博弈的结果。

城市规划管理人员，有时似乎公共权力很大；但面对各类强势利益集团，他们往往是弱势群体。因此，我们全社会都要维护规划管理人员的公权力、公信力！

（2009年12月）

随想20

由于市场经济日益成熟，城市中的许多经济社会活动靠市场的手段来自主调节，政府审批应越少越好。因此，当前城市政府最大的权力，就是城市规划管理权，规划行政主管部门是政府的重要行政许可部门。我们大家都看到，市长开得最多的会是规划论证审批会，书记、市长办公室摆放最多的材料是各级各部门报送来的项目开发规划图集。

（2010年2月）

新城规划建设是复杂的系统工程，需要各级机关改进工作作风，发现问题及时处理。图为作者在昆明呈贡新城建设工地巡察，现场处理解决问题

第二编　城市规划研究

1997年，作者(右)在江苏省建委工作时，就曾有机会向常来南京开会的吴良镛先生(左)请教。2007年4月29日，时隔十年后，与吴院士再次在昆明会面，谈起十年前的教诲，再次请教关于城市规划的话题，总是令人快乐的事。吴良镛先生为中国科学院院士、中国工程院院士，获2012年国家最高科学技术奖

论城市规划师的远见

城市规划师不是人人都能做的职业，他们应该是有知识、有社会正义感，敢于担当的一群人。当然，规划师要有这些素质，首先要有远见。

一、城市规划师应有卓识远见

在未来的一百年里，中国将进入史无前例的城市化大潮之中，以完成从半农业化、半工业化社会，向真正意义的工业化文明的转变。在这历史的巨大转变之中，在城市发展建设的舞台上，城市规划师被寄予了很高的期望。然而，城市规划师们是否能够担负起这历史的重任，则更多取决于他们在社会进步之中所具有的超出常人的远见，这种远见是建立在精深的专业知识与高尚的社会良知基础上的。然而，凡是在历史的巨大转变之中，具有远见的人，都要承受理想与现实的强烈冲突所带来的痛苦。

费孝通先生在《长江三角洲的发展前景》一文中讲了这样一个故事："太平天国的时候，曾国藩攻打南京，他手下有一员大将，名叫胡林翼，胡林翼在南京采石矶那里看地形，看到一艘外国轮船从长江里开上来，逆流而上。他一看到这个场面，就昏了过去，只说了一句话：这世界要变了。他这话很有意思，说明这个人看得很远。他看到了一个转折点，历史的转折点。一方面是中国的几千年的文明，一方面是来自西方世界的工业力量。这个工业力量已经进来了。这是工业文明的力量，比太平天国的力量要大得多。这个力量才是真正的对手。从长江水面的一艘外国小火轮，看到一个新的世界就要到来，这确实需要相当的远见。”正因为胡林翼有远见，所以他的心中才承受着两种文化的冲突和世界将变的痛苦。

由上所述，城市规划师由其职业与历史地位所决定，不仅要有超前的远见，还要承受现实状况对超前理性思维的冲击。

二、城市规划师的远见是建立在实践基础上的

城市规划是对城市未来发展的一种预期，因此，它必然会带有某些超越于现实的理想，而这种理想是建立在实践基础上的。

城市规划是针对工业化给城市带来的种种弊病，在快速的城市化使城市出现拥挤和不卫生状况的背景下，广大有识之士和政府希望通过有计划地安排城市中的各项要素（尤其是工业和居住），减少和降低工业化对城市生活的不利影响，引导城市的合理发展。

因此，规划实践对城市现实问题的解决程序就成为检验城市规划的重要标准。即使是早期带有浓厚空想社会主义思想的设想也有明显的实践意识。霍华德（E. Howard）在空想社会主义思想的影响下，提出了田园城市的图解性方案（1898），认为这是解决当时普遍存在的大城市问题的最佳选择。他甚至还从财政方面进行了计算和分析，以说明该方案实施的可能性。

城市规划实践在城市规划体系中占据了极为重要的地位，它直接关系到城市规划学科的存在和发展。每一次规划的制定者是以实践而且必须以实践为目标，而规划的实施都将对城市、地区乃至国家和全球的居住点格局产生影响。1944年，大伦敦规划吸收了霍华德的思想，对当时控制伦敦市区的蔓延和改善混乱的城市环境提出了切合时宜的对策和方案，其突出成就是鼓励并促进了战后伦敦周围新城的建设，成为现代城市规划的重要里程碑。

大巴黎地区1965年完成的2000年规划，采用了与塞纳河平行的两条城市轴线而呈带形发展的方法，在几十年的实践中，指导了新城开发和旧城改建，部分地解决和缓解了巴黎所面临的问题，并成为城市有计划疏解和定向发展的成功范例。

2010年1月16日，作者陪同美国哈佛大学城市设计学院前院长、哈佛大学终身教授皮特·罗(Peter Rowe)先生实地踏勘昆明呈贡新城规划建设。皮特·罗先生在昆明呈贡新区启动建设的数年间，多次赴新区现场，动态指导一座新城市的建设。世界一流规划专家参与昆明呈贡新区规划建设，表明了这座百万人口新区的规划高起点

因此，城市规划师的远见和远见的实施，是建立在其实践性基础上的。

三、城市规划师的远见体现在其科学的规划预测上

规划预测基本上是一项社会预测，即要对城市社会中各类要素本身及相互之间的作用关系的发展进行预测。规划预测与整个规划过程都是不可分离的，因此，它要考察这样两个方面：一是城市自然发展状态，即在无规划状态中的变化。这种预测有利于揭示城市发展过程

中存在的问题，只有针对这些问题，城市规划才是有意义的；二是在有规划引导状态中的变化。不同的规划会导致城市不同的变化，因此要确定特定规划状态下的城市变化，一旦改变了规划战略和战术，就需要对规划预测的内容和结果进行修正，尤其需要注意不同规划所产生的边际效应和特殊回应。

由于在城市发展过程中，各类关系的组合不同，会导致各要素本身的生长和发育状况的差异，更会导致各类关系之间相互作用的变化，因此，规划预测所面临的困难是巨大的，这绝不是仅仅通过对一些技术方法的运用和改进所能解决的。在规划预测中，最重要的基础和依据是对城市发展规律和城市规划理论的认识和运用。城市规划的合理性关键在于城市规划与城市发展的相互匹配，也就是说，城市规划应当与城市发展的必然结果相一致，要达到这样的协调，关键则在于规划预测的合理性与科学性，也就是取决于城市规划师的远见。

四、城市规划师的远见贯穿在城市规划设计过程中

规划师应认识到城市是一个不断发展的过程，城市中的各类要素就是在这不断演变的环境中作出适时的反应。每一项城市建设活动都会改变该地区与周围地区的相互关系，并引致周围地区对此作出回应；同时，每一项城市建设活动还改变了后续决策和活动的背景、条件的可能性，会形成新的建设活动要求，因此，在规划设计中尤应强调规划方案的动态性，使规划方案与行动纲领相协调，使规划文本与城市发展的进程相匹配。所以说，在城市规划设计的每一阶段，都体现着规划师的远见卓识。

在规划设计总体构思阶段，重点是建立起各类规划要素之间的新关系，这类新关系既是过去关系的延续，又是对过去关系的革新。在此过程中要把握好激进变革与渐进改革之间的关系。在规划设计中，还需考察所建立的这种新关系在城市发展的社会、经济、政治、环境背景下的动态过程，使城市发展的客观规律和人类对城市未来发展的主观愿望在这些关系的演进中得到综合体现，并且要对城市不同发展状态下的规划成果进行研究和分析，制定人类在今后行动中如何实现城市发展目标的具体步骤和方法。所以，城市规划师的远见贯穿在城市规划设计的全过程中。

同时，在此过程中，城市规划师还应处理好几个关系：

1. 规划的严肃性与实施环境的复杂性、多变性的关系。

城市规划一经批准便具有法律效力，必须严格执行，但在实施过程中，各种因素不断发展变化，局部的调整，不仅可能，而且必要。实施管理是一种动态规划的过程，城市规划的调整不是随意的。重大的调整，必须按照法定程序报经原审批机关批准；局部的调整，也应按规定程序报批。规划师应懂得城市规划严肃性与多变性的这种关系。

2. 近期建设与远期发展的关系。

考虑近期建设项目时必须考虑对城市未来发展的影响，面对现实，面向未来，远近结合，慎重决策。

3. 整体利益与局部利益的关系。

要在保障整体利益的前提下，兼顾局部利益。不能因为局部利益而放弃了对城市整体利益的保障，但在一定时段，还要尽可能地兼顾局部利益。这是一种辩证统一的关系。

4. 经济发展与保护历史文化遗产的关系。

对具有历史文化价值的建筑和街区，必须妥善保护。这是延续城市建设和发展之脉的需要，是一个城市文化品位的标志。

五、城市规划师的远见还体现在城市规划的拓展与深化中

1. 城市规划的拓展。

城市规划的拓展表现在拓展其研究对象上。构成当代中国城市社会空间结构研究对象的是社会群体与社会组织、社会运行与社会问题的时空过程与特征。社会群体与社会组织包括城市中的个人与家庭、特殊群体、管理与控制机构。城市规划师应对此加以关注，并进行研究。

城市规划师关注社会运行与社会问题，其中包括城市日常生活体系与生活环境、制度与规范、资源的分配、获得与占有（如财富、职业、住房、教育卫生娱乐等公共设施、公共空间、社会保障、社会福利等）、社会问题（如贫富分化、社会公平、失业、外来人口、贫困、犯罪等）。

2. 城市规划研究内容的深化。

深化中国城市社会空间分异、居住空间分异、社会阶层分化、居住迁移等重大城市社会空间问题的研究，开展大量的实证研究，特别要

加深对动力机制和演变趋势的认识；加强对城市中特殊社区的关注并进行更深入透彻的分析；特别关注城市中的弱势群体、城市中公共资源分配的空间公平问题。如上，都是当前中国城市规划师所要深化研究的课题。

六、城市规划师的远见是一种理性思想

城市规划只有依据一定的理性方法，才能认识城市发展的科学规律。理性主义是近代哲学的起点，是近代科学形成和发展的基石，同时在社会领域的各个方面产生了决定性的影响，是现代社会的价值基础，也是城市规划的价值基础。如下四方面的城市规划内容，则充分说明了这一点。

1. 城市规划的理性思想确定了城市的最基本的功能。

国际现代建设会议（CIAM）于1933年通过的《雅典宪章——城市规划大纲》就是从理性主义的思想出发，依循其方法对现代城市规划原则进行阐述的重要文件。它将城市发展的现状进行分析，逐项提出了改进的建议，在此基础上提出了现代城市的组织原则，由此形成了功能分区思想以及各功能区间的机械联系。这是理性主义思想在城市规划中运用的基础。

2. 城市规划师的理性思维还表现在用地评定中划出禁建区和慎建区。

禁建区：是目前处于不稳定或潜在不稳定状态的地段。其灾害体分布密集、稳定性差而易发生地灾，危害极大，原则上禁止开发建筑，宜作绿化及其他用途，起到分隔带的作用。

慎建区：是目前处于基本稳定状态，但在外来因素影响下易发生崩滑的地段。在该区进行规划和设计时应在建筑界限、平整标高、开挖方案、持力层及基础形式上综合评价，规划师应先进行初步勘察、再进行初步设计，特别注意地基稳定和环境稳定。

3. 城市规划的理性主义还表现在十分珍惜、合理利用土地。

国家实行土地用途管理制度。将土地分为农用地、建设用地和未利用地。严格限制农用地转为建设用地，控制建设用地总量，对耕地实行特殊保护。

4. 城市规划的理性主义体现在规划要有严格的环境保护。

环境的定义是指人类生存和发展的各种天然的和经过人工改迁的自然因素的总体，包括大气、水、海洋、土地、矿藏、森林、草原、野生生物、自然遗迹、人文遗迹、自然保护区、风景名胜区、城市和乡村等。城市规划师在进行城市规划编制时，都要将以上因素纳入环保计划。

综上所述，城市规划师的远见也是建立在其理性主义思想基础上的。而以上所提到的城市规划例证，则充分体现了城市规划理性主义的光辉。愿这光辉照耀我们的城市正确地驶过百年城市化大潮的历史时段。让我们尊重城市规划师们的远见，将我们的城市建设得更加美好。

(原载于《云南城市规划》2004年第1期)

城市规划管理的深层次内涵

城市规划管理不仅是城市功能的有序布局重组，更是城市中各群体的利益再分配。城市中某些强势单位，往往占据了城市中有限的空间资源，造成了城市总体功能混乱，损害了绝大多数市民的利益；看不到这一点，就不了解转型时期规划管理的深层次内涵。

进入21世纪，我们正迎接知识经济的挑战。随着中国特色社会主义市场经济体制的完善，中国社会进入了一个崭新的转型时期。这是中国城市化进程的急剧变革时期。城市化一方面是城市数目不断增多，另一方面是城市规模不断扩大，同时城市空间质量不断优化，以确保城市可持续发展。这种发生在经济知识化、全球化、现代化大背景条件下的城市化过程，必然冲击着原有的城市管理制度。城市规划管理，这一城市的重要职能，面临的是转型时期的挑战。

随着世纪之交的“西部大开发”的推进，西部的决策层与管理层逐步认识到了西部的城市化滞后给西部经济腾飞带来的巨大负面影响。于是，西部各省区市的发展从实质上演变成了其城市化的进展与各区域城市间的竞争。城市规划管理就是在这样的历史背景下开始被西部各省区市逐步重视起来的。城市规划管理是我国城市化进程中各城市的重要管理内容，然而要做好这项工作，则需要深刻理解其深层次的内涵，历史与现实的深远意义。

一、城市政府管理职能的转换

城市人民政府最大的权力，就是城市规划管理权，而规划行政主管部门是市政府的重要行政许可部门。我们大家都看到，市长开得最多的会是规划论证审批会，书记、市长办公室摆放最多的材料是规划图集。

城市政府依据《城市规划法》制定地方规划实施法规，对所有在城市扩张之中的建设行为进行城市规划管理，这是城市政府的重要职能之一。

现代化浪潮推进着中国社会主义市场经济的全面建立和民主政治的发展，我国城市政府的职能也正在发生变革和改革，政府传统职能的无所不包，承担了太多不该管的社会职能，而该管的公共职能，却又未能管好。这一方面造成政府机构的臃肿庞大，窒息了社会的活力；另一方面，又因未能履行公共职能而影响了城市社会的发展，现在已经到了非改不可的地步。我国人大通过关于政府机构改革的方案，也已经表达了这种决心，职能转换就是要从不合理的职能转向能促进城市发展、顺应形势需要的职能。城市政府的一些社会职能将逐步淡化和返还给社会，如直接管理经济的职能。而市政管理的职能将会凸显，因为从本来意义上讲，城市规划管理就是典型的城市政府行为。

二、城市规划管理水平需要与时俱进

由于旧体制的影响，以往对城市的发展缺乏整体、宏观、长远的规划和布局，往往呈现出头疼医头、脚疼医脚、急功近利的特点。城市管理和规划的水平太低，目光太短浅，各个部门之间的协调性很差，以致城市建设混乱不堪，重复改造、重复开挖的例子不计其数，劳民伤财，浪费资源。

城市的布局结构和形态是长期的历史发展所形成的。通过城市的建设和改造来改变城市的布局结构和形态不可能一蹴而就，也需要一个历史发展过程。它的速度总要和经济、社会发展的速度相适应，与当时能够提供的财力、物力、人力相适应，同时经济和社会的发展是不断变化的，规划管理在一定历史条件下确定的建设用地和建设工程，随着时间的推移和数量的积累，必然对城市的未来发展产生影响。

由此可见，要使城市顺畅地发展，就要与时俱进，就要提高城市规划管理的现代化水平，要从分散、局部、短期的管理行为过渡到注重整体、宏观、长远的管理行为，从低层次到高标准、高水平、高起点，要不断提高城市管理行为的科学性和系统性。

三、城市规划目标的实现需在“经营城市”的理念下完成

从前，规划管理的内容是在注重规划目标与蓝图的制定上，而这一目标实施与否却与规划管理无关。然而，真正有效的规划管理不仅要制定好目标，而且还要制定实现目标的方法与途径。因为，政府从经营企业到经营城市是政府行为方式的一次变革。城市规划管理这个“龙头”，则务必在这一次变革之中实现“龙头”的作用。

城市规划管理要与“经营城市”紧密联系。“经营城市”已成为社会和城市的共识，是城市政府积聚资本以及新一轮城市化的重要手段和推动力。一些城市讲到经营城市就狭义地理解为经营土地，把拍卖土地、筹集资金作为经营城市的唯一手段，这是失之偏颇的。经营城市是政府以运用市场机制为主来调整城市发展目标与有限资源之间矛盾的一种经济活动，是对城市的各类资源、资产进行资本化的运作与管理，是对城市“三资”（即资本、资产和资源）、“四权”（即股权、债权、产权和经营权）的充分发掘和合理调控、配置、运用和综合经营，使城市资源通过经营手段变为资本、资产，并使其发挥最大效益的行为或过程。其目的是加快城市发展和建设，提升城市实力和形象。

城市规划管理要综合运用行政手段即公共管理职能和市场机制的作用，配置资源、整体经营。政府既有公共管理职能，又有资产管理职能，在城市扮演着两种角色：一方面政府要用行政手段规划、建设、管理城市，提升城市价值；另一方面政府又如一个大企业，控制了大量资源，市长是这个企业的CEO。我国发达地区某市市长近期在Internet网上明确提出：他要高度重视城市规划经营管理。他认为，城市既是人生活的载体，又是一个经济、社会发展的有机体。通过规划城市可以升值；通过建设城市可以升值；再通过经营，可以在更大范围、更高的层面上实现升值。

四、现代城市规划管理将向整体经营和强化法制转变

城市规划是着眼于城市的合理发展，规划管理的目标是实施城市规划。规划管理面向的是城市发展；面对的是具体建设工程，既有宏观的对象，又有微观的对象。对城市的发展要放到整个经济和社会发展的大范围内考虑，城市的发展必然受到政治、经济因素和政府决策的影响。

在传统的计划经济体制下，城市运行机制呈现出一种非商品经济的特征。中央和地方政府负责建设城市基础设施，然后把基础设施、住宅连同城市土地无偿地或象征性地收取一点费用拨给有关单位和居民使用；国家在大量财政补贴基础上构筑了一套福利制度，供城镇居民享用。巨额的财政补贴，使政府财政捉襟见肘，使财政发展的活力和推进城市化的能力日渐衰弱，城市发展所需的资金严重匮乏。因此，现代城市规划管理必然引入城市整体经营的理念。

城市规划关系到各行各业，影响到千家万户，涉及政治、经济、文化、社会的广泛领域，具有很强的综合性。改革开放以来，城市在国民经济和社会发展中的地位和作用日益加强，城市的结构和功能日趋多样化，城市管理和经济管理关系日趋复杂，城市土地开发和各项建设活动日趋频繁，城市规划滞后于建设发展或不按城市规划进行建设的状况时有发生，过去主要依靠行政手段来进行管理已不适应形势发展的需要。因此，必须进一步强化城市规划的综合、协调职能，将城市的土地利用和各项建设活动纳入统一的规划，实施统一的规划管理，遵循统一的行为规范，才能保证城市的合理发展和协调运转。这就要求通过立法来提高城市规划和规划管理的权威性和约束力，并确立其法律地位和法律效力。坚持依法行政，使城市政府更加有效地行使建设城市和管理城市的职能。如上所述，加强城市规划的法制建设是搞好城市规划管理的基本保证，也是管理现代化的重要标志。

五、城市规划管理工作是时代赋予我们不可推卸的使命

建设部副部长仇保兴说，中国近十多年城市化率达到每年1%，是改革开放前的十倍。中国在城市化进程中，尚面临城市化与土地资源、

水资源的矛盾冲突，城市“形象工程”“政绩工程”泛滥，环保基础设施缺乏，城市缺乏特色和大城市规模难以控制等问题。中国现在的城市化率是30%，城市化发展已经踏上了市场化、工业化和全球化轨道，今后将达到75%的城市化水平。中国将通过加强立法和采取引导措施等方式加强城乡规划调控，合理配置土地、水等稀缺资源。

然而以上工作的展开，有赖于城市规划的有效调控。这是因为，我们要坚定不移地贯彻落实中央加快推进城镇化的重大战略决策，就必须以全面提高城市规划管理水平为目标，以增强城市规划的科学性、严肃性和权威性为重点，以强化政府的调控、协调、监督职能为手段，促进城市建设严格按照规划健康有序发展。

在我国西部各省区市，尤其在我省，相关部门的领导已经认识到，随着城镇化进程的加快，现行城乡规划管理与相应体制的矛盾日益突出，许多设市城市规划管理机制不健全，“龙头”地位不突出，难以适应加快城市化步伐的要求。如果我们的城市还不迅速建立与城市规划管理任务相适应的体制，同时拥有大量符合时代要求的城市规划管理人才作支撑，那么这样的城市终究要在近百年的城市化大潮之中，被历史所淘汰。

(原载于《云南城市规划》2003年第4期)

从翠湖时代走向滇池时代

——昆明城市空间的演进

昆明老城最早始建于唐代，在元朝时成为云南的政治、经济、文化中心。昆明老城的CI特征是围绕着一个小型湖泊（仅有225亩的水面）——翠湖而建设。这里有陆军讲武堂和吴三桂、陈圆圆住过的房子，有清朝最后的经济科状元袁嘉谷的故居等。

进入21世纪，现代昆明城市凭借地铁、高速路，已围绕滇池这一个有309平方公里水面面积的高原湖泊而展开。

滇池流域面积2 920平方公里，滇池盆地面积为1 300平方公里。有专家说，经过科学规划，滇池时代的新昆明可以容纳1 000万城市人口。

1　昆明城池离开滇池发展始于明朝

1.1　昆明城池迁移经历了漫长的历程

昆明具有悠久的人居历史。远在三万年前，就有人类在滇池地区生息繁衍。唐代以前的昆明城市主要位于滇池南岸今晋城一带，城池规模小、功能简单。公元765年，唐代地方政权南诏在现昆明主城范围内修筑拓东城作为东京。

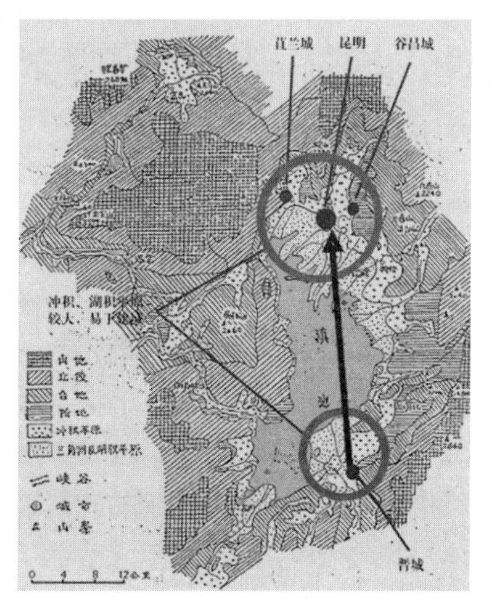

滇池盆地城池北移示意图

1276年，元朝“立云南行中书省于鄯阐”，昆明成为云南全省的政治、经济、文化中心。元朝时，昆明城称中庆城或鸭赤城。元昆明城是在大理国的鄯阐城的基础上建立起来的，城墙用夯土筑成，其北至五华山，西至福照街、鸡鸣桥一带，东抵盘龙江以东100余步，南达土桥附近。城外大德桥是昆明通往滇东、滇南乃至通京大道的要冲，也是滇池水陆交汇的码头。

从南诏拓东城到元中庆城，昆明城池基本上紧靠滇池发展。

1.2　明朝昆明城离开滇池发展并奠定了之后几百年昆明城市发展的基本格局

昆明城市离开滇池发展始于明朝。明昆明城与之前的昆明城相比有明显的不同。明代修建昆明城已不守元代昆明城的旧规，而是另建新城。明建昆明城时将元朝时的土城一改为砖城（这是昆明建成史上的第一座砖城，也是最后的城墙），北城墙帽原五华山北移至圆通山，东城墙由原盘龙江以东退至盘龙江西岸，西城墙由原来的福照街西移至东风西路，南城墙则由土桥一带大幅退至近日公园。

明代筑昆明城时，为避免水患，采取了南退北进之策，五华山、圆通山、祖遍山三山相连，构成了一个合理的地理单元，占据周围地的高点，显示出一种驾驭四方的气势，不仅符合据险以守的城池建造观念，而且多样的地形使城市的规划布局有充分的余地。

同时，明代昆明城第一次将翠湖包进城内，从而昆明城内出现了面积较大的水面。从此，昆明城市空间发展走向了离开滇池发展的时代。

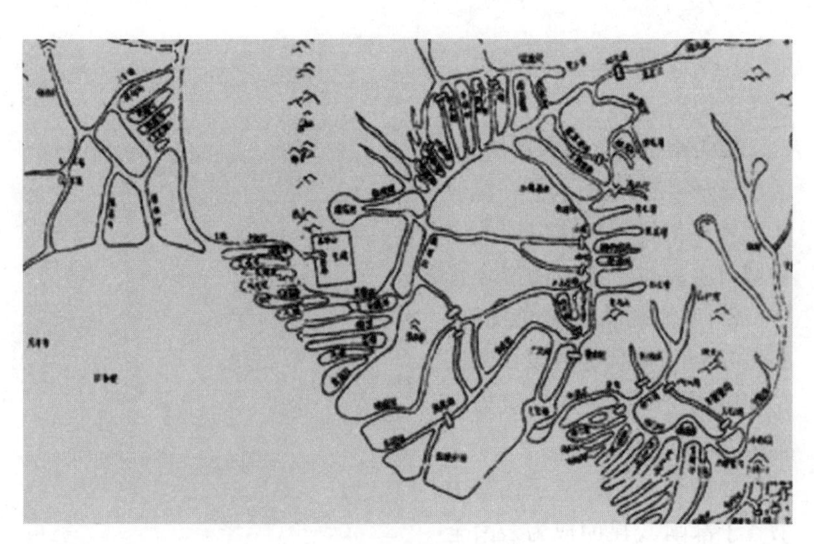

六河源流图

2　明朝至20世纪末昆明城市空间的发展

从明筑砖城至19世纪末、20世纪初，昆明的城市空间发展没有发生多少变化。进入20世纪初，昆明的城市空间格局开始发生变化。

2.1　清末至抗战前昆明城市空间的发展

1905年昆明自辟商埠，1910年滇越铁路全线开通，打开了昆明对外联系的通路，城市建设突破东南城墙围绕火车站进行，城市空间向东南发展。

2.2　抗战时期、内战时期昆明城市空间的发展

抗战时期，众多的沿海和内地工厂、机关、学校相继内迁，由于外来经济的注入和影响，昆明一度人口激增，经济高度增长，城市迅速扩张，成为昆明近代发展史上城市发展最快的时期之一。此时，城市空间的拓展形成两种扩张趋势：城市内部空间在“明城”基础上向四周连片扩张，具有明显的向心集中趋势；城市外部空间的工业布局有意避开中心区，按分工协作关系安排在城市郊区或周围城镇。

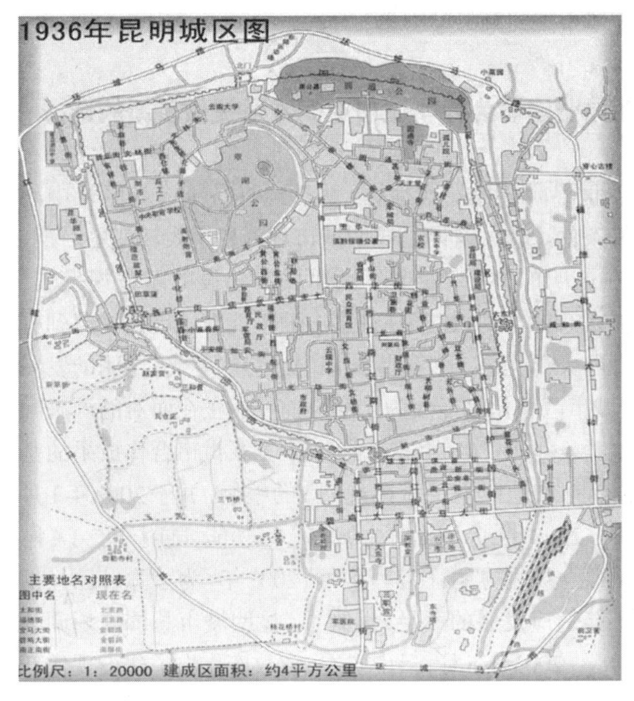

1936年昆明城区图

抗战结束后，内战爆发，昆明城市出现衰退，昆明城市空间没有太大的发展。

2.3　1950年代至20、21世纪交替时期昆明城市空间的发展

1950年，昆明内战战事结束。1950年的昆明，是一座传统的消费城市。1950年，昆明城区面积仅7.8平方公里，人口26.7万人。市政设施简陋，人民生活贫困。1950年至1952年的三年经济恢复，国民经济得到了极大发展，为昆明城市空间拓展提供了物质前提。

1953年，中央发出了《关于城市建设中几个问题的批示》，昆明城市空间进入了新的发展时期，至20世纪末，大体经历了以下三个阶段：

城市恢复发展期（1953—1966年）。以老城为中心，依托其商业文化设施，外溢式发展新区，同时跳跃式发展了与老城相分离的市郊工业片区。

城市发展重振期（1976—1992年）。确立昆明为云南省唯一的中心城市，国家历史文化名城和中国旅游城市的性质；开始区域规划的研究和实践，推进了安宁地区冶金、化工产业的布局与发展。

城市发展高速期（1992—2000年）。单一中心蔓延外溢式扩张，单一中心区与市郊工业片连片；主城中心区交通、空间环境、历史文化遗产保护和滇池环境生态问题日益突出。

3　现代新昆明建设为昆明城市空间发展提供了新的选择

1999年昆明世界园艺博览会后，昆明已经具备了成为区域中心特大城市的良好条件。这一时期是昆明城市规划发生大转变的时期。1999年世博会在昆明的举行，加速了昆明城市建设的超常规发展，1999年批准的城市总体规划，已经在许多方面不能对城市建设起到有效的指导作用。进入新世纪，随着国际、国内形势的变化，昆明的发展势头未减，而且城市区域化已经成为昆明目前发展正在面对的严肃问题。在这样的环境条件下，2001年，在昆明市-苏黎世市合作成果的基础上开展《大昆明都市地区网络城市规划》的编制，并于2002年1月形成了规划成果。2002年，为了提升主城核心区功能，昆明开展了《昆明市主城核心区概念规划方案征集》活动。2002年，为了弥补已经批准的总体规划不能适应发展的不足，编制了《昆明城市总体规划调整（2002—2010年）》。2003年5月，云南省委、省政府作出了建设现代新

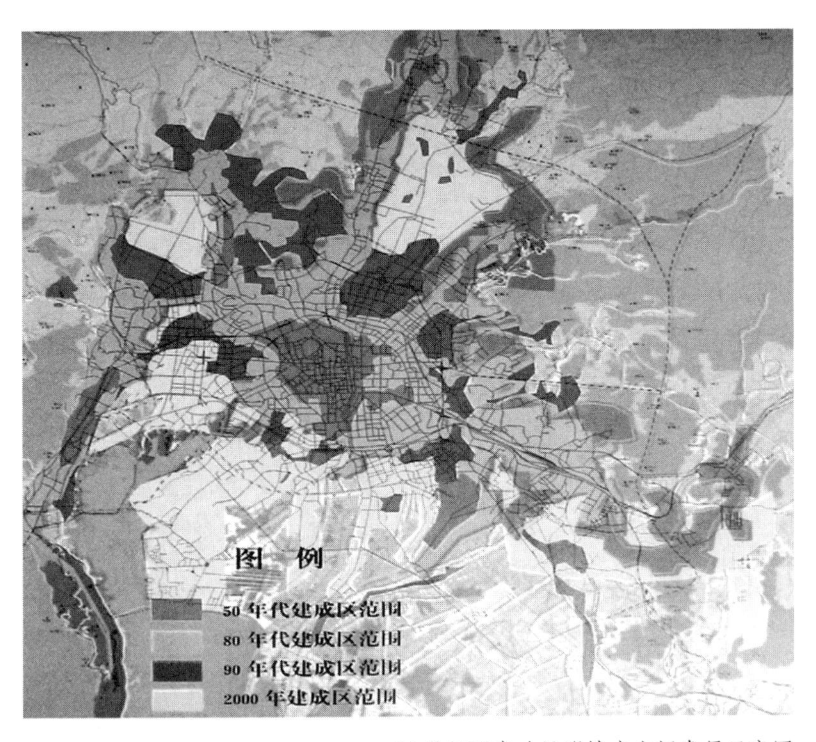

20世纪下半叶昆明城市空间发展示意图

昆明的重大战略决策。建设现代新昆明的战略决策，为昆明城市空间的发展提供了新的选择。

进入21世纪，国际形势、国内形势都发生了重大变化。随着中国-东盟自由贸易区的启动，昆明第一次在国家战略高度上被置于对外开放的最前沿。尤其是进入21世纪之后，昆明城市快速发展，近几年中，党和国家领导人多次莅临昆明视察指导，对昆明城市建设、滇池治理寄予了厚望。从而更显示出，昆明在面对南亚、东南亚的国家战略地位之重要。不言而喻，21世纪前30年，昆明将会成为国际性区域化大都市。

4 城市空间新格局初现雏形，昆明开始走向滇池时代

经过长期的发展，特别是进入21世纪以来，昆明经济实力不断增加，城市竞争力不断增强，城市基础设施不断完善。随着城市新区的建设，特别是呈贡东城的建设、昆明空港的加快建设，以及“四环十七

射”道路系统的构建，昆明已经由远离滇池发展走向了环滇池发展，由翠湖时代迈进了滇池时代。

“翠湖时代”的昆明是一个有着“明城”痕迹的“三山一水”的古典街区尺度的城市；主要在二环路内45平方公里的城市空间内布局各种城市要素。目前主城建成区面积已达262平方公里；刚刚修好的高架二环路，就在这262平方公里的城市饼中画了一个中间圈，交通可照顾到主城的四个方向的面与角落，而城市空间已蔓延触及到了周边的山脚。可以说主城空间的生长就此告一段落。

然而，“滇池时代”的构筑是通过交通基础设施“TOD”模式扩展的，通过修建环湖高速路、铁路以及联系主城与新城之间的地铁1、2号线等。可以说，“滇池时代”的城市格局，是伴随着治理滇池的计划一同进行的；其成功取决于我们对滇池的治理、环滇生态的保护与修复，以及谨慎地在生态隔离带外适量地开发建设城市新空间。当然，这是

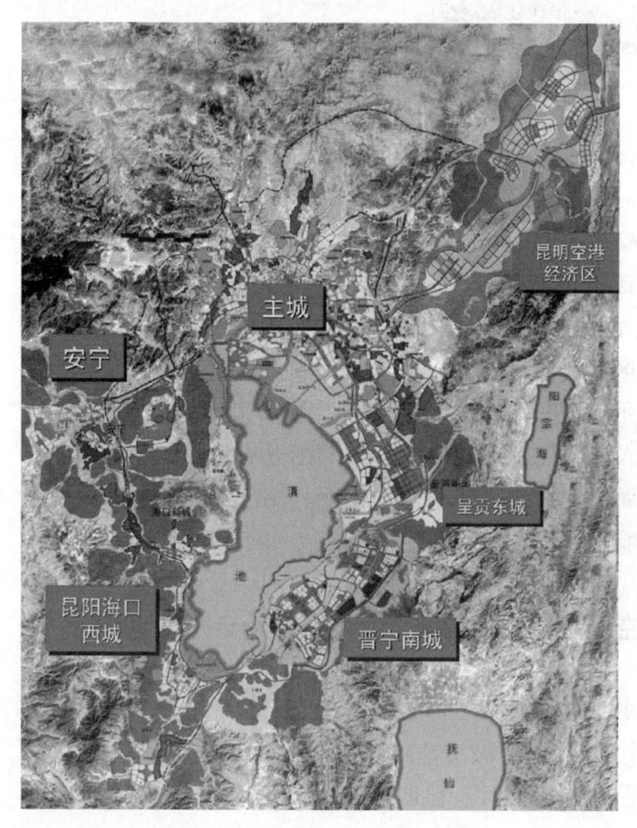

现代新昆明总体战略规划图

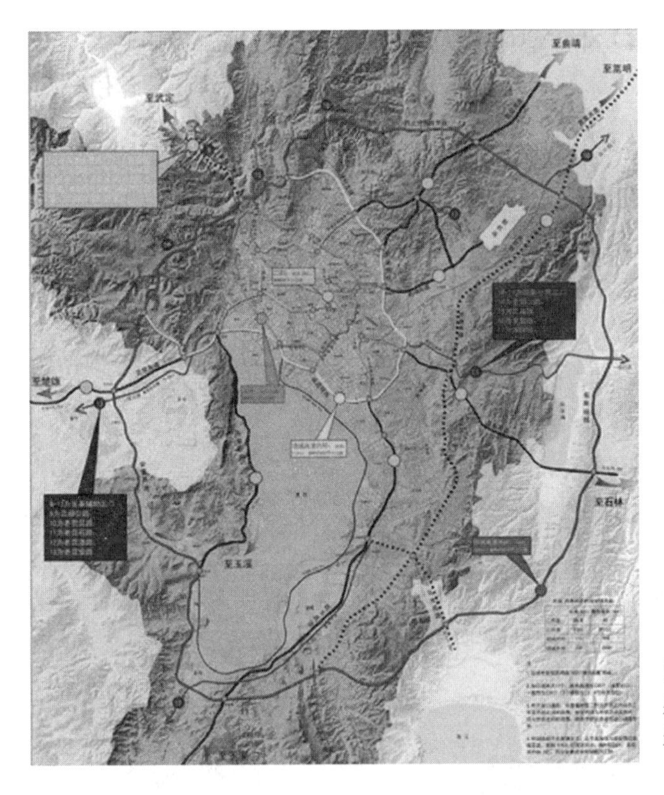

昆明四环十七射骨架路网系统示意图

有节制的开发，否则“滇池时代”不啻是一种冒险。

我们总要发展与生存；东南亚国家城市竞争的压力，城市化的集聚，省内城市化人口的需求，引出了特大都市的诞生。面对未来的子孙，面对城市蔓延的冒险，我市已起草了“昆明生态化城市发展纲要”。但一切，都应在城市建设公信力提高的前提下才能躲避这种城市建设“冒险”。

5 滇池时代基本城市空间结构

“滇池时代”以“一主四辅”为基本空间构架。“一主”，是指构成主城区的北城、呈贡新区、空港经济区、海口新城、晋宁新城；“四辅”，是指安宁、嵩明、宜良、富民四个辅城。“一主四辅”构成昆明都市区，也是滇中城市经济圈中极核圈层的主要组成部分。昆明都市核心区主要由“一主”构成。“一主”是昆明城市核心职能的重要空间载体。“四辅”是昆明城市基本职能的重要空间载体，是昆明都市区的有机组成部分，同时在联系市域其他空间及滇中广大地区中发挥重要作用。

5.1 主城

控制建设规模，提高建设质量，通过置换产业和疏散人口，改善道路交通条件，完善市政基础设施，强化城市园林绿化建设，保护历史文化名城风貌，整体提升城市环境。以商贸、金融、旅游服务、文化、信息服务等现代服务业，高新技术产业为主的综合型城区。

5.2 呈贡新区

国际行政和商贸区；现代新型制造业、科研文教园聚集区；以花卉产业为特色的生物产业基地、城市物流业中心。

5.3 空港经济区

以新机场为依托，以临空经济为特色，大力发展航空物流业、空港配套服务业、临空高科技产业、国际商务会展业、生态康体休闲业、现代都市型农业，建成生态化、现代化、国际化的昆明东部产业新区，建成面向东南亚、南亚，连通欧亚大陆的国际航空客流、物流中心，建成

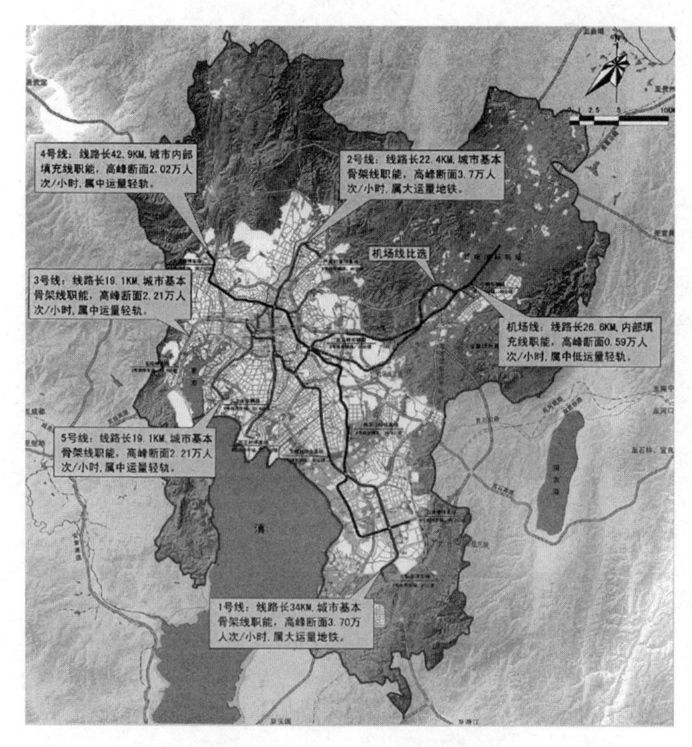

轨道交通建设规划示意图

云南省重要的高端产业发展区、临空产业基地。

5.4 海口新城

以磷矿深加工、精密机械和仪器工业为重点，面向东南亚、南亚的重化工产品加工出口基地，具有湖滨山水特色的新型工业化城镇。

5.5 晋宁新城

现代新昆明的南大门，以面向东南亚新型工业为主导的现代湖滨山水生态城市，文化、旅游及商业城镇。

5.6 安宁

全省的冶金、盐磷化工基地，以高科技产业为先导的综合性工业、园林旅游度假城市和昆明西部的交通货物枢纽。

5.7 嵩明

都市区北部重要的二级城市，依托空港经济区发展临空型经济、商务旅游和生物产业，全市工业产业的重要承接地。

5.8 宜良

云南通向沿海和东南亚国际大通道上的重要节点，都市区内正在崛起的以新型工业和旅游服务为主导的二级城市，全市重要的农副产品生产基地和工业产业的重要承接地。

5.9 富民

联系滇西北及川西的交通要道，具有特色的休闲养生小城镇，市域次级工业基地及农副产品加工供应基地。

6 结语

当前和今后一段时期，昆明城市高速发展期的生长，将会按照“滇池时代”的宏伟蓝图来进行。

现在我国各城市已快速建有许多人的“居住机器”般的高层住宅与小区了，人们很快厌倦这些“城市快餐”式的建筑空间与街道。目前不少有识之士对快速城市化带来的“居住机器”、“建筑垃圾”以及“反生态”工程抱有许多批评和担忧。

那么，在2 920平方公里的滇池流域内及流域外的卫星城，如何解决好昆明都市的居住、工作、游憩和交通；如何理性地处理生活污水与垃圾；如何使绿色生态、滇池水环境建设达到宜人的指标？这一切都需要所有昆明市民们的共同努力和城市领导者的学识与毅力。我们能否在“滇池时代”的筑城运动中，构筑人本的、宜居的，那一种如古典城市空间结构的自组织肌理，可以说都是未知数。虽然面临着大量低素质开发者、设计者以及利益博弈者们所造成的“冒险”，但我们依然充满对“滇池时代”都市生活的渴望与期待。

参考文献

1. 昆明城市总体规划（2008—2020）.
2. 昆明加快构筑城镇体系课题研究报告（2009）.
3. 云南省滇中城市经济圈区域协调发展规划（2009—2020）.

新城建设与老城改造如何做到相得益彰、共同造福市民，始终是呈贡城市规划的重要课题。图为从呈贡新城区远眺老城区

新形势下我国城市CBD规划设计的概念与内容

现在的各个城市中，流行建设城市综合体。随着网上购物量的巨增，B2C（Business-to-Customer，“商对客”）企业京东商城、卓越亚马逊、凡客诚品等等，也纷纷涌现。

其实，万变不离其宗，中央商务区（CBD）才是城市中最基本、最朴素的商业单元。

一、当前研究CBD的背景

CBD（Central Business District）这一概念早在20世纪20年代由美国城市地理学家伯吉斯正式提出。在我国，CBD概念先由经济地理学界引入，而后传入规划界。最早在我国进行CBD规划设计的是上海市的陆家嘴开发区。随后，北京、福州、广州等大城市开始在城市总体规划中考虑CBD的规划建设问题。1993年10月，在南京召开首届“CBD学术研讨会”。这以后，CBD的建设日渐受到国内各大城市甚至中等城市的重视。

近年来，全球经济一体化进程日益明显，国际性城市网络逐渐形成并影响到我国的城市建设。今年7月1日香港将回归祖国，而在东亚，新加坡和台北亦都在加快发展各自的CBD，企图部分或全部地取代香港CBD的功能。全球经济一体化既是世界范围的经济贸易竞争，也是国际社会大分工的前奏，这种竞争最后将落到国际城市之间的竞争上。作为城市中第三产业高度聚集的核心地段——CBD，也就在这种背景下有着举足轻重的地位。

二、概念与内容的演化

市中心在国外常称为downtown,其历史较为悠久,几乎在城市产生的同时就已存在了。因此,CBD最早的起源应从“市中心”算起。

在研究城市空间结构时,城市地理学家、美国芝加哥学派代表人物——伯吉斯(E. W. Burgess)在1923年从人文生态角度提出了同心圆模式。在该同心圆模式中,伯吉斯将核心部分“1”称为CBD(见图1),认为它是“包括百货商店、办公机构、娱乐场所和公共建筑的最核心部分,主要以零售业和服务业为主的商业汇集之所”。

2. 过渡带
3. 住宅带
4. 通勤带
10. 新近发展区

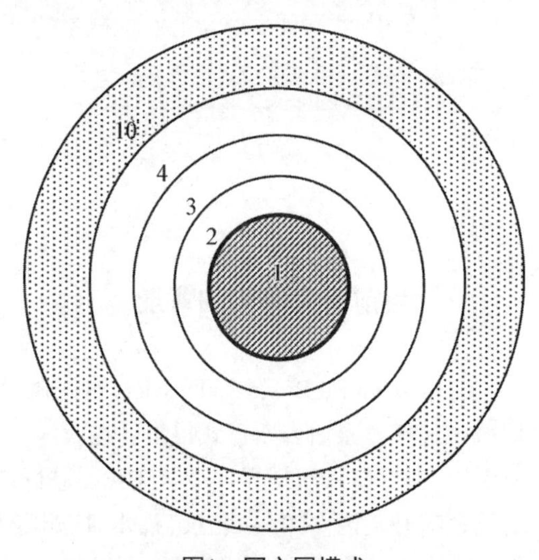

图1 同心圆模式

在此以后,有人对同心圆模式进行了修正,其概念限于城市空间的研究上,比较有名的有美国学者霍伊特(H. Hout)提出的扇形模式和哈里斯(C. D. Harris)、乌尔曼(E. L. Ullman)提出的城市多核心模式。在后面两个模式中,也都有一个核心区,继续采用伯吉斯的CBD的概念。

由于CBD是商品经济的产物,其内部产业都属第三产业,随着经济的发展、城市核心区的功能逐渐发生变化,也就导致了CBD内涵的变化。当代社会经济中,第一个显著变化是第三产业逐渐取代第二产业而成为产业构成的主体;其二,第三产业内部结构也在不断地调整和变化之中，大生产阶段的金融业日益主宰市场，以银行为中心组织生产的销售集团成为世界经济的潮流，而金融行业的特定要求又往往使其首先在CBD中形成和发展；其三，世界走上了“全球一体化”进程，信息沟通成为促进全球生产和销售联系的重要因素，这样信息取代其他活动，成为CBD的最重要特征；其四，CBD内最高的通达性、最多的人际接触机会和商务活动中面对面谈判更好的说服效果，使得CBD又成为公司总部等高级办事机构汇聚地。

至此，CBD已从传统意义上的零售商业为主体的城市核心区，演变为以金融、贸易、信息、管理等办公业务为主要职能，同时也包括零售商业和文娱设施的综合性中心。中心商务区即特指这种高度成熟的现代意义上的CBD。

三、我国对CBD认识的误区

一般认为CBD是指位于城市中心区内，围绕地价峰值周围的第三产业高度集中地区，是以商务办公和中心商业两大职能为主体的城市核心功能区。然而，如果对CBD进行更深入的研究，就会发现其内涵远比上述定义来得丰富。首先，从位置来说，CBD一般位于城市中心，是由城市中最古老的地段经历若干历史发展阶段相对稳定下来的。其次，从经济职能来说，CBD是整个城市、城市所在的大区域乃至世界的经济核心。其三，CBD还是城市和区域的综合性中心，是城市和区域的象征。其四，尤为重要的是我国地域辽阔、城市化发展水平参差不齐，发达地区与不发达地区的城市CBD在其职能上来说亦具有不同的层次（见图2）。也许是对CBD概念特征理解上的偏颇，从而导致了近年来国内规划界对CBD存在一些误区。

误区之一：我们可以发现，近年来国内的一些中小城市总体规划文本中出现CBD的概念、规划内容。而事实上，CBD由于是经济社会发展到一定阶段的产物，一般来说，只有特大城市和国际性城市才存在真正完全意义上的CBD——中心商务区。只有当城市中心不仅具有零售商业中心的功能，而且具备一定区域中心的功能后，城市中心区才演化成CBD的初级阶段。在我国当前的普通中小城市中不存在CBD，那种只能称作“城市中心区”，其内涵与CBD相差甚远。

误区之二：在从外国引进CBD的概念时，忽略了我国的国情，片

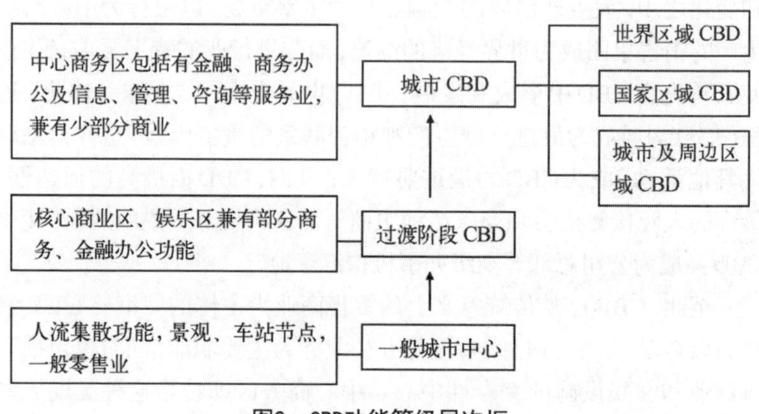

图2 CBD功能等级层次框

面强调CBD的商务功能、信息化特征，弱化了其“中心商业街区”的功能。然而在我国这样的发展中国家，仅有个别特大城市CBD能够达到国际上的商务区功能层次，其余众多的大城市，其CBD只处在一种过渡阶段，也就是商务办公与中心商业两大职能并存的城市核心功能区。尤其在我国的社会经济发展水平、历史习惯等因素影响下，多数城市CBD的内容应加强其“中心商业区”的功能方具有现实意义。

误区之三：对CBD的理论研究与实际上的城市规划操作相脱节。理论界在相当一段时间里非常热烈地对CBD进行从书本到书本的坐而论道，缺乏广泛的CBD的规划设计的实践和对我国CBD设计有关规范的确定。而一些规划设计人员对CBD理论缺少热情和深入理解，在新形势下的城市规划中，依然按陈旧的规划理论方法我行我素的现象还存在。

以上所述情况，都不同程度地影响目前我国城市CBD规划迅速发展，也是在新形势下我们开展城市CBD规划设计中所要避免的。

四、在我国切实可行的CBD规划设计原则

1. 明确CBD概念在我国当前城市发展水平下所代表的含义，确定所规划城市的CBD的功能级别。从现状来看，我国真正能称得上具备中心商务区功能的CBD只有上海的外滩一带和正在建设的陆家嘴金融贸易区。南方都市广州只有繁华集中的商业区，福州市有两条繁

香港的城市景象，山水融合。在山边水边也是可以建盖高层建筑群的，昆明市可以认真学习借鉴，关键要有好的设计师

华的商贸街：五一路和九一八路，北京则由于政治因素的影响，商业功能更为分散。在我国一般的中等城市则只有较集中的零售业中心，商务功能较少且很分散。

2. 利用原有城市中心的基础。CBD规划设计应从现状出发，既满足经济发展要求又符合不同城市各自的实际情况。北京市CBD的选址方案就充分考虑到城市历史上形成的原有公共活动中心的位置。北京市CBD选址1为东侧东三环路一带使馆和外商驻京办事机构集中区；选址2为西侧西二环和西三环路间政治中枢和文化中枢所在地。

3. CBD必须具备优越的交通条件。由于CBD的人流最为集中，因而必须有发达的公共交通。CBD跟周围地区应有快捷的联系，要考虑居民上、下班时的方便和更多的选择。对于某些外向型或者国际型城市，城市中心商务区要考虑到对城市以外地区服务的要求，可以偏于对外联系的某一方向上。特大城市、带形城市中，受服务半径及环境容量的限制，在规划中心商务区的同时还可培育一两个次级中心商务区。

4. CBD的规划设计还应与城市用地发展相适应，远近期结合，在布局上保持灵活性，使中心商务区既满足分期建设的要求，又达到完整、合理、统一的效果。都市中心商务区用地较大，应防止穿越交通。

5. CBD的规划设计要选择利于城市景观塑造、利于创造独特艺术面貌的自然地域。由城市干道、自然山川地貌或建筑空间形成的城市轴线，是城市面貌的象征。城市CBD规划运用的城市轴线、自然特色等可突出城市的个性。选择优越的地理条件，对我国高速城市化进程中的城市CBD建设尤为重要。

五、结束语

在我国建设中心商务区，是一个长期的过程，对于CBD概念的引进不能“一窝蜂”赶潮流。针对我国城市发展的现状，普遍加强商务功能建设是必要的。而真正考虑CBD建设，则只能在有条件的地域性中心城市实行，而且要按城市经济发展的实际情况区分CBD建设的等级，以避免盲目性。新中国成立以来，我国的城市发展一直围绕工业这一主题，商业、贸易、金融等第三产业的建设被忽视。一些近代工业城市中萌芽的商贸金融功能节点也被行政、计划部门取代，未能继续发展下去。改革开放以来，尤其是90年代以后，我国城市的商业贸易功能不断恢复与加强，这就对我国城市的建设提出了迫切的要求。

就像人们一提到上海就会提到外滩一样，凡想到纽约的人都会马上联想到曼哈顿。因此，英国著名城市和区域规划专家戴梦教授把CBD定义为“城市和区域的心脏”，是城市及城市所在区域的繁荣和发展的标志和依靠。面对当前世纪末我国经济高速发展、城市化步伐加快的趋势，面对世界经济“全球一体化”进程，面对香港、澳门回归的契机，我国的城市建设步伐将步入一个新时代。

（原载于《江苏城市规划》1997年第4期）

一个值得所有城市新区学习的案例

法国巴黎拉德芳斯(La Defense),作者在2013年第二次现场学习。
这个在巴黎西郊的新区,值得我们所有城市新区规划建设者学习:一、它与古典巴黎老城区和谐相处,相得益彰;二、它具有商务区、公园区和住宅区的所有城市功能,有20万就业岗位;三、跨国公司、银行、大饭店纷纷在这里建自己的摩天大楼,它的实践告诉我们,现代建筑也能体现人文、艺术与浪漫;四、拉德芳斯也不拒绝交通基本功能,它是欧洲最大的公交换乘中心,RER、高铁、轨道交通、高速公路都在此交会。

关于城市规划管理机构的探讨

当前一段时期，城市政府最大的、最现实的管理权就是城市规划管理权；规划局就是政府的该项行政主管部门。

无论怎样精简政府部门，可以想象，一座城市的政府撤除了其他所有的行政机构（委、办、局）后，为了基本保证城市的有序，最后剩下的只有两个局：一个是警察局，另一个是规划局。警察局管城市中人的秩序；而规划局则管一座城市的物的秩序。

改革开放以来，我国的城市建设异常迅猛，城镇化水平不断提高，城镇化战略已由各级政府组织实施。因此，城市规划管理工作越来越显现出了重要性和必要性。

2002年，国务院下发了国发〔2002〕13号文件《国务院关于加强城乡规划监督管理的通知》之后，在全国范围内更提高了各级政府对城市规划管理工作的认识。我省还下发了云政发〔2002〕96号文件，转发了国务院〔2002〕13号通知，并提出具体贯彻要求。

然而，万丈高楼平地起，城市规划管理人员与机构是执行城市规划管理工作的基础，要想使城乡规划管理工作得到真正的加强，就必须有科学定量的人员与资金来执行这项具有重要意义的工作。

为此，省政府云政发〔2002〕96号文件，第一条就明确指出："……设市城市特别是地级市应加强城市规划机构的建设，充实专业队伍；要把城乡规划工作经费纳入财政预算，切实予以保证。"

本文即是对城市规划管理职能、机构、人员问题的探讨。

一、城市规划管理是城市政府职能的体现

城市规划管理包括城市规划设计管理、城市规划实施管理和城市规划行业管理等内容；它是城市政府的一项职能活动。政府代表了公众的意志，具有维护公共利益、保障法人和公民的合法权益、促进建设发展的职能。城市规划管理是一项综合性很强的工作。在管理活动中涉及的不仅是城市规划的问题，还有土地、房屋产权、其他城市管理方面的要求、相邻单位和居民的权益等。这就要求在规划管理中依法妥善处理相关问题，综合消防、环保、卫生防疫、交通管理、园林绿化等有关管理部门的要求，维护社会的公共安全、公共卫生、公共交通，改善市容景观，防止个人和集体利益损害公众利益。规划管理还要对各项建设给予必要的制约和监督。

因此，我们说城市规划管理是城市政府职能的体现，通过法制的、经济的、行政的、社会的管理手段和科学的管理方法，保证城市规划的实施，城市政府通过城市规划管理，对城市各项建设用地和建设活动进行控制、引导和监督，使之纳入有序的轨道。

城市规划作为一个实践的过程，它包括编制、批准和实施三个环节。以实施城市规划为基本任务的规划管理工作，在宏观和微观两个层面上都具有重要作用。在宏观层面上，城市规划的实施是一项在空间和时间上浩大的系统工程，是政府意志的体现。在微观层面上，规划管理是正确地指导城市土地使用和各项建设活动。建设用地的选址，市政管线工程的选线，必须符合城市规划布局要求，必须符合城市规划对各项建设的统筹安排。

二、当前我国城市规划管理机构设置的情况

在我国各城市设置的行使城市规划执法权的规划机构，名称各不相同，这些名称有：城市规划局、规划局、规划国土局、城市规划管理局、城市规划处、城市规划办等。这些名称差异与它们所代表城市规划行政主管部门履行职责和承担职能之间往往没有必然的联系，处和办也对外行使规划执法权。

目前，在我国660多个设市城市中，至少已有110个城市设置了城市规划局，200多个城市设立了城市规划处，另有40多个县也设立了

规划管理局。我国城市规划行政机构多而且归属关系复杂，归纳起来，主要有以下几种类型：(1) 在市政府下设城市规划局，辖区建制镇由规划行政主管部门设置派出机构，统一行使规划执法权；(2) 在市政府下设城市规划局，辖区或建制镇也设置规划管理部门，市、区（镇）两级根据各自的职权范围独立行使规划执法权；(3) 市政府下设规划土地管理局，行使规划管理和土地管理双重执法职能；(4) 市建委下设规划处（办、科、股）和城建管理监察队，实际对外行使规划执法权；(5) 有少数城市的规划主管机关直接是市（县）人民政府或城市计划委员会。

从县级规划管理机构和职能来看，情况更复杂，归纳起来，有三种表现形式：一是城市规划主管部门既不是法人单位，又没有进入政府序列，大多属二级局机构；二是规划部门对外行使规划执法权，在政府内部行政职权分工中既没有审批权，又没有行政处罚决定权，却要承担行政责任；三是城市规划行政主管部门有审批权，却没有行政处罚权等。

三、理顺规划行政主管部门与规划监察队伍的关系

城市规划行政主管部门与城市规划监察队伍之间存在行政执法主体与授权执法主体之间的依存关系。

根据《城市规划法》，地方县级以上人民政府城市规划行政主管部门主管行政区域内的城市规划工作。城市规划行政主管部门作为行政执法主体代表同级政府履行城市规划管理职能。城市规划监察队伍可以受城市规划主管部门委托作为授权执法主体行使城市规划监察职能。城市规划监察队伍在行使规划监察职能时，不能以自己的名义进行活动，而必须以委托机关的名义活动。城市规划行政主管部门对于规划监察队伍的具体行政执法行为承担法律责任。因此，城市规划监察队伍隶属于同级政府的规划行政主管部门。如果城市规划监察队伍隶属于建设主管部门或者市容主管部门，那就很难与规划行政主管部门建立相互依存的业务关系，也难以真正履行城市规划监察职能。

四、城市规划管理人才的培养

规划管理作为一种社会实践活动，管理的主体是人。规划管理对象中各种不同因素的研究、管理中各种手段的运用、管理过程中各个不同环节的衔接等都需要人去完成。因此，造就一支优秀的规划管理队伍是搞好规划管理的根本。

城市规划是一门综合性很强的学科，城市规划的实施又是一项十分复杂的工作，规划管理人员既要掌握比较全面的科学知识，又要善于在动态变化、错综复杂的矛盾中妥善地处理具体问题，创造性地进行工作。这就要求规划管理人员既要有坚定的原则性，又要有适度的灵活性。改革开放以来，在我国经济体制由计划经济向社会主义市场经济转变的过程中，各项建设快速发展，各种新问题层出不穷，规划管理工作面临十分繁重和复杂的任务。

如上原因，要求规划管理人员具有很高的素质——政治素质和业务素质。规划管理人员的政治素质非常重要。政治素质表现在政治观念和道德作风上。政治观念的内涵较广，对于规划管理人员来讲，牢固树立以下观念尤其重要：一是政策观念，要坚定不移地贯彻执行党和政府的路线、方针、政策。二是全局观念，城市规划是为了促进经济、社会的协调发展，是政府行为，是维护城市发展整体的、长远的利益。规划管理人员一定要站在城市发展的全局上分析问题，处理问题。三是法制观念，城市规划的实施主要靠依法行政。

规划管理人员的业务素质包括具备全面的知识、丰富的经验和较强的处事能力。规划管理人员要掌握城市规划的专业知识和管理方面的相关知识。城市规划是一门综合学科、边缘学科，需要掌握多学科的知识，而规划管理涉及错综复杂的问题，如不了解相关知识就难以正确地处理好问题。

规划管理人员的结构也有很高的要求。由于城市规划的综合性，决定了规划管理人员的专业是多元化的，即不仅需要城市规划专业，还需要建筑学专业、交通运输专业、给排水专业、电力专业、电信专业、法律专业、经济专业、计算机专业等有关方面的专业人才，并根据工作需要来配备。

五、城市规划机构与人员的配置

1980年国务院批准的《全国城市规划工作会议纪要》强调，各个城市（含直辖市、市、建制镇）应当按照各自城镇非农业人口总数的万分之一的定员配备城市规划的设计、科研和管理专业人员数量。从我国近几年城市建设的形势看，这个比例是不高的，但是目前市、区（县）城市规划设计、科研、管理专业人员远未达到这个比例，这就很难适应规划管理工作需要，所以充实规划管理人员是当务之急。我省城市规划行政主管部门，根据近年来城市化进程的实际情况，将如上比例调整为万分之一点五，这是比较科学的。

根据调查研究，我们可以建立以下规划行政体系。设市城市应建立城市规划局、城市规划设计研究院、城市规划监察大队（队）三位一体的体系。在这一体系中，城市规划局作为行政执法主体；城市规划监察大队（队）作为授权执法主体；城市规划设计研究院则作为所属事业单位，实行企业化管理，主要承担行政区域内的分区规划、详细规划、城市设计及城市规划研究工作。

按照我国1980年规定的设市城市规划机构人员定员要求，特大城市机构人数不少于100人，大城市不少于50人，中等城市不少于20人，小城市在20人左右。上述人员标准难以满足当前城市规划管理的需要。为保证城市规划监察职能的履行，应在我省定员基础上，增设万分之零点五作为城市规划监察队伍人员的事业编制。

我们的机构编制主管部门应赋予城市规划局城市规划管理、城市规划设计（包括城市勘察）行业管理、城市规划监察三项基本职能。这三项职能是城市规划理论体系、技术体系和实践体系不可缺少的重要环节。

六、结语

2002年8月15日，建设部、中央编委办、国家计委、财政部、监察部、国土资源部、文化部、国家旅游局、国家文物局九部委联合发文，对各省、自治区、直辖市下发了《关于贯彻落实〈国务院关于加强城乡规划监督管理的通知〉的通知》，这说明了国家九部委对加强城乡规划监督管理这项工作的共识和重视，又标示了九部委都有着明确的职责，缺一不可。尤其值得注意的是，中央机构编制委员会办公室在九部委联发文件署名中列第二位，从某种角度上说，亦可以理解为城市规划管理机构、人员编制的落实，是加强城市规划管理工作的基础和重要的前提。

让我们以对人民的城市负责、对未来的子孙负责的态度，按照可持续发展的理念，切实加强城乡规划监督管理工作，以建设我们美好的城市家园。

(原载于《云南城市规划》2002年第3期)

集中专家智慧　研究城市发展

30多年来，我们的城市总体规划范围总是被各城市的快速发展所突破。于是，城市总体规划修编就成为每过一段时间，一座城市必须要做的事。总体规划的修编也成为了法定规划的法定内容的一部分。

本文真实记录了昆明2006年时，总体规划修编研究内容与研究方法。

昆明现行城市总体规划编制始于1993年，1996年完成上报，并于1999年获得国务院正式批准实施。十年来，在总体规划的正确指导下，城市有序发展，城市基础设施建设取得长足进步，城市功能布局得到了有效调整，城市综合实力与城市面貌都有了进一步的提升。但历经十年的高速发展，城市用地及人口规模已大大突破总体规划2010年的预测指标，导致城市发展产生了土地、水资源紧缺，人口密集、交通拥挤，城市绿地空间不足、滇池水环境恶化等严重问题。为了尽快改变被动局面，昆明市人民政府从2005年起开始着手城市总体规划的修编工作，在完成现行总体规划执行情况报告之后，向云南省政府提交了修编申请，2006年4月经省政府审查后正式向国务院上报，建设部于2006年11月20日批准同意昆明市开展新一轮的城市总体规划修编。

一、积极开展前期研究

现行城市总体规划虽然只执行了十年，但这是昆明城市高速发展的时期。十年间昆明城市主城建成面积达到了203平方公里，实际居住人口约252万，远远突破了现行总体规划到2010年规划建设用地168平方公里，城市人口172万的规模；十年间昆明行政区划范围新增了东川区和寻甸县，市域面积达到了21 011平方公里，主城区行政区划也进行了调整，盘龙、五华、西山、官渡四区重新划定了辖区范围；十年间昆明新机场最终确定了小哨场址，铁路、公路随着中国面向东盟的开放加大了建设力度，更突出了昆明的交通枢纽地位；随着云南省水电能源建设的大力推进，昆明城市逐渐成为中国西部能源的输送中枢；十年间昆明虽强化了对城市地区污染物排入滇池的控制与整治力度，但滇池沿岸大量农村地区农业活动和第三产业造成的面源污染缺乏有效控制措施与管理手段，滇池治理形势依然严峻；十年间昆明围绕城市进行了多项城市发展规划探索，包括现代新昆明战略在内的一系列成果需要规范化和法定化。这些新出现的问题都急切需要在总体规划修编工作当中加以解决。

在2006年版的《城市规划编制办法》中规定，总体规划要重视和加强城市总体规划修编的前期研究和论证工作，针对存在的问题和面临的新情况，着眼于城市的发展目标和发展可能，从土地、水、能源和环境等城市长远的发展保障出发，组织空间发展战略研究，前瞻性地研究城市的定位和空间布局等战略问题。要客观分析资源条件和制约因素，着重研究城市的综合承载能力，解决好资源保护、生态建设、重大基础设施建设等城市发展的主要环节。要处理好城市与区域统筹发展、城市与乡村统筹发展的关系，在更广阔的空间领域研究资源配置、区域环境治理等问题。在此基础上，科学、合理地提出城市发展的目标、规模和空间布局，为城市总体规划的修编提供基本依据。

这些研究专题可以说基本上涵盖了城市发展所涉及的重要发展条件、发展方向、发展趋势和发展可能，因此做好这些专题的研究可以科学合理地指导城市规划的编制及实施。对于昆明城市来讲，经过十年的快速成长，也确实需要集中精力对发展中出现的经验和教训进行研究分析，对新出现的问题进行总结并提出对策，对城市的过去和现状认真思考，对城市发展的制约瓶颈科学地加以分析并提出应对措施。

基于上述原因，规划修编领导小组在完成现行总体规划执行情况报告并向云南省政府提交修编申请后，就立即着手开展城市总体规划修编以及相关专题研究的组织工作。

二、城市发展研究专题的选择

对于这项工作，建设部汪光焘部长在全国城市总体规划修编工作会议上，专门强调要重点加强规划修编工作的前期研究，他在听取昆明城市规划工作汇报时也提出了强化规划修编的前期专题研究的要求。这些前期研究主要在以下几个方面：一是全面分析评价现行城市总体规划的执行情况，确定对现行规划修编的必要性，以及修编工作的基本思路、目标和重点，切实防止盲目性；二是综合分析评价城市现有功能，提出调整、补充、完善城市功能的思路和对策，明确规划编制应当注重和提出的重点内容；三是深入分析本地区的资源环境承载能力，从城市长期发展的保障出发，对土地资源、水资源、能源和环境等城市发展的基本要素进行综合分析，根据资源和生态环境的承载能力，研究合理的城市人口和建设用地规模；四是认真研究省域城镇体系规划中对城市的评估，高度重视省域城镇体系规划对城市定位、功能和规模的预测，坚持充分依据省域城镇体系规划确定的原则；五是对城市发展目标进行综合论证，从坚持可持续发展战略出发，按照坚持建设节约型城市的原则，切实转变城市发展建设的模式，实现从资源依赖、简单外延的粗放型发展，向节约资源、强调内涵的集约型发展转变的要求，对未来城市的发展目标进行综合论证，并作为城市总体规划修编的基础。

结合国家相关部门与领导的要求和建设新昆明的实际需要，经认真研究，工作组确定了本次总规修编的15个专题研究项目。

1. 昆明城市核心竞争力与发展战略研究。

本课题结合昆明城市的发展条件的变化——国际性交通通道的打通和重大交通基础设施的改善——所带来的昆明区位交通地位重大提升，着重研究昆明应如何制定发展的目标和策略，培养城市的核心竞争力，重点包括：

——研究城市内部的资源禀赋和外部环境，力求合理地组织城市内部的各种资源，以形成别的城市不易模仿的独特的竞争能力。“应该培养什么样的城市竞争力？”是课题研究的重点。

——实施核心竞争力战略需要的具体的路径和措施。战略实施的路径、时序安排、各阶段的重大行动等，特别是战略实施对昆明城市空间格局优化的要求，是课题研究的关键。

2. 昆明城市性质与职能定位研究。

在分析昆明城市环境要素、城市产业的历史与现状、昆明城市功能的历史与现状基础上比较分析昆明在中国与东南亚区域城市体系中的竞争力，总结核心优势，预测宏观经济绩效与竞争力增长。确定城市战略定位以及实现定位的战略措施，提出调整、补充、完善城市职能的思路和对策。

3. 昆明城市产业调整与空间布局研究。

结合昆明城市性质与职能定位，从经济全球化和区域化的视角，在关注昆明产业发展的基础和既有资源禀赋的同时，更重视在昆明区位交通条件改变过程中，使城市形成新的核心竞争力的创新型产业；同时，从避免与周边城市（西南城市、滇中城市）产业同构和恶性竞争的角度出发，提出昆明城市产业调整战略和政策导向。

在对昆明市域资源环境（土地、水资源等）空间分布特征分析的基础上，针对未来不同产业层次和产业类型，考虑昆明全市整体发展，提出科学合理的昆明市域产业空间布局策略、产业布局导向和政策调控、引导的具体措施。

4. 昆明城市环境资源承载力要素研究。

分析制约昆明城市发展的水、土地、大气等主要环境承载力要素的现状情况，评估现状环境资源承载力风险，预测不同环境保护措施门槛下，可接受的城市发展相关所需容量水平。以环境资源的集约、节约利用为核心，研究环境资源的合理利用与保护措施和城市理性发展的环境策略模式与建议。

5. 滇池生态环境治理与滨湖开发研究。

研究分析滇池盆地基本概况（滇池盆地自然环境特点；滇池盆地社会经济状况；滇池盆地历史发展状况，生态环境及环境污染状况），总结主要存在问题，结合滇池滨湖地区土地利用现状与规划，确定滇池盆地生态环境保护目标原则，确定滇池盆地生态空间框架与生态环境功能区划，研究滇池盆地生态环境保护及滨湖地区开发建设的策略与实施保障措施。

6. 昆明城市人口规模与策略研究。

分析昆明城市人口发展历史沿革与现状，评估昆明人口预测与规划实施效果（如：历次人口预测与规划实施效果的评估；传统城市人口规划与发展模式的区域比较；新形势下的城市人口规划模式进展），并进行昆明城市化趋势的对比分析（城市人口规模与经济效益，城市人口规模与产业结构）与昆明城市人口增长的因素分析（自然增长因素、迁移增长因素、行政区划因素），确定昆明城市人口容量与规划目标，预测分阶段人口规模和实现人口规划目标的策略与措施。

7. 昆明历史文化名城特色与保护研究。

在论述历史文化名城的特色与价值、城市历史文化的价值观念、城市文化形态基础上，分析提出昆明保护建设名城特色的目标。结合现状提出体现名城特色的要素（自然要素、历史要素、人文要素等），确定体现名城特色的体系和相关昆明历史文化名城特色的建设目标。

8. 昆明城市交通发展研究。

分析城市形态与城市交通的关系，回顾昆明城市与交通发展的历程，结合当前城市交通面临的形势与基本问题，借鉴国内外城市交通发展模式经验，配合新昆明的总体空间布局与形态特征，确定昆明城市交通发展的策略与目标，预测未来交通设施需求，原则确定各类设施的总体规划框架，并提出交通策略的实施机制建议。

9. 昆明主城区建设用地现状评价分析。

分析昆明现状用地情况，结合昆明“三创”要求，将主要类别的城市建设用地指标与国家建设用地标准、创建园林城市指标、创建卫生城市指标等相比较，分析现状用地存在的结构比例、空间布局、建设强度等方面问题，提出对未来城市建设用地发展的相应建议。

10. 昆明城市空间形态布局研究。

研究城市空间形态演变历史，分析城市建设用地现状与问题，研究城市空间结构特征及发展趋势，结合资源、环境、城市性质功能等方面的约束条件与发展要求，确定城市建设发展方向和城市总体布局形态与结构框架，提出空间发展的策略和中心城空间布局要点。

11. 昆明城市景观格局研究。

分析昆明城市自然景观环境特点（山体、水网、城市形态、气候等）和昆明城市历史文化特点，结合昆明经济社会发展的战略要求，确定城市未来景观格局总体框架，以及对城市景观控制区、控制点、城市公共活动空间、重要景观标志区、空间节点和景观界面的相关规划控制要求，确定分期建设步骤和重点，并制定城市设计的实施措施建议。

12. 昆明主城区“城中村”问题研究。

分析昆明“城中村”形成的宏观背景与现状特征，回顾城市化发展与“城中村”发展的历程，找出当前“城中村”存在的问题及原因，结合改造实例剖析，提出城市化进程中“城中村”控制和改造的规划对策建议。

13. 昆明主城区社会事业与公共服务设施规划研究。

结合昆明城市现状公共设施布局分析，研究主城社会事业与公共服务设施分级配备体系、社会服务设施配置标准，预测分析未来城市对社会事业与公共服务设施的需求规模，确定各类设施（行政管理设施、社区医疗、文化、教育、体育、娱乐设施及其他政府须承担的社会公共设施）的建设规划布局框架与实施和措施要点。

14. 昆明城市安全与综合防灾研究。

对城市抗震、防洪、消防、人防工程、防疫及紧急救护系统以及城市危险品贮存地点和城市重要设施的分布与功能发挥现状进行评价分析，结合未来城市安全要求提出各类安全设施的规划原则、系统建设布局规划框架，并对相关实施措施提出建议。

15. 昆明城市基础设施系统规划研究。

分析昆明主城基础设施现状及存在的问题，结合新昆明建设发展要求，以提高基础设施的网络化、协调性、共享性为目的，进一步优化布局；以提高基础设施的利用效率为核心，强调“开源与节流”并重、集约利用优先，以基础设施的可持续发展保障经济社会的可持续发展；根据区域基础设施现状和发展趋势分析，确定基础设施布局在不同阶段的目标：近期，基本消除基础设施对经济社会发展的“瓶颈”制约；远期，主要基础设施水平力争适度超前于经济社会发展要求，为经济社会的持续、快速、协调、健康发展提供有力的支撑，并确定近期重点项目的建设布局。

在这些专题中有一部分都是在总体规划研究中第一次出现，如城市核心竞争力与发展战略研究、城市环境资源承载力要素研究、主城区“城中村”问题研究等，这一部分专题着重要从城市的可持续发展角度来客观地分析研究；其他有很多专题虽然在原有总体规划中有类似研究，其重点和内容都有重大变化，如城市性质与职能定位研究、城市人口规模与策略研究、主城区社会事业与公共服务设施规划研究等，这些专题将按照新的发展趋势，用科学发展观指导系统研究，明确市场经济条件下政府应该发挥的作用，对文化、体育、医疗等社会事业的部分市场化加以合理的引导；另有一个专题是昆明城市所独有的，即滇池生态环境治理与滨湖开发研究，作为国家重点治理的“三湖”之一，滇池的保护是支撑和影响昆明城市发展的重要环境要素，需要把滇池的保护与昆明城市的发展紧密地联系起来研究。

三、研究机构的组织

要做好这15个专题的研究工作，至关重要的是研究机构的挑选和组织，这些研究机构应该在相关领域具有权威性，同时对云南省尤其是昆明市的情况非常熟悉，最好能在本专业领域对昆明城市进行过大量的研究。为了做好这一部分工作，昆明城市总体规划修编领导小组采用“专家领衔、部门参与”的工作方法，以熟悉昆明城市情况的省内相关专家为主，领衔对昆明城市发展至关重要的15个专题进行了深入研究。

领导小组经过认真的比较挑选，邀请了云南省社会科学院、云南省政策研究室、云南大学、云南省环境科学研究院等省内主要研究机构和大学，配合以市规划局及下属的规划院、交通研究所、规划编研中心，组成专业的研究队伍展开全面的研究工作。在各个专题研究时，以该领域知名的专家领衔研究，集合熟悉昆明城市情况的省内相关专家33人组成专家组加以认真论证，充分发挥专家的专业技术和行业知识，共同探讨研究昆明城市的发展大计。

这些研究机构和大学长期从事专题涉及领域的研究，熟悉云南省和昆明城市的发展情况，如云南省社会科学院多年研究区域的发展和竞争力、云南省环境科学研究院专门有研究高原湖泊保护治理的机构和技术人员，他们参与昆明城市总体规划的专题研究工作，可以把多年的研究成果付诸实际运用，也达到了综合各方面意见改进城市发展研究，制定科学的城市总体规划的目的。

四、专题研究初步成果

从2006年10月开始到2007年1月，经过各课题研究组的紧张工作，在建设部2006年11月20日批准同意昆明市开展新一轮的城市总体规划修编之后的一个多月，15个研究课题基本完成初步成果，并在2007年2—3月进行了系统的论证。

在论证工作中发现，大部分专题完成得非常好，各研究机构都认真地投入到专题的研究当中，拿出了自己多年积累的基础资料和研究成果，集中了领域内的专业人才和学术带头人，按照科学发展观的要求，全面细致地对涉及昆明城市长期发展保障的相关问题进行研究并得出了基本结论和对策建议，将对昆明城市总体规划的修编起到关键的指导作用。

经过初步论证，可以说昆明城市总体规划修编领导小组采用“专家领衔、部门参与”的工作方法，以熟悉昆明城市情况的省内相关专家为主，对昆明城市发展至关重要的15个专题进行了深入研究的工作思路，取得了良好的研究成果。

参考文献

1. 2006年版城市规划编制办法。
2. 昆明现行总体规划执行情况报告。

（原载于《云南城市规划》2007年第2期）

学法初步

英国的《城市规划法》最早颁布于1909年，它是世界上第一部关于城市规划的法律。我国的第一部《城市规划法》颁布于1990年4月1日；无论从时间上，还是在条款上，实事求是地说，我们要学习的东西太多。2007年，我国《城市规划法》修订，笔者积极参与了征求意见。本文就是在我国《城市规划法》改为《城乡规划法》后，对其的初步学习。

十届全国人大常委会于2007年10月28日通过《中华人民共和国城乡规划法》，并于2008年1月1日起实施。这是城市规划事业在我国的一个新的里程碑，具有极其重要的现实意义和深远的历史意义。

《城乡规划法》(以下简称《新法》)与原《城市规划法》相比有了哪些新的、与时俱进的内容？这是当前省、市城乡各级的行政领导必须深入学习和理解的。只有学习与理解《新法》，才能很好地执行《新法》，在城市的规划、设计、建设、开发、管理、经营六个环节中体现《新法》的主旨，创造高起点、高标准、高品位的城市与乡村。本文就是对《新法》的初步学习与体会。

一、《新法》从"城市"走向"城乡"意义深远

《城乡规划法》即《新法》取代了原先的《城市规划法》，打破了原有城乡二元结构下的规划管理制度，建立了进入城乡一体的规划制度。从"城市"走向"城乡"，一字之差，意义可谓深远。

我国过去的城乡规划法律制度可以用"一法一条例"来概括。除

1989年12月七届全国人大常委会通过的《城市规划法》外，还有1993年6月国务院发布的《村庄和集镇规划建设管理条例》。

这种就城市论城市、就乡村论乡村的规划制定与实施模式，使城市和乡村规划之间缺乏统筹协调，衔接不够，已经不适应我国经济社会迅速发展的新形势。

改革开放近30年来，中国经历了沧海桑田的巨变。昔日农田，今日已是高楼林立。来自建设部的统计数字显示，到2006年底，中国城镇人口已从改革开放之初的1.7亿人达到5.77亿人，城镇化水平也从不到18%增长到近44%。

相对于飞速发展的城镇化进程，中国的城乡规划法律制度却一成不变。在一些城市发展中，不少村镇已转变为建制镇，其规划管理前后却要适用两部法律法规，难以协调。

此外，由于"一法一条例"对规划编制和修改的规定均比较原则，在科学性上也已经不适应新的形势需要。特别是对乡村规划的管理非常薄弱，现有的一些规划甚至无法体现农村特点，难以满足农民生产生活需要，农村无序建设和浪费土地现象严重。

即使是中国经济比较发达的东部沿海地区，城乡规划的覆盖面也不宽，甚至存在不少规划空白区。有的省辖市规划建设用地控制性详细规划覆盖率仅为三分之二，县级市规划建设用地覆盖率更是不到一半。

这些问题正是最高立法机关和有关部门着手制定一部规范城乡一体规划的法律的深层次的考虑。我国在快速城市化的今天，千万个乡村在向城镇化发展，《新法》的出台意义深远。

二、《新法》积极地推进和谐社会的构建

城乡规划建设量大、速度快，是保证广大城乡居民以及城乡区域内的各企事业单位的利益，促进城乡发展的经济效益、环境效益、社会效益的有机统一的关键。

《新法》明确规定，城乡规划报送审批前，组织编制机关应当依法将城乡规划草案予以公告，并采取论证会、听证会或者其他方式征求专家和公众的意见。

城乡规划是城乡建设的基础，城乡建设又与百姓生活息息相关。

可当前普通百姓仍然很难参与到城乡规划的制定中去。

根据城乡规划法的规定，今后，城乡规划报批前向社会公告，且公告时间不得小于30天。组织编制机关应当充分考虑专家和公众的意见，并在报送审批的材料中附具意见采纳情况及理由。

《新法》还特别强调，村庄规划在报送审批前，还应当经村民会议或者村民代表会议讨论同意。

此外，城乡规划经批准后应及时向社会公布，但法律、行政法规规定不得公开的内容除外。省域城镇体系规划、城市总体规划、镇总体规划的组织编制机关，还应定期对规划实施情况进行评估，并征求公众意见。城乡规划监督检查情况和处理结果也应公开，供公众查阅和监督。

法律还明确规定，任何单位和个人都有权就涉及利害关系的建设活动是否符合城乡规划的要求，向城乡规划主管部门查询，任何单位和个人都有权向规划主管部门或者其他有关部门举报或者控告违反城乡规划的行为。

由此可见，《新法》在积极地推进我国和谐社会的构建工作上，提供了城乡规划建设成文法律保障。

三、《新法》对违章建筑设置有效遏制条款

《新法》之前，对违章建筑的处罚与遏制手段较为软弱，程序可操作性不强。对违章建筑建设行为，在发现之后，不能用有效的法律手段及时制止。通常要经过长时间的行政复议、行政诉讼程序，对违章建筑的拆除还要申请法院来执法。在这期间，许多违章建设者就钻了这个空子，抓紧施工、形成事实，最后不得不罚款，草草了之，使城市规划的执行根本无法到位。

以往实践中对违章建筑的处理一直是规划管理中的老大难问题，为了有效地遏制违章建筑的大量建设，使违法者无利可图，《新法》第六十五条规定：在乡、村庄规划区内未依法取得乡村建设规划许可证或者未按照乡村建设规划许可证的规定进行建设的，由乡、镇人民政府责令停止建设、限期改正；逾期不改正的，可以拆除。

城乡规划管理主管部门作出责令停止建设或者限期拆除的决定后，当事人不停止建设或者逾期不拆除的，建设工程所在地县级以上

地方人民政府可以责成有关部门采取查封施工现场、强制拆除等措施(《新法》第六十八条)。

同时,《新法》对单位或者个人的其他违法行为也规定了严格的法律责任。

《新法》中备受关注的就是以上有关对违章建筑拆除的规定,这个规定赋予了政府对违章建筑的强制拆除权。许多人担心,这可能不利于保障公民合法权益。在此次会议上审议《行政强制法》时,很多人就希望解决现实中乱设行政强制和滥用行政强制的问题。

然而这种担心是多余的,是对违章建筑疯狂建盖现象闭门不见的所谓法学者的坐而论道。《新法》颁布之后,广大有正义感、有良知和富有丰富经验的规划管理工作者无不拍手称快。

当然,在《新法》执行过程中,违法建设情况比较复杂,有的可以通过采取补救措施予以改正;有的需要部分拆除;有的改正或者拆除难度较大、社会成本较高,如何进行处罚需要综合考虑,既要严格执法,防止"以罚款代替没收或拆除",又要从实际情况出发,区分不同情况。但对违法建设的处罚必须坚持让违法成本高、使违法者无利可图的原则,这样才能有效地遏制违法建设,保障城乡规划的顺利实施,为城镇的发展提供一个良好的建设环境与建设秩序。

四、《新法》更加清晰地明确了"选址意见书"和"用地规划许可证"的法律管理目的与办理程序

当前,在土地有偿使用的情况下,由于原"选址意见书"和"用地规划许可证"的具体办理程序不清晰,是20世纪90年代的办理内容,就让不少不法分子钻了空子,经营性用地也办理规划选址,之后在国土部门直接办理土地证书,避开了土地使用权的招、拍、挂,给国家的土地财政收入带来了损失。

《新法》则杜绝了任何空子,与时俱进地明晰了"一证一书"的法律内涵与办理程序。

《城市房地产管理法》第八条规定:"土地使用权出让,是指国家将国有土地使用权在一定年限内出让给土地使用者,由土地使用者向国家支付土地使用权出让金的行为。"土地使用权出让可以采取招标、拍卖、挂牌出让或者双方协议的方式。根据现行法规政策规定,凡商业、

旅游、娱乐和商品住宅等各类经营性用地，必须以招标、拍卖或者挂牌方式出让。土地使用权出让制度的实施，适应了社会主义市场经济制度的要求，有利于通过市场竞争机制优化土地资源配置、实现土地的经济价值，从而提高土地使用效率，增加国家财政收入。

建设项目选址意见书适用于按国家规定，需要有关部门进行批准或核准，或者通过划拨方式取得土地使用权的建设项目，其他建设项目则不需要申请选址意见书。这主要是因为，随着国有土地使用权有偿出让制度的全面推行，除划拨使用土地的项目（主要是公益事业项目）外，都将实行土地使用权有偿出让。对于建设单位或个人通过有偿出让方式取得土地使用权的，按照《城乡规划法》的规定，出让地块必须附具城乡规划部门提出的规划条件，规划条件要明确规定出让地块的面积、使用性质、建设强度、基础设施、公共设施的配置原则等相关要求。由此可见，通过有偿出让方式取得土地使用权的建设项目，本身就具有与城乡规划相符的明确的建设地点和建设条件，不再需要城乡规划建设主管部门进行建设地址的选择或确认。

《新法》第二十四条规定，划拨用地共包括四大类：国家机关用地和军事用地、城市基础设施用地和公益事业用地、国家重点扶持的能源、交通、水利等基础设施用地以及法律、行政法规规定的其他用地。划拨土地主要是用于保障社会公共事业用地。

《新法》规定，通过国有土地使用权有偿出让方式取得土地的建设单位办理建设用地规划许可证的程序是：在国有土地使用权出让前，城市、县人民政府城乡规划主管部门应当依据控制性详细规划，提出出让地块的位置、使用性质、开发强度等规划条件，作为国有土地使用权有偿出让合同的附件，在签订国有土地使用权有偿出让合同、申请办理法人的登记注册手续、申领企业批准书后，持建设项目的批准、核准、备案文件和国有土地使用权有偿出让合同，向城市、县人民政府城乡规划主管部门申请办理建设用地规划许可证。

五、《新法》对乡村规划工作进行了前所未有的加强

建设社会主义新农村，是我们面临的新的历史任务，要建设社会主义新农村，必须先从根本上改变农村建设中存在的没有规划、无序建设和土地资源浪费现象，做到规划先行、全盘考虑、统筹协调，避免

盲目建设。因此，为了加强对乡村规划的管理，保证其在建设社会主义新农村的过程中发挥应有的作用，草案对乡规划和村庄规划的制定和实施作了以下规定：

一是明确乡规划和村庄规划的编制主体和经费来源。要求乡和村庄所在的镇、乡人民政府组织编制规划，并要求将规划编制经费纳入本级财政预算，以改变目前乡、村庄没有规划或者规划不科学、不能适应农村发展需要的状况（第六条、第二十条）。

二是明确乡规划和村庄规划的内容。针对实践中存在的乡规划和村庄规划盲目模仿城市规划，缺乏针对性，不能适应农村特点和农民需要的问题，草案结合农村的实际情况，根据建设社会主义新农村的要求，强调乡规划和村庄规划要安排好农村公共服务设施、基础设施、公益事业建设的用地布局和范围（第十八条）。

三是规范乡规划和村庄规划的实施。根据党中央、国务院关于新农村建设要坚持从实际出发，尊重农民意愿，加强民主决策，民主管理，因地制宜，分类指导，不强求一律，不盲目攀比，不强迫命令，更不能搞形式主义的要求，草案规定乡规划和村庄规划的实施应当因地制宜、节约用地，发挥村民自治组织的作用，引导农村村民合理进行建设。

四是强化耕地保护，严格乡村建设管理，防止乡镇企业、乡村公共设施和公益事业建设以及农村村民住宅建设乱占耕地。草案对乡、村庄规划区内乡镇企业、乡村公共设施和公益事业建设以及农村村民住宅的建设规定了严格的审批程序，明确农村建设活动不得占用农用地；确需占用农用地的，应当按照《中华人民共和国土地管理法》有关规定办理农用地转用审批手续后，方可取得乡村建设规划许可证。同时，针对农村交通不便，建设活动规模小、点多面广、以个人为主等情况，按照既要严格规划管理，又要便民的原则，规定农村建设活动只领取乡村建设规划许可证，并要求在取得乡村建设规划许可证后，方可办理用地审批手续。

为了破解“农村建设无规划”现状，城乡规划法对乡规划和村庄规划的制定、实施、修改作了明确规定，乡村规划管理有望得到加强。

相对于城市规划，当前，乡村规划管理非常薄弱，现有的一些规划未能体现农村特点，难以满足农民生产和生活需要，农村无序建设和浪费土地现象严重。

《新法》的出台,旨在加强城乡规划管理,协调城乡空间布局,改善人居环境,促进城乡经济社会全面协调可持续发展。在这部法律中,城乡规划不仅包括城镇体系规划、城市规划、镇规划,也包括乡规划和村庄规划。

《新法》规定,乡、镇人民政府负责组织编制乡规划、村庄规划,规划内容包括:规划区范围,农村生产、生活服务设施、公益事业等各项建设的用地布局、建设要求,以及对耕地等自然资源和历史文化遗产保护、防灾减灾等的具体安排。

根据《新法》,乡、村庄的建设和发展,应当因地制宜、节约用地,发挥村民自治组织的作用,引导村民合理进行建设,以改善农村生产、生活条件。

为保护农民合法权益,在乡、村庄规划区内进行乡镇企业、乡村公共设施和公益事业建设以及农村村民住宅建设,不得占用农用地。

六、《新法》的实施使城市规划竣工档案材料的收集和历史积累得到了保障

一座城市的文明,包括它的所有建筑物构成的历史信息与文脉。城市规划竣工档案就是这种建筑文化的记载,是规划工作的重要一环。

城乡规划主管部门收集、整理和保管的建设工程竣工资料是城乡规划工作的重要资料,也是城市建设档案之一。在城镇建设过程中,没有完整、准确、系统的城镇建设档案资料,城镇的规划和建设就失去了基础依据,城乡规划主管部门的综合协调职能将难以有效行使,从而导致城镇建设的混乱和无序状态,给城镇各项工程建设留下隐患,并对基础设施运行的安全、有效构成严重影响,这一点在地下管线和隐蔽工程的建设过程中,体现得尤为明显。因此,在城镇规划与实施的过程中,必须高度重视城镇建设档案,特别是建设工程竣工验收资料的收集、整理和保管,把城镇规划与建设档案的形成与积累工作纳入城镇规划管理的程序,建立健全完整、准确、系统的城建档案,为城镇规划和建设提供及时、准确、科学的基础依据。

按照《城乡规划法》的规定,建设单位应当在竣工验收后6个月内向城乡规划主管部门报送有关竣工验收资料,对未按法律规定报送有

关竣工验收资料的，要承担相应的法律责任。

《城乡规划法》第四十五条规定，建设单位应当在竣工验收后6个月内向城乡规划主管部门报送有关竣工验收资料。竣工资料包括该工程的审批文件和该建设工程竣工时的总平面图、各层平面图、立面图、剖面图、设备图、基础图和城乡规划主管部门指定需要的其他图纸。竣工资料是城乡规划主管部门进行具体的规划管理过程中需要查阅的重要资料，建设单位必须依照《城乡规划法》的规定报送竣工资料。否则，应依据《城乡规划法》第六十七条的规定，追究违法行为人的行政法律责任。

根据《城乡规划法》第六十七条的规定，违反《城乡规划法》第四十五条的规定，建设单位未在建设工程竣工验收后6个月内向城乡规划主管部门报送有关竣工验收资料的，首先由其所在地城市、县人民政府城乡规划主管部门责令限期补报；逾期不补报的，处1万元以上5万元以下的罚款。

《新法》明确了建设单位未按规定报送竣工材料所应承担的行政法律责任，为城乡规划法的历史脉络的继承与发扬提供了保障。

七、结语

制定出台《中华人民共和国城乡规划法》是从我国国情和各地实际出发，以多年的城市和乡村规划工作实践经验为基础，借鉴国外规划立法经验，进一步强化城乡规划管理的具体体现。它的出台，对于提高我国城乡规划的科学性、严肃性、权威性，加强城乡规划监管，协调城乡科学合理布局，保护自然资源和历史文化遗产，保护和改善人居环境，促进我国经济社会全面协调可持续发展具有长远的重要意义。

无论是城乡规划工作者，还是省、市、县、乡各级行政领导，在城市化高速发展的背景下，都必须加强学习《新法》，并有效地执行、实施。随着对《新法》的实践日益丰富，对《新法》的理解与体会也将会不断深入。

（原载于《云南城市规划》2008年第2期）

伦敦，是值得所有规划师深入阅读的城市。作者2013年刚刚阅读了它。伦敦街边的任何一幢建筑，都有几百年的历史

这是伦敦海德公园里的一景，参天大树下，座椅上的人很安然。什么时候我们城市中会有这么多的大树？ 那得从现在起种树并一直保护它们

伦敦大本钟前的桥面，这是这座古典而俊美的城市的典型景象

规划审批的政府流程再造

> 大家现在都在抱怨，城市规划审批太慢；同时，也有少数规划管理者在审批流程中“寻租”。这些都不是我们想要的东西。我们想要的是公正、透明、高效、快捷的规划审批流程。

自从20世纪80年代以来，西方各国纷纷兴起了以“政府再造”为主要内容的行政改革浪潮，其中重要内容之一就是将“流程再造”引入政府部门，实施过程控制与结果导向并重的绩效管理，并取得了显著的成效。近年来，我国地方政府在探索服务型政府建设的进程中也开始尝试政府流程再造，尤其是各地通过举办行政服务大厅等手段，对各项行政审批流程进行了重新整合。

当前我国地方政府行政管理中，最为重要的一项内容——城市规划行政管理，以维护城市的“公益性最大化”以及“可持续发展”而凸显政府的公信力量。在城市规划管理中实施“流程再造”则具有极其重要的现实意义。

一、政府流程再造的基本内涵

（一）政府流程再造是对传统社会管理和公共服务方式的改革与创新

政府流程再造是政府部门在反思传统行政组织业务流程弊端的

基础上，运用网络信息技术，摈弃以任务分工与计划控制为中心的工作流程设计观念，打破政府部门内部传统的职责分工与层级界限，实现由计划性、串联性、部门分散性、文件式工作方式向动态化、并联化、部门集成化、电子化工作方式的转变，建立以问题诊断为前提，以解决问题为宗旨的服务流程模式。这无疑是政府部门迫于外部环境变化和公信力下降而进行的一场自我改革。

（二）政府流程再造体现了“以公共需求为导向”的核心理念

传统的行政组织流程是围绕“职能”与“计划”展开，对公众的诉求缺乏了解和回应。而流程再造的宗旨，就是要改“职能导向”为“需求导向”，以最大限度地满足公众的需求为核心，在了解公众需求的基础上，从成本、质量、服务和速度等方面改善工作业绩，以提升公众对公共服务品质的满意度，提高政府部门的公信力，实现政府流程再造的价值追求。

（三）政府流程再造是多向互动的系统工程

政府流程再造既非工作流程的简化或重组，也非单纯依靠信息技术实现部门的整合或联动，而是对政府部门的行政理念、发展目标、行为准则、治理模式、制约机制的整体再造。它涉及政府部门内部机构之间、政府部门之间、政府与社会组织之间、政府与社会公众之间的沟通与互动，必然会带来政府部门在组织结构、决策程序、运行机制、评估体系、激励机制等方面的显著变化。因此，政府流程再造绝非是在原有流程上的修修补补，而是一场彻底、深刻、持续的内部革命。

二、政府流程再造的基本原则

（一）合法性原则

政府流程再造必须以依法行政为前提，无论是对原有流程的梳理还是对新流程的设计，都需要对前置条件、程序等进行合法要件的审查。在实施政府服务流程再造中应特邀法律顾问参加工作小组，具体负责流程再造的合法性咨询和审查。

（二）创新性原则

流程再造追求的是一种彻底的重构，而不是追加式的改进或修修补补的改良，它要求转变习惯性的思维方式，发挥组织的创新能力，突破现存的结构与流程，重新发明完成工作的另类方法。故政府部门流程再造不能够简单地依靠减少几张申报表、缩短个别环节、相互制约的组织管理，还需对政府部门内部职能进行整合，实行决策、执行、监督三职能的相互区隔与协调。

（三）绩效原则

政府流程再造的目的是实现绩效的飞跃，即非常显著地减少作业时间、降低作业成本、提高生产力、提升产品和服务品质。这就要求政府流程再造过程应着重搞好规划、程序建设和行为监管，尽量减少部门摩擦，实现便捷互动。

（四）便民原则

政府流程再造的根本目的是“便民、利民”。在流程设计中应尽量实现“全程代理”和“并联式”服务，以部门职能整合或通过授权组建跨职能的联动团队，压缩决策—执行间的传递过程，减少公众往来于各职能部门间的消耗，为公众提供公平、公正、公开的服务。

三、昆明市规划局对流程再造的初步实践

（一）提高效能、再造流程、规范审批行为，健全审批制度

为进一步深化政务公开，最大限度地实现公众参与、民主决策和社会监督，昆明市规划局在转变工作作风、限定自由裁量、推进廉政勤政、提高服务质量和工作效率等方面取得了明显的成效。2007年3月1日，以“区办局审”为主要模式的行政审批制度在昆明市规划局全面施行。具体做法是：报件人将所要办理的审批项目报到各规划分局，先由各分局负责完成规划经办工作，再上报市局集中审批。每周固定三个半天工作日，按局规划业务三个主要方面分类，通过“区办局审”的施行，达到三个目的：一是在各规划分局经办工作中对各类项目报件进行前置的预审和咨询服务，实行“一次性告知”，保证规划报件材料齐全、条件完备，避免报件单位重复“跑件”的不必要麻烦，为保证审批时限、提高办理质量提供了保证；二是实现“办审分离”，即经办与审批分离，报件人与审批人分离，积极防止和遏制“暗箱”操作，抵制和打击“磨规划”“泡规划”和“拖规划”的不良行为；三是每一件经办项目均由业务办公会集体讨论审批，对重大项目或有争议的项目实行审查审批“票决制”，把审批权集中于个别领导人改为由集体决策，增强规划管理的科学性、民主性，把规划审批中客观存在的自由裁

量权置于“阳光”之下、置于监督之中，依法控制在最低限度，维护规划管理的公平正义。半年以来，我局共发公示50期、办理和完成审批项目300余项。与上年同期相比，审批质量和效率明显提高。

（二）统一标准、公开透明，自觉接受社会监督

为适应规划行政审批改革的需要，昆明市规划局对规划咨询、规划信访及有关规划服务工作进行了整合，在我局办公楼建立市规划局实施“云岭先锋”工程便民服务大厅，设立“共产党员示范岗”。在全局严格执行干部职工挂牌、党员挂徽上岗，要求广大干部职工和党员“把身份亮出来，工作状态展示出来，关键时刻站出来”，增强干部职工特别是党员的荣誉感和责任感，最为重要的是便于接受群众的监督，提升服务态度和服务质量。同时制定了《市规划局信访咨询业务处室定期接待制度》，由局各业务处室安排工作人员定期到一楼值班，答复群众咨询，及时解决信访问题；设立公告栏，及时公示公布“区办局审”办理情况，提供办事指南并设置征询市民意见箱，积极改变过去规划管理工作信息不对称的状况，方便群众查询，把一切适宜公开的事项置于“阳光”之下，接受社会监督。今年1月到5月，服务大厅接待群众信访141起280余人次、接待群众信息咨询1 000余人次，局长接待日接待群众信访70起231人次，办理“市长便民热线”交办件143件，基本做到对市民群众热情服务，对信访、咨询和上级交办件有答复、有落实。

（三）激励规划行政人员的创造力是实施流程再造的基础

在整个流程再造过程中，要始终树立“以人为本”的服务理念，要始终以服务对象需求为导向，进行快速回应，提供周到的服务；同时必须明确，流程再造的过程不仅仅是全程信息、全面技术的革新，其落实与运行最终要归结于广大公务员的全面参与，因而必须通过人性化管理，注重组织文化再造，激励和发挥行政人员的创新力，建立一种知识化、团队化、网络化的工作平台和相互协调、相互监督、相互合作的工作关系。

再造流程，首先再造队伍。必须使新的规划局团队对流程再造达成共识；同时还要在具体的再造过程中发挥每一位行政人员的创造力。为此，组织转岗，优化配置，提高素质是发挥流程再造作用的基础。流程再造目标在“效”，功夫在“能”，关键还在人。为优化我局人力资源的配置，从年初到现在，我局进行了50名中层干部和公务人员的轮

岗交流和竞争上岗。依照国家《公务员法》及相关规定,制定了《昆明市规划局关于干部选拔任用综合知识考试的意见(试行)》,今后每年将以不低于30%的轮岗面对局干部进行轮岗交流。同时,在市人事局的指导下,我们制定了《昆明市规划执法监督局处(科)级干部竞争上岗方案》。按照该方案,在3月初,昆明市执法监督局的60余名干部参加了昆明市规划执法监督局干部选拔任用综合知识考试。定期的干部流动和人力资源整合,有效解决了长期以来机关干部身上普遍存在的"动力缺乏症",为干部队伍建设科学、规范的良性竞争机制奠定了基础。

(四)以流程再造推动规划局的信息化水平提高

流程再造可以有效地利用信息技术,通过网上政务大厅建立并完善信息系统;提供工作过程查询和监督服务,把原属于若干个管理环节、若干个流程的作业线加以重新整合;将业务流程"前后顺序"的运作模式改成"左右平行"的运行模式,既保证了流程运作的透明、公开,也可减少作业流程的步骤并增进不同部门的协调;避免电子政务的形式化,通过流程与信息的协作实现政府信息化平台的内在活力和持久生命力。昆明市规划局是昆明市政府中最早实现电子政务办公的单位,然而多年来还停留在当初始建时的水平,硬软件上都长期缺乏投入,信息化建设处于停滞状态。电子政务中公开、时效、监督等功能,也多流于形式。在流程再造以后,根本上改革了审批流程,更加透明高效,全局实行限时办结制。通过和市监察局连接的电子政务审批监察网络系统,要求业务经办人做到无条件地办理,同时按承诺时限完成,超过办理时限要层层追究相关人员的责任。规划局以流程再造为契机,大幅度加大了对全局规划信息系统的有效投入,为城市规划管理提供了有力支撑,使规划局信息化建设出现了前所未有的良好局面。

(五)通过流程再造,抓作风建设,提升队伍整体形象

市规划局的流程再造工作,从民主决策、局机关内部管理、规划业务工作管理、规划行政效能监察、规划廉政建设保障、工作绩效管理考核等多个方面进行制度的建立健全和整合规范,初步编制出台了市规划局"效能建设制度汇编"和"行政审批手册",并继续抓紧理顺局系统各部门(单位)和各运作环节的工作职责、工作程序和工作关系,积极构建保证权力正确行使、提高行政效能、优化规划服务的长效机制。

规范岗位接件负责制和AB岗工作制,实行定岗或互为备岗制度。

对属本岗位职责范围内的，接件后按“一站式”方式办理，对不属于本岗位职责范围内业务的，不得简单回答“不清楚”“不属我管”，要给予热情接待，做好解释工作并与相关岗位工作人员进行联系，主动引导服务对象到相关业务岗位联系办理有关事项。实行申报项目一次性告知制，对广大人民群众和办件单位做好优质的审批服务。

四、结语

政府行为的公共性决定政府绩效不仅强调效率，更要重视公平与社会责任。昆明市规划局在规划行政管理中对流程再造的有效实践，就是为了更好地在规划管理之中体现社会的公平与公正，确保全体市民的利益以及城市的长远、可持续发展。在这中间，只有廉洁、公正、务实、高效的规划公务员队伍才能胜任这样的工作目标。

可以说，通过城市规划管理的流程再造，让规划局在民主科学决策、机关内部管理、行政效能监察、规划廉政建设保障等方面都迈出了坚实可喜的一步。

(原载于《云南城市规划》2007年第4期)

西方城市规划的演进

> 毕竟，西方发达国家城市化进程早于我们一百多年，因而国内年轻规划师们在城市规划的理论与方法上进行更深入的研究与探索的同时，必须对西方城市规划的演进有一个清晰的解读。中国的城市规划在经历了20世纪五六十年代学苏联，之后学习欧美，以及1978年以来的30多年广泛实践探索后，取得了一些成绩，但也有许多失误。新一代的城市规划师们已经冷静下来，从中国的国情出发，去寻找更为合理的城市规划之路。

由于认识到传统城市规划的不足，自六七十年代以来，西方城市规划界开始了对新的规划体系模式和规划指导思想的探索。其中比较有代表性的有：结构规划、行动规划、战略规划、系统规划和倡导性规划。

1. 结构规划（Structure Planning）

结构规划于1968年最先在英国被采纳。在当时颁布的“城乡规划法”中提出了包含两个层次的规划形式：结构规划和地方规划(Local Planning)。结构规划主要任务是制定指导原则、政策框架和发展战略等宏观层面的内容，为地方规划提供框架。而地方规划则相对灵活，要求针对本地的实际情况，对规模较小、期限较短的开发项目进行引导和控制。

在1969年，“诺丁汉郡/德比郡次区域研究”(Nottinghamshire/Derbyshire Subregional Study)中将规划编制过程大致划分为三个阶段：第一阶段，对于战略目标的调查、前期分析和制定，预测未来30年人口、经济和社会发展方向；第二阶段，战略制定和遴选，根据调查分析过程中对发展趋势和潜在需求的不同推测，给出可供选择的多个方案，考察它们的可行性、灵活性和可接受性；第三阶段，提出关于实施的建议，包括监督管理系统和开发纲要。

与传统总体规划（Master Plan）相比，结构规划更广泛地关注社会、经济层面，对城市土地使用和物质空间不作具体的规定，为地方规划提供的框架具有很大的灵活性，其中的图只起到说明和示意作用，而并不具有实施性。它所提出的战略性的政策和建议是行动导向的（action-oriented），并且着重强调关键性问题，因而简化了耗费时间和精力而又作用不大的数据收集和整理工作。

它实际上为解决城市发展过程中长期与短期之间矛盾提供了一种途径，既保证长远目标的一致性，又允许近期目标的灵活性。

2. 行动规划（Action Planning）

行动规划主要出现于20世纪六七十年代的美国，一般被定义为：在地方层次上解决问题的、实施导向的规划过程（G. Clarke）。正如Friedmann所说：这名字听起来很熟，但观点却是崭新的——规划和行动走到一起并且相互融合。

短期性和直接性是它的主要特征，它的目的就是用最少的数据和资料，通过最简化的程序解决当前存在的实际问题。这些问题可以是物质空间的、社会的和经济的。社区公众参与至关重要，因为它是保证行动成功的关键。

例如，斯里兰卡（1988）“社区优化方案”（Community Upgrading Plan）的制定包括以下六个步骤：

① 识别：问题是什么；

② 战略：途径是什么；

③ 选择和折中：行动是什么；

④ 为实施而规划：谁来做，做什么，何时做，怎样做；

⑤ 监督：行为表现和经验教训；

⑥ 向社区公布“社区行动方案”。

与传统城市规划相比，行动规划把规划看作一个过程而非成果（product），强调实用性和公众的参与。监督机制和协商机制实际上体现了行动规划的一个重要特征：边学边做。当然，这种务实的态度也容易走向另一个极端：只注重具体问题，而忽视宏观把握；只注重表面效果，而忽视深层结构。

3. 战略规划（Strategic Planning）

从严格意义上讲，战略规划远远超出了城市规划的范畴，它被看作综合各方面力量，规划城市总体发展，以达到对城市发展的宏观调控的系统工程。它的成果不再是一个物质空间方案，而是一系列内在联系的、有关城市发展的战略对策（包括土地、基础设施、财政、体制等领域）。这些战略的目标在于使用所有的公共和私人力量都能够参与促进经济发展、提供公共服务设施和提高环境质量等目标的实现。

J. Levy将战略规划的特点归纳为以下九点：

① 跨部门合作和统一协调；

② 财政可行性；

③ 城市发展和管理中公、私两方面作用的并重；

④ 政府发挥扶助（enabling）作用；

⑤ 部门内和部门间的选择机制；

⑥ 对城乡关系的关注；

⑦ 与全国发展战略的联系；

⑧ 解决参与者之间的利益冲突；

⑨ 经常的监督和评价。

与行动规划的短期性（2—5年）相比，战略规划一般较为长远（至少10—15年），两者往往结合在一起更好地发挥作用。与传统城市规划相比，战略规划更强调城市发展的整体性，因此城市规划部门必须与基础设施部门、财政金融部门、土地管理部门等相关政府部门，以及有关社会团体充分合作。

4. 系统规划（Systems Approach Planning）

这里的系统规划是指应用系统科学的思想和方法来研究和看待城市和城市规划。在西方规划界这种思潮曾经盛行一时。它试图抛

悉尼海边公园的人行步道

开不同价值观的困扰，而把重点放在技术方法上：分析城市这一复杂系统，模拟它的发展过程并预测未来趋势。它的基本发展点是把规划的客体看作是人类活动所形成的系统和子系统在物质空间的复杂表现（Margaret Roberts）。

美国规划师Chapin曾用下表概括人类住区的构成系统：

客体	活动	物质设施	土地	政策
人	居住 教育 购物	房屋 住宅 学校 商店	各种土地 使用功能	目标和 决策
物	产品 服务	工厂 办公		
车辆	出行	交通设施 机场 道路 铁路		

作为北美系统思想的先驱，Chapin认为可以把人类住区看作一种特殊类型的系统，即由复杂的动态关联的元素构成的、不断生长变化的组织。对这样的系统的秩序和演化的理解，关键在于对于人类活动方式的研究，以及人类的满足和不满足如何影响他们的决策。

与传统城市规划相比，系统规划中对城市系统的认识、对规划控制作用的追求、以模型为主的技术手段，以及摆脱各种价值观念的冲突以求得绝对公正的努力，都对城市规划的理论和实践产生了积极而深远的影响。

然而，系统规划的技术至上的做法不可避免地遇到无法回避的政治、社会的约束，正如J. B. McLoughlin所承认的那样，"规划不只是一系列理性的过程，而且在某种程度上，它不可避免地是特定的政治、经济和社会的历史背景的产物"。

5. 倡导性规划（Advocacy Planning）

在20世纪60年代中后期，西方规划领域兴起了倡导性规划运动。

这一运动的宗旨就是规划师对公众的重新认识和促进公众对规划过程的参与。

它认为，规划师应该是呼吁者（pleader），代表特定的价值需求，寻求特定的解决办法和运用有效的令人信服的技术。正如Davidoff所说："城市规划是一种决定政策的手段。行动的正确过程永远是一种选择，而非事实。规划师应该作为公众或社团利益的代言人投身到政治过程中去。提交给公众的应该是折中的方案，而非单一的机构性文件。"

由于价值取向的差异，目标的选择也就变得格外重要，正如另一位规划师Young所说：规划可以定义为选择目标和设计可能实现这些目标的手段的过程——两者应该同等重要。

像这样的一块空地，常常会被国内某些城市中的开发商惦记上，其实，城市也需要“呼吸”，不能都填满

公众参与作为倡导规划的核心，在《马丘比丘宪章》中也得到肯定：“城市规划必须建立在各专业设计人员、城市居民以及公众和政治领导人之间系统的不断互相协作配合的基础上。”现在公众参与已成为许多国家城市规划过程的法定程序或行政制度。在《里约宣言》中，公众参与规划制定和实施的全过程，这一点得到一再强调。

显然，倡导性规划是针对其他规划途径，特别是系统规划途径的不足提出的。如果说传统城市规划基本上是一个自上而下的过程，那么倡导性规划则是一种自下而上的过程。系统方法对于价值观的回避，不会带来绝对的公正，而只会带来规划功能的削弱和不恰当的判断，以及对规划师作用的片面夸大。当然，倡导性规划要求民主的政治体制和有效通畅的交通途径，另外公众参与的作用机制还有待进一步完善。

结束语

以上列举了五种有一定影响的、改进了的西方城市规划的范式

(paradigm)。它们都从某一角度出发,针对传统城市规划体系的某一方面的不足,提出了符合城市发展要求的规划对策,从客观上推动了城市规划体系本身的不断完善。当然,它们在强调某一问题的同时,不可避免地带来另一方面的偏颇。但我们应该看到城市规划的变革是与社会变革作为一个整体发生关系的,这是因为一方面社会变革为城市规划提供了新的需求和机遇,另一方面社会大气候的改变也要求规划师角色和作用的相应调整。同时我们也必须看到城市规划学科本身就是一个充满着变革和挑战的领域;从它的发展历史看,它的每一步前进既是建立在前人的认识基础上,又是针对当时存在的现实问题,这一点与任何一门学科的发展相类似;然而正是由于城市规划的强烈的实践性(从某种程度上说是一种功利主义)和理论体系的不成熟,"每当一种新的思想出现时,都似乎倾向于全盘否定以前的东西,许多正确的认识和有用的价值都被轻率地抛弃"(M. Roberts, 1987)。因此,尽管没有一种规划范式是十分理想的,但它们蕴含的正确的认识和方法,对于我们研究当今中国的城市规划体系都值得认真加以对待和继承。例如,结构规划与地方规划将长期与短期、控制与灵活比较好地结合在一起,这对于如何将可持续发展对于未来的关注分解为可行的步骤具有很好的借鉴意义;行动规划对于社会监督系统(social monitoring systems)的重视,对于我们更好地评价和审视我国当前城市化过程中城市规划的作用有很大的帮助;其他诸如战略规划对于部门合作和战略协调的强调,系统规划中的技术手段以及规划作为"过程"的认识,倡导性规划中的公众参与机制,都应当成为目前我国的城市规划理论与实践必须吸取也能够吸取的合理养分。

参考文献

1. Barry Godchild, Housing Design Urban Form and Sustainable Development, TRP, 65(2), 1994.

2. Anne Beer, Landscape Planning and Environmental Sustainability, TPR, 64(4), 1993.

3. Christopher Alexander, A New Theory of Urban Design. Oxford University Press, 1987.

4. Giles Clarke, Reappraising Urban Planning Process as an Instrument for Sustainable Urban Development and Management, 1994.

5. UNCHS International Conference on Reappraising, The Urban Planning Process as an Instrument of Sustainable Urban Development and Management, 1994.

6. John M. Levy, Contemporary Urban Planning, Prentice-Hall Inc., 1988.

(原载于《云南城市规划》2001年第2期)

美洲城市雕塑，在高大的树林中，自然与人文融为一体

美国城市规划的管理手段与内容

美国的城市化水平很高，城市规划管理手段也较为系统。美国的城市规划管理基本分为两个方面：一方面在宏观上，是对全国的土地利用进行规划与整治；另一方面在微观上，是对城市街区中发生的建设工程行为进行分区管制。本文即对这两方面的具体内容进行一个略要的概述。

1. 宏观上：对土地利用进行规划与整治

1.1 美国国土的所有形式及政府策略

美国全国土地总面积为9.36亿公顷，分别归联邦政府、州、县、市和私人所有，其中联邦政府占34%，州、县政府占6%，私人占58%，其他占2%。由于土地所有权不同，就制定了各种不同的法规。土地所有者对其所属土地的上空、地表、地下以及通过的河流均有使用权。这些权利的划分和使用都是以不同的法规加以控制的。政府鼓励土地所有者对其管辖的土地尽量加以整治和利用，收取一定数额的税收以增加收入。

1.2 联邦政府在土地规划利用、开发整治方面所起的作用

美国各州、市、县都有土地利用规划，但这些规划都要服从联邦政府的法律和规定。美国的土地整治与利用没有一个全国的统一机构来管理。这项工作分属国家有关部门和地方的政府管理。在内务部下设联邦地质考察局和土地管理局，农业部下设水土保持局。此外，还有全国环境保护委员会等。在州、县、市都有规划委员会，还有跨州、

市组成的区域委员会，这些委员会主要起着规划、协调、顾问、参议的作用。联邦政府在土地利用、开发、整治方面主要是通过有关部门和法律起如下作用：一是规划全国所有公共工程，如公路、水资源利用等，并负责提交国会审议；二是向各州地方政府发放辅助资金，主要用于交通、医疗、教育等建设方面；三是制定有关法律和规章；四是通过税收的办法来管理资源的开发、利用和保护；五是负责环境评价及保护；六是负责国土开发、整治和利用方面的技术援助。

1.3　美国土地利用规划管理所要整治的主要问题

1.3.1　城市发展引起一系列问题，如占用耕地较多，自然景观遭到破坏；绿地减少；能源消耗增多，私人汽车增加，公共汽车和铁路萎缩，导致公路交通拥挤；住房紧张，特别是穷人住房十分困难；固体废弃物增加，占用和污染了一部分土地和地下水源。

1.3.2　有毒的放射性废物大量增加，如核反应工程等，影响周围居民的健康和农作物的生长。

1.3.3　露天开采矿山，造成表土损失过多，开矿污水污染了河流和农田等。

1.3.4　由于工业化高度发展，引起大气污染，致使酸雨越来越多，影响森林生长和土地效益。

1.3.5　由于植被遭到破坏和过度垦荒造成水土流失，以及由于人口的自然流动，许多空旷地带没人去，大片土地得不到很好的开发利用。

2．微观上：对城市街区内的建设活动进行分区管制

2.1　分区管制法是美国目前城市规划管理的主要手段

在美国，绝大多数城市以分区管制法（zoning）作为城市建设管理的基本依据。它是根据不同的地域特点，把城市划分为许多不同的区域（zones）。对每一区域的土地使用和开发活动进行预先设计（predesignate），包括土地使用性质、建筑密度、最大建筑高度、体块、退后等。上述各项综合在一起形成了一个完整的管理控制界面（zoning envelope）。分区管制法一经制定并通过，在一定时期内将是开发建设管理的法律标准。

首次实行这一管理手段的是纽约市，当时主要是为了解决曼哈顿

地区越来越突出的建筑密度问题,争取人行道上的阳光和空气,因此出现了对建筑某一高度之上退后(setback)的规定,从这一时期的建筑中不难看到它的影响。

由于分区管制法有许多其他管理技术不可比拟的优点,因此很快被规划管理部门所接受,经过几十年的实践,日趋完善。目前已成为美国城市规划管理部门的主要手段。

2.2 分区管制法的主要内容

2.2.1 分区管制法的图纸部分。图纸部分主要是管制范围内的分区图(zoning map),分区图以不同的颜色和符号示意各区分区管制的要求,包括住宅、商业、工业、行政、文教、风景、保护、农业及公共设施等的分区及用地情况。对每一区只划出分区边界,除特殊要求外,一般不做具体的位置规定。

2.2.2 分区管制法的文字部分。文字部分是对分区管制法的解释和实施办法的说明,包括管制的分类、各区的要求,对不合理使用或违反管制行为的处罚,对特殊高度进行限制,特殊区及管理的具体办法(如强制执行、变更管制、修改和特殊许可等),对居住、商业和工业区的说明是其中的三个主要部分。

表1是一般分区管制文件所包含的内容。

表1 一般分区管制文件的编制

第一项	目　　的
第二项	定义(对某些术语和用词的解释)
第三项	区域的形成　A. 分区图　B. 对区域边界的解释
第四项	规划　A. 规划的应用范围　B. 区域规划　C. 特殊许可条件　D. 补充规则　E. 对不合理使用和违反管制的处罚
第五项	管理　A. 实施　B. 变更程序　C. 处罚
第六项	修改　A. 修改的条件　B. 修改的程序
第七项	其他

2.3 城市规划管理中的两个主要控制指标

2.3.1 容积率(Floor Area Ratio, FAR)

容积率是分区管制法中主要的控制指标,它是某一区域内总的建筑面积与基地面积之比。对容积率的规定，决定了该区的最大建筑面积。

容积率（FAR）=总建筑面积/基地面积

例如，某基地的容积率为1，基地面积是400平方米，那么开发商在该基地所能建造的最大建筑面积就是400平方米。

2.3.2　暴光面（Sky Explosure Plane, SEP）

暴光面是一个假想的斜面，它是在街道界面上空的某一特定高度以上，按一特定斜率形成的控制面。这里的高度和斜率由地方分区法规定，主要考虑一定时间内的日照条件，如有些建筑密度大的城市中心区只考虑中午时间的日照，因此，斜率的变化幅度很大。

斜率=垂直距离/水平距离

2.4　特殊分区的规划管理概念

近十几年来，特殊分区法越来越多地被引入城市规划设计的管理之中。所谓特殊分区就是把城市中有价值、有特色的区域独立分出来，制定特殊的保护条例，以保护这些区域不受新的开发建设的威胁或鼓励在这一区域进行开发活动。特殊分区管制把城市建设管理同城市的社会、文化、经济及区域特色结合起来，变消极的控制为积极的引导，较之传统的分区管制来说，无疑是一个进步。

每一特殊区管制的侧重点不尽相同，但在管理方法上是一致的，所有在特殊区内的开发建设都必须经过有关部门的严格评审才能进行。

历史区（Historic District）是特殊分区之一。它的形成是把城市中具有历史意义和历史价值的区段划分出来，作为独立的管制区，以便对历史遗产进行整体保护。

弗吉尼亚州亚历山德里亚市的历史区，位于华盛顿以南，形成于1740年，目前是华盛顿地区一个主要的旅游吸引点。这个市在分区时把历史区与铁路、高速公路和新的开发区严格分开，并采取一系列奖励措施，迁出一些使用功能不合理的机构、企业，鼓励保护、修缮历史建筑及环境，使历史区内完整地保留着反映地方历史和习俗的建筑和街道模式。

另一个著名的特殊区是纽约曼哈顿的剧院区（Theater District），把这一区列为特殊区，是为了保护城市中的标志性区域和文化特点，以吸引各地游客。城市部门制定了特殊的奖励法，其中有36个剧院被列入奖励法中，对这些剧院的改动要经过城市规划部门的特殊批准，如果剧院是历史建筑，还要经过城市历史保护委员会的批准。

特殊区的划分因城市的特点和管理方式不同而多种多样，各城市间的发展也极不平衡，在此不作一一介绍。

3. 在城市规划管理中以奖励手段达到管理目的

3.1 增加建筑面积的规划管理手段

3.1.1 有奖分区法(Incentive Zoning)。有奖分区法是依据开发商对公共环境的贡献大小，给予不同奖励的一种管理方法，即在分区法所允许的建筑面积以外，增加一定的建筑面积。例如在办公区或商业区，开发商按分区法要求提供公共广场、拱廊、人行天桥、屋顶观光设施并与公交系统结合；在住宅区，提供良好的尺度、安全性、私密性和日照条件等。作为分区法的奖励条件，以上每项内容都有一定积分(point)，根据积分多少便能推算出应增加的建筑面积。一般情况下，分区法有最大奖励面积的限制。

城市名称	实施措施				
	有奖分区法	特殊区	开发权转移	标志法	设计评审
亚特兰大		△	△	△	△
伯明翰		△		△	△
布法罗		△		△	△
达勒斯	△	△	△	△	△
丹　佛		△	△	△	△
长　滩	△			△	△
奥克兰	△	△		△	
圣地亚哥	△	△	△	△	△
圣安东尼奥		△	△	△	△
密尔沃基	△	△			

3.1.2 开发权转移(Development Rights Transfer)。这一技术主要用于城市中需要保护的重要资源,如标志性建筑、历史建筑、独特的自然条件等,使之不受新的开发活动的威胁,即把这些资源上空未被开发的空间转移到其他基地中,得到开发权的开发商将被允许在容积率控制之外增加一定建筑面积。通过这样的转移和补偿,不但保护了城市资源和特色,也从经济上解决了保护这些资源的困境。

纽约市首次实行这一办法,但规定开发权只能转移到与之相近的同类分区管制区,而且能增加的建筑面积不得超过允许建筑面积的20%,以防止过多地增加建筑面积带来该区建筑密度过大、交通拥挤等次生问题,因此开发权常常是分别转移到几块基地上。

3.1.3 有计划的联合开发(Planned Unit Development)。这一技术也称集群分区法(Cluster Zoning),多应用于在乡村进行大规模的开发建设。开发商在保证原有分区法不变的基础上,把两个或两个以上不同的分区结合起来通盘考虑,这比每区绝对分开的管制办法有较大的灵活性,易于形成建筑群和土地的综合使用,开发商从中也能得到好处。

联合开发也有利于以最少的基础设施投资带来最大的设计灵活性和市场性,又可以保护一定的自然环境风貌,既有益于公众,又有利于私人开发。但实施时必须有严格的评审过程才能进行。

3.1.4 综合使用开发(Mixed and Joint Development)。综合使用开发就是在某一特定使用性质的基地上进行综合开发,使建筑物包容几种不同的使用功能于一体。这种开发方式可大大增加建筑物的可行性和利用率,并能改善交通设施,有利于增加城区的生机和活力。由于这一措施实施起来难度大,因此对这种开发有许多相应的奖励办法,鼓励开发商进行这种开发,这也是现代城市开发建设的一种趋向。

3.2 补贴建设资金的规划管理措施

这一技术是根据开发商对公共环境改进的贡献大小,直接或间接地为开发活动提供资金上的补贴。主要措施有:

3.2.1 减免税收。这是保证分区法实施的主要经济手段。美国的税收法规定,若开发商在指定的区域进行开发建设或保护历史、自然资源,在一定时期内免征或少收个人所得税,但这种奖励要通过严格的法律程序才能获得。

3.2.2 转让建筑外观的拥有权(Facade Easement)。对于城市中某些有价值的建筑，拥有者若无能力保护和维修，可以把建筑立面的拥有权交给公共部门或某一指定机构，让对方对该建筑进行保护和维修，拥有者仅保留对建筑内部的使用权，而没有对建筑立面进行更改和拆除的权利。

3.3　对建设、开发项目进行反复评审与论证以达到规划管理的科学化

在城市规划管理过程中，上述的分区法和奖励措施在执行时若不严格管理，往往会造成与城市规划所确定的目标相反的结果。如促使建筑规模过大、密度过高，或造成一些尺度过大又无人问津的广场设施等。为了解决这一问题，各城市配合分区和奖励条例，在管理上先后增加了对开发项目的设计评审（Design Review）。

在评审中，把开发项目对公共设施的提供如广场、拱廊和建筑退后等项，逐一同城市建设机构对该区起草的设计原则相对照。这些设计原则包括：日照、通风、人行方便、噪声控制、广场和周围建筑的关系、景观条件、环境的舒适性与安全性等。规划与设计部门在评审中要对设计原则做详细解释，对方案进行反复评审、论证后，开发商才能得到应得的奖励。

设计评审是城市建设管理中十分重要的一项工作。它的成功与否关系城市环境质量的高低。其中起决定作用的是规划设计管理人员的素质。

参考文献

1. Barnett, Jonathan, An Introduction to Urban Design, 1982.
2. Zoning Use Digest, City of Alexan dria, 1986.

（原载于《云南城市规划》2002年第2期）

美国第一大城市——纽约远景

作者2005年在美国硅谷加州圣何塞大学做访问学者。图为该大学校园

加拿大城市规划建设见闻

2000年5月份，笔者随玉溪市政府赴加拿大城市规划考察团一行，对温哥华、多伦多、蒙特利尔、渥太华等城市进行考察；并与温哥华市著名的建筑师事务所、不列颠哥伦比亚大学的同仁以及专程从纽约赶来讲座的美国建筑师、规划师进行了广泛的交流。应该说，加拿大的城市建设以及北美城市规划给我们带来了许多有益的启示。

1 城市规划编制与审批

1.1 城市规划编制阶段的划分

加拿大城市规划很注重大都会的总体布局，大都会涉及范围打破了市辖界限，按中心城市所能辐射影响的范围，作城镇群体的布局。具体划分为：大都会总体规划（大都会经济辐射范围的规划）、城市总体规划、分区规划、社区（邻里）规划、城市设计等五个阶段，通过这五个阶段完成城市规划指导建设的全过程。

加拿大城市的大都会规划，十分注重发挥中心城市的功能。中心城市和城镇连接的交通问题是规划中的首要问题，环绕中心城市和以中心城市为焦点，放射到周围各城镇的高速公路网，在规划总图中占据很重要位置。加拿大的蒙特利尔和多伦多，大都会范围内上百万人，在市界以外环绕中心的高速公路网上已形成几十个大小不一的城镇，都与中心城市有着便捷的交通关系，分担着城市的多种职能。

1.2 规划编制与审批合二为一

加拿大的情况是联邦政府不审批城市规划，也没有全国统一的法规，具体编审工作都由市当局负责。省级规划部门负责颁布城市规划法，作为全省编制区域规划和城市规划的依据。城市规划由城市规划委员会（局）主持具体编制。多伦多市中心城市60万人口，划分成大小五十个分区，由规划局的规划师们分别包干负责，既负责编制规划，又负责审批该区的建设项目开工。

城市设计被视作具体落实规划的重要阶段，加拿大的城市设计多数依靠建筑师事务所承担，规划部门也有负责这方面工作的专职人员，一般是用公开招标方法，从应招多方案中反复评优选用。

1.3 城市规划十分尊重市民的意愿

加拿大城市规划很重视市民的需求，多伦多市尤其突出。他们的城市规划师定期和市民会见，广泛征询他们的意见，反复提出方案来请市民讨论。据多伦多市规划委员会官员介绍，市民们不喜欢把旧区全拆光，而喜欢改善不方便的地方，多伦多市分区规划的一条重要原则是“花更多的时间来与市民共同讨论方案”，保留城市原有的风格，因此分区规划中规定要“维护和保持本地区的特点”。

随着经济发展，近年来一些理想的图案式规划越来越被加拿大城市的市民所唾弃，逐步演变成注重实际，面向现实。市长们很注意城市规划和开发，很注意战略目标的实现，注意选民的需求。

2 城市规划法规体系

2.1 城市规划法规体系基本框架

加拿大城市规划的法律框架主要是由省的法律来确定的。城市是由省来创置的，包括城市规划在内的城市行政事务一般在省的市政法中有所规定。

加拿大是一个联邦制国家，联邦宪法规定了政府权力在联邦政府与10个省及3个北方区域之间的划分。宪法规定，房地产财产权和城市规划是省的权限范围之内的事务，从而加拿大10个省就有10种规划制度，但它们的主要特征是相似的。

在一个现代国家中对权力作绝对的划分是不大可能的，在不能更改宪法的情况下，往往通过行政安排的方式来克服某些僵化的规定。在加拿大各省还有许多专项法律，如农业法、公路法、文化遗产保护法、废弃物管理法等。除了适用于全省的市政法以外，各省也

澳大利亚城市风光

可以为单个城市制定宪章，它的作用等同市政法，但只适用于某一个城市。

城市的立法行为受省的制约，不列颠哥伦比亚省市政法第874条规定，“城市地方法规有碍于本省公众利益时，部长可以命令城市当局修改地方法规”。

2.2 城市规划法规体系特点

在联邦制度下，城市事务归省管辖，城市规划的基本立法权在省，而城市也享有一定的立法权，可就地方性问题作出具体规定。同时，规划立法系统化，各个省有关规划的立法都有几千项，加上大量的地方法规，对规划和开发建设的各个方面都做出了相当详尽、严密的规定。

在加拿大经批准的规划也是法律规范的组成部分，例如区划经批准后就变成了区划法，城市官方规划的法律地位高于城市地方法规。

规划制定必须要有公众参与，规划在批准前必须经过法定公众听证程序。这也是加拿大城市规划法规体系的特点之一。

3 城市规划的实施

3.1 城市基础设施的规划、建设得到高度重视

加拿大的总体规划，与其说是城市总体功能布局，不如说是土地利用加城市基础设施建设规划。我们在所到的几个城市，见到的城市总图，都十分突出交通、通信、电力、煤气、供热、供水、污水处理等基础设施的建设。城市地区是这样，中心城市更是这样。市际交通中公路占绝对优势。市内交通中地铁、有轨电车、轻轨缆车等多种交通工具并存。蒙特利尔的地铁结合地形，在地下运行时，人们可以由此步行到达公共建筑和办公楼，在有条件的地段，地铁也能钻出地面在地上运行，很注重实效。

3.2 城市经济发展与旧城保护相结合

加拿大城市建设常常结合城市经济发展调整城市布局。如多伦多南濒安大略湖，原来通航直泊湖岸，岸线建了许多码头、仓库、货场，现在船舶吨位加大，货轮只在蒙特利尔停泊，不再驶入安大略湖岸的多伦多市区，城市改建规划就把货场迁走，建设了国际博览会场和供游览的CN高塔（高553米）。

加拿大很注重城市标志性建筑的保护，在旧城改建中，这种标志性建筑十分受市民的重视，城市中原有老邮政局大楼，按城市现代化通信要求已不适合使用，城市规划部门把它改建成底部几层是商业中心，上部几层是办公用房，顶部塔楼由国家公园管理局作为游览瞭望台向公众开放，而建筑外形、环境面貌却仍然依旧。

在加拿大，古建筑不是作为古董消极地“保护”起来，而是把它投入为现实服务，为繁荣城市经济服务。

3.3 高科技手段在城市管理中的运用

加拿大多伦多市交通委员会为使地区交通更加可靠、经济、方便，在公共汽车上装置控制信息系统，公共汽车自动控制，公共汽车与控制中心保持连续的数据传输。在控制中心，可掌握旅客上、下车人数（在上、下车门下部装有自动检测器），汽车上的乘客数、车辆所在位置以及行进方向等。在汽车站，标示柱可自动显示一辆（或几辆）车的到达时间，有多少座位和计划的路线等。

多伦多市有一个指挥交通的计算机系统。在各交通要道的路面下安装了感应线圈，能探测路口停下的车辆数。计算机中心分析各路

的报告,在不到一秒钟的时间内作出决定,发送命令给全市一千多台红绿灯,调整拥塞情况。计算机可命令堵塞的道路开红灯,不让车辆行驶,同时又在某些地段开绿灯,疏导车辆。

4　高素质规划师的培养

4.1　规划师的任职资格

在加拿大,普遍认为,城市规划应该是多方面来共同进行的规划工作。为了搞好这个"城市生活空间",就要有许多有关人员来共同研究。其中包括:建筑师、工程师、土地和建筑法规的专家、地质学家、气象学家、园林绿化专家、地理学家、社会学家、经济学家、财政专家、医学卫生学家以及政治家等。

在加拿大对一个规划师的要求是相当高的。一个大学本科毕业的学士,可以担任建筑师;而没有连续五年以上实践经验的硕士,是不能担任规划师的。具有丰富城市开发与建设经验的规划师,规划一个城市时,是按区域经济和自然资源条件进行规划以此向投资者、经济开发商进行"宣传和吸引"。他们是先作规划,后安排计划,再安排建设项目。这样,建设项目和城市规划的配合较和谐,城市规划付诸实施也较顺利。

4.2　城市规划人才的培养

规划师的高素质是制定城市宏伟蓝图的保证。在加拿大,规划师常常被当作"具有一门专才的通才"。所谓专才可根据功能来分(房屋、运输、土地利用、健康事业等),或按规划范围分(街坊规划、城镇规划、区域规划、国际发展规划等)。在规划领域内,次一级专门化可按规划者所起的作用来划分:管理者、设计者、协调者、辩护者、评价者、未来主义者等。

大学的城市研究和规划系,培养专业人员的学者,他们作为实践者、辩护者或政策分析者,能完成城市和区域发展整个过程的规划设计,以及公共政策的分析和贯彻执行。在加拿大,只有取得城市规划硕士资格的人士,才能从事规划师的工作。城市规划硕士学位(MCP)是规划领域中基本的职业性学位。两年的MCP项目重点使学生掌握有效的实践所必需的工具。第一个学期末,MCP学生都要选择一个专门的领域,这个专门化的方向将是学生在未来三个学期内的主要工作。

加拿大多伦多大学是以地理与城市规划系办城市规划专业，培养目标比较侧重于地区规划，经济发展的可行性论证和开发研究。该大学地理与城市规划系每年接受国外具有硕士学位的城市规划工作者攻读两年制的研究生，培养城市规划师。除此之外，建筑系办的城市规划专业，培养目标着重于城市设计工作和分区或社区规划。

(原载于《云南城市规划》2001年第4期)

智利彭塔阿雷纳斯海岸

韩国清溪川改造工程

——一个值得昆明学习的河道整治范例

这是一个值得昆明学习的河道整治范例。2005年10月2日，清溪川这条曾被覆盖的城市暗河，在首尔重见天日，恢复了"清溪"的面目。两年后，我专程赴韩国首尔去实地看看这个改造工程及市民使用的情况。当我在河道边穿行，耳边听到的是当地市民及游人快乐的欢笑声，眼里看到的是清澈的水溪、飘荡的芦苇等水生植物。我意识到，李明博先生任市长时所做的这项工程，不仅是政治上的需要，更是对城市生态环境的追求。该工程体现出让城市真正成为市民的家园，成为市民"身心和灵魂的故乡"。

当然，李明博先生在政治上也获得了成功，2008年，他当选了韩国总统。

一、韩国清溪川改造工程概况

(一) 历史变迁

清溪川是一条自西向东穿越韩国首都首尔的古老河道，伴随着首尔600余年的发展，清溪川成为这座城市历史变迁的一面镜子。最早的清溪川是女人们的洗衣场所，也是孩子们嬉戏玩耍的乐园。朝鲜战争后，河畔成为贫困人口的栖居之地，这条河流也变成了一条露天排水沟。随着经济腾飞，急于建起一座现代化都市的韩国政府于1958年开始大规模建设清溪川覆盖工程，在发展中国家的激昂情绪中填埋了已经污染的溪流，并且花了20年的时间顺着这条小溪的位置建造了一条高速公路，汽车川流不息，日行车量达12万辆，一直是城市繁华的象征之一。

伴随生态的破坏、生活质量的下降，在千篇一律的水泥丛林中，城市个性日渐模糊。韩国人重新意识到恢复环境的重要性，2003年，首尔市政府开始重建清溪川，拆除高架桥，挖开被覆盖了40余年的清溪川，引汉江水重回清溪川，并将沿岸堤坝建造成可供市民游玩的绿色花园，而原先桥两侧的区域则变成沿岸繁华的商业区。清溪川两岸的生态公园，不仅为市民提供了休闲空间，还通过恢复燃灯等传统民俗活动，展现古都的历史文化，形成以人和自然为中心的城市绿色空间。

（二）清溪川改造的目的

清溪川的改造意味着恢复首尔长时期内失去的自然面貌，同时也是为了再现首尔600年发展历史。以前覆盖清溪川是为了消灭疾病、减少污染、改善城市交通。从现代发展的角度看，已完成了历史使命。首尔需要变成一座以人为本、与环境友好的城市，清溪川应为首尔创造一个良好的生态环境，以提高城市的整体价值。清溪川改造工程的目的体现在：

→让清溪川河水清洁起来、流动起来，恢复其本来的自然环境面貌；

流动、清澈的清溪川

→为城市居民提供一个具有娱乐休闲条件的亲水环境，同时使清溪川变成城市绿化系统的中轴，与周边的古迹联系起来，构成首尔的文化中心；

→改造清溪川以恢复两岸的元气，创造出具有商业、工业价值和发展生机的环境，使首尔变成具有国际竞争力的金融中心、东北亚的商业中心和高科技信息中心；

→改造清溪川，将首尔变成具有清洁河道的绿色城市、与环境友好的城市，增加首尔的整体价值。

（三）工程构思

清溪川改造工程段长6.3公里，改造工程以历史（过去）、文化（现在）、自然（未来）三大时空为主流进行构思。从起点到2公里处的区段突出了历史与过去，从2公里处到4公里处突出了文化与现在。作为核心主题，4公里处开始引进了自然与未来的概念。

在三个区段内，包含了8个重点景区并在此运用了生态街区的模块。

（四）水系统

在新建的工程中将污水与雨水系统分开。当集雨量比较大时，可通过在河道立面墙上开设的溢流口自行流入清溪川。雨水经过一个类似沉沙池的设施后，可回归汉江。

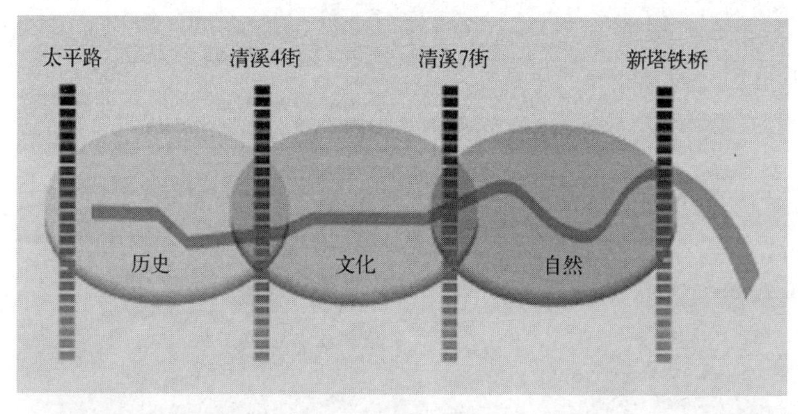

清溪川改造时空构想

新建的清溪川水深一般维持在30—40厘米，可保证有良好的水环境并保障游人的安全。有三种方式向重建的清溪川河道提供水源：第一种方式是通过汉江抽水，日供水量为98 000吨；第二种方式是通过一根直径11米的管道向河道补水，水源主要来自地下水或集雨水，日补水量为22 000吨；第三种方式是中水利用，日供水量为12 000吨，但只作为应急条件下的供水方式。

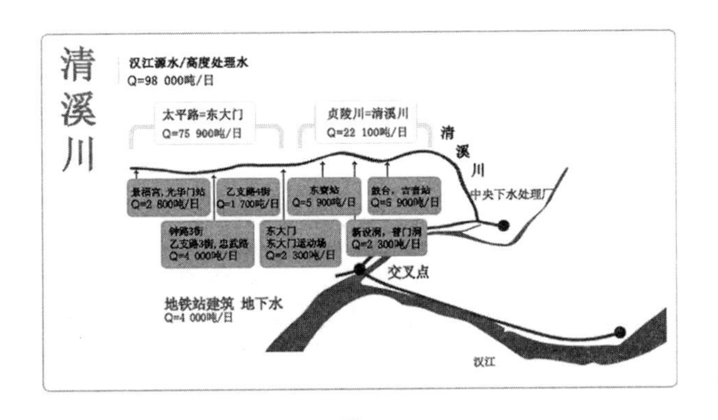

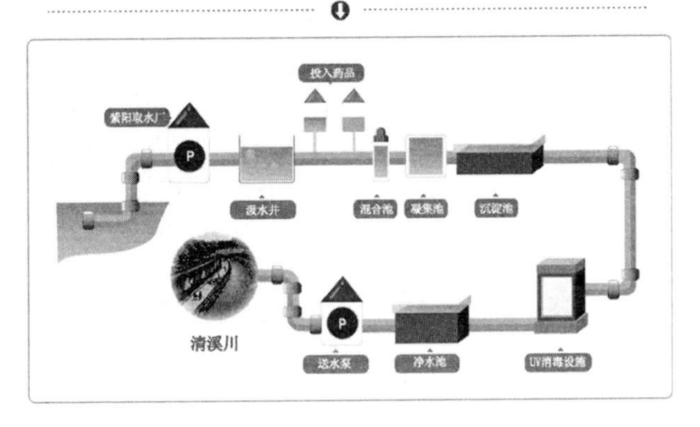

清溪川改造水系统示意

（五）规划准则

河堤确保抵御200年一遇的地区性暴雨的防洪量。考虑到其为城市河流，桥梁下方适用50—80年一遇的洪水。

设计准则：

—— 起始点—城北川汇流处：地方2级河流（50年一遇）；

—— 城北川汇流处—中浪川汇流处：地方1级河流（80年一遇）。

河川截面的诸项指标：

河宽：13—19米；

浅水道宽度：6—72米；

高丘地宽度：2—27米；

高位水道护岸高度：3—7米；

低位水道护岸高度：1—3.7米。

为了减少河道水渗入对两岸建筑物安全的威胁，设计采用黏土与砾石混合的河底防渗层，厚1.6米，在贴近河岸处修建一道厚40厘米的垂直防渗墙。河道为复式断面，一般设2—3个台阶，人行道贴近水面，以达到亲水的目的，其高程也是河道设计最高水位，中间台阶一般为河岸，最上面一个台阶即为永久车道路面。

近水、亲水的设计

（六）实施效果

1. 恢复生态环境。

清溪川项目的关键目标就是恢复该河流的原貌，给它以阳光、清洁的空气和水，恢复其以往的生态亲水环境。项目实施中，清除了原混凝土路面、高架路以及埋设的各种公共设施，污水系统得到了彻底改造。施工中将清除114万吨建筑垃圾，75%的建筑垃圾可以得到再利用。

工程完工后，河流两岸分别建设两车道的机动车道路，并通过建设桥梁连接两岸的交通，共计要建设22座桥。此外，还将建设自行车路和行人路，为市民的娱乐休闲提供方便。

在河道中建立了连通汉江的地下供水系统，同时建设了污水处理厂，如Sincheon污水处理厂，可将处理后的水送至9.1公里的上游。

2. 恢复历史传统。

为了再现首尔600年的历史，恢复包括Gwang桥和Supyo桥在内的一系列古迹，将它们与首尔的城墙、5座主要宫殿和4座城门联系起来，丰富了旅游资源。

在重建的亲水环境周围开展传统文化活动，清溪川还将成为首尔居民的休闲场所。

清溪川畔的休闲市民

3. 繁荣经济。

清溪川改造后将成为城市的中心，该地区将重新进行城市规划，包括土地的利用、统一建筑开发规划的标准等。清溪川的恢复不仅是首尔的大事，更是整个韩国在21世纪的一项重要的历史性工程，必将促进首尔乃至整个韩国经济的繁荣。

二、清溪川改造的启示及昆明行动建议

（一）韩国清溪川改造给昆明市河道整治工作的主要启示

1. 一定要将生态环境建设作为城市的立市之本，牢固树立生态意识，将生态建设融入各项建设工作中，发挥我们的后发优势，避免韩国清溪川已经走过的弯路在昆明的城市建设中重演。

2. 河道空间是城市公共空间的重要组成部分，通过河道空间的建设，可以为广大市民提供休闲、交流的空间场所，给大家在喧闹的城市

河道空间是城市空间的重要组成部分

中创造宁静的净土，促进和谐社会的建设。

3. 在河道整治中一定要以生态学的方法和观点，统筹水利和生态功能，不要将河道功能简单认为就是防洪、排水。

4. 在河道整治中一定要注重历史文化的传承，清溪川改造工程自身就是对首尔传统城市结构的传承，在工程中又结合“桥”这一清溪川上的重要元素给予体现。

5. 生态环境的恢复、重生，将给河道周边土地带来无限的价值、生机和活力，其不仅仅是投入，还将给城市带来巨大的收入、成千上万的参观者。

6. 在河道工程整治设计中贯彻务实的思想，充分利用河道原有断面空间，而不是好高骛远地去追求要创造多宽的空间来建设景观带，巧妙利用不同洪水频率下水位的变化，做到在有限空间中的无限设计，创造出奇妙的效果。

7. 在河道整治设计中要将精细化的标准与人性化的尺度和生态的设计手法相结合。清溪川改造工程处处做工精细，但在精细中又不失自然的本色，一定的野趣和宜人的尺度，融入丰富的城市生活。

河道整治设计的精细化

（二）昆明市的行动建议

昆明市地处滇池流域，其最大的特征之一就是由滇池四周通往滇池的一条条河流，因此，昆明市学习韩国首尔清溪川改造工程的经验，整治入滇池河道，对于建设生态昆明、改善昆明人居环境具有重要的现实意义。当前应以盘龙江整治工程为突破口，推动全市河道生态建设。

盘龙江自北向南贯穿昆明市，全长26.5公里，现状河道断面宽为30—40米，其中二环路内7.2公里，河道已建设为人工堤岸，其余目前尚为自然堤岸。按规划除由油管桥至南坝桥河道两侧各控制25米宽绿带外，其余地段河道两侧各控制40米宽绿带。盘龙江在城市结构中的地位同清溪川极其相似，而且现状的生态基础比清溪川还要优越，我们在19.3公里长的河道范围内仍然保留有自然的生态基质，因此我们要树立治理好盘龙江的信心，要将盘龙江建设成为集昆明历史文脉、春城特色、人与自然和谐共生的生态示范河，重放昆明母亲河的异彩。

要想整治好盘龙江，必须对整治方案进行科学规划。首先必须规划完善的水系统，做到进入盘龙江的任何一滴水必须符合城市景观用水水质标准。其次要统筹好防洪与生态河道的建设关系，尽量少建设

清溪川的成功改造，增强了改造昆明河道的信心

河道改造，融入市民的生活

混凝土堤岸，建设比清溪川更有野趣更自然的堤岸，将现有的生态基质保护好，融入建设中。第三是堤岸设计一定要有宜人的尺度，充分处理好旱季和雨季的洪水淹没问题，为广大市民创造亲近水、享受水、热爱水、保护水的空间和环境，不断提高全民的环保意识。第四是在规划中应将周边广大市民的生活融入其中，创造开展各项公共活动的空间，将人的活动纳入整个整治方案中，避免昆明市目前就治水论治水的怪圈。第五是一定要规划和管理好沿河岸的每一栋建筑的建设，从高度、形式、色彩、底层商业的设置等方面加强管理。

（原载于《云南城市规划》2008年第3期）

2006年德国波斯坦湖畔的清晨，作者正好散步到此，拍到划船爱好者在湖岸边准备出发的场景。我们的城市多么需要安静的湖面和市民们专注享受大自然的宁静的神情啊！

在人们更注意环境和生活品质的社会期待中，城市的山水园林化越来越被放到城市规划的突出位置，为人们的各种文化休闲与健身活动提供更大、更优质的生存空间

滇中五大高原湖泊城市群构想

今天城市化的发展水平与速度，已要求我们跳出个体城市，而从更大的区域研究城市群的发展。

云南省共有九大高原湖泊，其中有五大湖泊就在滇中地区；这里集中了云南省政治、经济、文化、信息等大部分资源。未来50年，滇中五大高原湖泊城市群，将是云南省唯一可以与省外沿海地区竞争的有着千万人口的巨型城市群。

我国有不少城市不但重视类似于"五年计划""十年规划"的发展规划，而且重视空间规划即城市区域规划，进行地域空间人口、资源、环境综合协调，研究生产力空间布局。这就能使城市可持续发展的战略目标落到实处。

为此，本文对我省滇中城市群空间布局进行了大胆的探索。

一、云南省九大湖泊有五大湖泊聚集在滇中地区

云南的湖泊，是高原明珠，旖旎风光，闻名于世。是这些高原湖泊及沿岸盆地养育了我省千万人民。

云南有大小湖泊四十多个，湖泊总面积1 100平方公里，集水面积9 000平方公里，总蓄水量290亿立方米。分布在海拔1 200—3 200米之间，组成了有良好生态环境与自然风光的高原湖泊群。其中有九大高原湖泊，即滇池、抚仙湖、阳宗海、杞麓湖、星云湖、洱海、程海、泸沽湖、异龙湖。

云南省的九大高原湖泊中，有五大高原湖泊集中在滇中地区，它们是滇池、抚仙湖、阳宗海、杞麓湖、星云湖。

滇池素有“高原明珠”之称。图为滇池西山脚下的草海片区老码头，是老昆明自然与人文融为一体的经典遗存之一

滇中湖泊盆地，形成于300万年前。那时受喜马拉雅构造运动影响，地壳抬升，河流下切，形成了小江断裂上的阳宗海、抚仙湖、星云湖、普渡河断裂上的滇池等湖泊，形成了富民、昆明、玉溪、嵩明、宜良、澄江、江川、通海等众多坝子，为人类的生存、繁衍提供了良好条件。在滇池周围的龙潭山、官渡、石寨山、抚仙湖畔的头嘴山、光山等地，都分布有旧石器和新石器遗址。更有众多青铜文化遗址，其中晋宁石寨山、江川李家山出土的青铜器最为精美，代表云南青铜文化的顶峰。滇中湖盆群地带是滇文化的发祥地。

二、滇中五大高原湖泊概况

滇池：属金沙江水系，南北长约40公里，东西平均宽约7.5公里，湖岸线长约163公里。在1 886.5米水位时，平均水深4.4米，湖面面积为300平方公里，湖容12.9亿立方米。滇池水经螳螂川、普渡河流入金沙江。滇池流域是昆明市经济社会主要活动区和未来发展的重要空间。滇池具有防洪、供水、旅游、渔业、水上运输、调节气候等多种功能，

是维系滇池盆地生态平衡的基本因素。

抚仙湖：位于澄江、江川和华宁三县之间，是一个南北向的断层陷落湖，状似倒放葫芦。湖岸周长90.55公里，面积212平方公里，总容量为189.3亿立方米，最深处157.8米，平均水深87米，是全国已知的第二深水湖泊。

星云湖：位于江川县城北，与抚仙湖仅一山之隔，一河相连。湖岸线长36.3公里，总面积为34.71平方公里，平均水深7米，最大深度10米。

阳宗海：位于澄江、宜良、呈贡三县之间。面积31平方公里，湖岸周长34公里。总容量6.02亿立方米，平均水深20米，最深30米，仅次于抚仙湖。

杞麓湖：位于通海县内，湖中有不少地下水出水洞。湖岸长约64公里。由东南岳家营附近的一个石灰岩溶洞下泄为地下暗河。

抚仙湖、星云湖、阳宗海和杞麓湖均属南盘江水系。

呈贡新区三大入滇河道之一——洛龙河

三、滇中五大高原湖泊城市群的建构

滇中五大高原湖泊城市群，包括滇池经济圈的昆明主城区、呈贡、晋城、新街、昆阳、海口、安宁、嵩明、宜良，还包括抚仙湖经济圈的玉溪中心城区、江川、通海、澄江、峨山、华宁。涵盖昆、玉两市的11个区县80多个乡镇，现状人口近500万人，预测2020年人口可发展到800万人，其中城市人口可达600万人。当前，湖泊周围各城市、城镇都有高速公路或快速干道联结。

按云南省城镇发展的客观规律，构架滇中“五湖”生态城市群发展体系，以现代新昆明的规划建设为龙头，同时对五大高原湖泊进行水体保护与污染治理，逐步实施“五环”规划(环湖交通、环湖旅游、环湖污染治理、环湖生态保护、环湖历史文化开发)，共同构架一个覆盖五湖地区的通往东南亚陆路通道上的枢纽都市圈。

滇池、抚仙湖、星云湖、杞麓湖、阳宗海既是昆、玉两市得天独厚的宝贵资源，也是经济社会发展的主要载体和实现可持续发展的“生命湖”。规划建设“五湖”生态城市群，更好地发挥区位优势，依托现代新昆明，以优势产业为支撑，打造东方高原湖泊品牌，把该地区建成最适宜人居住和发展的城市群。

四、“五湖”城市群的产业布局

“五湖”城市群建构，是必须以产业为支撑的。没有产业的建立与发展，就没有城市化的实质进程。进一步对“五湖”地区的经济结构进行战略性调整，充分发挥优势，形成特色，实现一、二、三产业的联动发展，促进城乡经济协调共进是我们面临的首要任务。因此在“五湖”城市群发展与建设中，要大力实施“工业强市”“环境立市”“科教兴市”三大战略。建立“五湖”城市群烟草工业、矿冶业、旅游业、生物资源加工业四大产业群。

在“五湖”城市群的产业布局中，滇池经济圈的昆明主城，为金融商贸旅游服务中心、城市群的核心区。

呈贡新城，为新兴工业、科研文教园区，以花卉产业为特色的生物产业基地、现代城市物流业中心。

晋城——新街新城，为新型旅游度假城。

昆阳——海口新城，是以磷矿精加工、机械制造、电子仪表、旅游、服务为主要产业的工业城。

安宁是科技工业城，嵩明可发展为国际航空港，宜良是现代农业和新兴旅游度假城。

抚仙湖经济圈的玉溪中心城区（红塔区）将重点突出红城烟城的特色，形成以烟草产业为轴心，以配套产业、建筑、建材产业发展为辅助，注重科研与开发，突出现代商贸的经济中心区。以泛亚铁路、昆曼高速公路玉溪交汇点为重点，把玉溪的研和镇规划建设成为区域性物流集散中心，到2020年，铁路和公路储运量达1 000万吨以上。

江川，位于星云湖畔，环境优美，与红塔区有高速公路联系，距离仅有28公里，该区域将重点发展建设为行政办公中心区、高新技术产业发展区和文教、旅游、商住区。

峨山，将重点发展建设为以冶炼加工和物资集散为主的工业区。从昆、玉两城市主城区分解一些有一定污染、能耗较大的企业落户于峨山工业区，增强作为一个大城市群应具备的多元化工业布局结构，提升“五湖”城市群的综合竞争力和经济实力。

通海，位于杞麓湖畔，是以昆明、玉溪主城区为依托的绿色产业、农副产品生产加工、特色商贸、小五金手工业开发的基地；是容纳昆明、玉溪主城区转移出来的劳动密集型产业的基地和重要的物资集散地。

澄江，位于抚仙湖畔，是具有湖滨山水风光特色的生态旅游城市，滇中旅游网络上的重要组成部分；是区域房地产业发展的良好城市；是以旅游食品加工为主的轻工业区。

“五湖”城市群核心区外围，在现代新昆明的建设带动下，形成三条产业发展带：以峨山、新平、元江沿213国道为重点，形成矿冶重工业发展带；以沿玉（溪）江（川）公路两侧为重点，形成高级商住及高新技术研发带；以易门、通海、华宁为重点，形成加工工业发展带。

五、建构五大高原湖泊城市群的意义

1. 滇中“五湖”生态城市群的区域一体化建设，有利于推动中国-东盟自由贸易区的建设，发挥作为昆曼公路沿线上重要的枢纽城市作用，发挥面向东南亚门户的特大型城市功能作用。

2. 建构滇中“五湖”生态城市群，有利于区域一体化的产业布局和发展，使城市规划工作更好地满足和服务于各行业的发展要求，从而推动滇中“五湖”地区的社会经济及城镇的全面发展。同时，可以使该地区的城市群落相关产业优势互补，调整工业结构，合理布置各产业的发展用地，建立不同产业的城区和园区，以实现区域经济一体化。

3. 有利于早日实现滇中都市圈的规划建设目标，推动全省的城镇化发展进程；进一步完善我省的城镇等级规模结构，充分发挥滇中核心区域在全省城镇及社会发展中的重要作用。

4. 滇中“五湖”生态城市群的建设，将创造一个国际型的品牌城市群，使该地区的城市化发展迅速脱颖而出，使其成为在全国乃至世界都具有鲜明特色的高原湖泊城市群，以利于推动该地区的对外开放和对外招商引资工作，使该地区的城市化进程实现跨越式的发展。

5. 以建设现代新昆明为契机，将“一湖四环”环保战略，推广到滇中的五大高原湖泊流域的环境治理工作之中，把保护生态环境放在首位,使城市建设发展与生态环境保护相互协调,实现可持续发展。

六、结束语

城市规划的区域化是国内外的一种普遍趋势,也是一种客观趋势。这是因为:首先,在激烈的国际竞争中,经济发达、城镇人口密集的大都市区或都市连绵区具有明显的市场竞争力;其次,随着我国"控制大城市规划"方针的解套,近年来大量外来人口向大城市及其周围地区集聚,大城市的某些功能在迅速向周围郊县扩散,迫切要求扩大城市规划区范围,突破行政区界,开展跨行政区的区域规划。

我国广州、宁波、杭州等地近来都相继开展了城市区域规划,取得了良好的效果。最近,江苏省开展的南京、徐州等都市圈规划,湖南省开展的长沙、株洲、湘潭区域性规划,则都属于跨行政区协调的城市区域规划。在不同层次的地域空间规划之间也需要上下协调、衔接、互为依据,以达到城市社会经济发展的最高速度。我省虽地处西南边疆,但西部大开发和中国-东盟自由贸易区的建立,为我省的跨越式发展提供了契机。我省的城市化进程有赶上沿海发达地区的机遇,我们的城市规划理念和方法也要与先进发达地区接轨,为我省与全国同步进入小康社会作出贡献。

(原载于《云南城市规划》2003年第3期)

昆明市中心商圈二景。上图为顺城商业区,下图为同仁街区

“公交优先”城市交通发展战略

一座城市的道路交通面积是有限的。只有“公交优先”才能惠及大多数市民的出行，才是公平、人本的城市交通战略。我们的城市领导者，要知道“公交优先”战略的本质，更重要的是按此战略去做，持之以恒。

一、城市交通发展战略决策的重要性

城市交通发展决策是城市规划中道路交通的专业决策。在城市发展过程中，如果处理不好城市交通问题，则会引发一系列的城市社会问题。在过去的一段时间，我国许多城市的管理层曾认为：城市规划决策仅仅是一种技术性决策，是工程技术人员干的技术活。然而，随着我国城市化进程的快速发展，城市交通问题日益突出，20多年来的经验与教训，让越来越多的城市领导者们，对于城市规划技术决策的意义有了深刻理解。因为如果在城市高速发展过程中，不重视相关的城市协调发展技术决策，其后果将会影响到城市的健康发展，大大降低城市的运行效率。规划决策失误将会给城市带来经济、环境、社会乃至政府等多方面的负面影响。

城市规划决策问题解决不好，将会给城市管理者带来许多麻烦，引发一系列的社会问题。在这方面，西方发达国家的城市化道路也走过弯路，所以，自“二战”以后，欧美等国家产生了新兴的“技术官僚”，以确保整个高速发展社会的正常运行。

二、我国城市交通发展战略就是坚定"公交优先"政策的长期贯彻

为什么在我国要长期贯彻"公交优先"的城市交通战略呢？这是因为只有大力发展公共交通，才有可能在现阶段大幅度提高城市交通能力，提高城市的效率和竞争力。

1. 城市交通能力下降，影响城市竞争力。

人们上班、上学、文化活动和社会服务的可达性，对于社会经济增长和人民的社会福利来说是至关重要的。在一些较小的社区中，人们的住所和工作单位、学校或购物中心之间的距离相对较短，通常在5—6公里以内，除老年人和婴儿以外，人们的出行通常是步行或骑自行车。但是，随着城市的不断扩大和经济的增长，人们的出行距离不断延长，每天花费在路上的时间不断增加。虽然规划师们将住所、工作单位、学校、商业和医疗服务尽量安排在相互接近的地方来缓解这个问题，但世界大多数国家的经历表明，这样的社区内可能不具备这种机会，需要为人们提供有效的交通体系。缺乏有效的公共交通体系，将影响城市经济的竞争力，因为劳动力的流动受阻，个人把更多的精力和金钱都花在了路上，同时还会引发城市中一系列的社会问题。

2. 确立公交优先政策。

虽然城市交通运输体系由不同交通方式组成，诸如步行、自行车、公共汽车、火车、小汽车和轮船，但公共汽车是大多数城市中的交通体系主体。除了像美国洛杉矶、底特律这些小汽车占交通主导地位的城市以外，对于超过6公里的出行来说，公共汽车通常是最主要的代步工具。与其他形式的公共交通相比，公共汽车是最可接受的交通工具，有很高的灵活性，而且很方便(提供门到门的服务)。对于政府规划部门来说，公共汽车交通体系较容易组织和实施，而且成本较低。如果管理得当，公共汽车可在需求量很大的交通线路上每小时有效地运送2万名乘客，而且也能低成本地为人口稀少的地区提供有效的服务。此外，公共汽车在与高客运量的郊区火车和地铁运输实行联运服务中也发挥着主要的作用。公共汽车通常不太引人注意，因为它成本低，可由许多不同的公司来运营，但它的确是交通行业的"主力军"。

香港的公共交通很方便、很舒适,这使市民选择公交出行率很高。小汽车出行率的降低,使有限的道路面积并不拥堵

3. 目前我国城市交通现状。

中国目前的公共汽车服务水平不如世界大多数国家。在成都和济南这样的大城市中，公共汽车只承担了出行的10%—13%，而在更大的一些城市如上海和广州也只承担大约25%的客运量。尽管公共汽车使用率已经很低，而城市出行距离在增大，但在许多情况下公共汽车乘用率还在下降。许多可能乘用公共汽车的人也因为有的城市公交车的服务不可靠、时间延误无法掌握等缺点而不愿坐公共汽车。在许多城市公交车站，很长时间等不到一部车，而且公交车破旧不堪，无法提供必要的服务。因此，人们只能无可奈何地继续使用低效率的交通工具，导致交通的更加拥挤和公共汽车服务质量的进一步下降。

如果将公共汽车、自行车、行人、小汽车、街头小贩同时放在我们有限的城市道路路面上，这就构成了对城市道路使用的低效率，因为公共汽车使用相同道路面积所运送的乘客要比自行车多得多。当然，在我国许多城市，自行车现在仍然是主要的交通工具之一，所以在强调"公交优先"的城市交通战略的同时，对使用自行车也应当制定恰当的政策，这是符合我国城市实际情况的。

提高公共汽车的服务质量和效率，也是"公交优先"交通战略的内容之一。虽然目前我国城市私人拥有和使用小汽车的状况尚未达到危机的程度，但道路管理的低效率已经给我国城市公共汽车的良好运行造成了问题，导致交通堵塞和公共汽车低速度行驶。我国城市公交车辆低利用率的原因是：大街上随意装卸货物、机动车任意进出路口、频繁的转弯、随意停车、交通信号灯配时不合理、早已不符合需要的几何设计、快慢车和行人一起夺路而行。

三、学习国外经营公交系统的典型做法

在我国城市中，要很好地推进"公交优先"的城市交通战略，各城市管理层所面临的最大的困难就是资金问题，这是因为在我国许多城市，对公交系统的投入越大，就意味着政府亏损越多。因此城市公交车系统的发展，重点要解决好其运营费用的回收问题。在大力提倡经营城市的今天，在城市公交系统的建设上，我们不妨学习借鉴一些国外城市公共汽车系统的经营方法。

1. 英国城市公共汽车服务。

英国伦敦，继1984年颁布《伦敦交通法案》(London Transport Act)之后，通过竞争性招标(根据总成本，政府计划部门负责制定票价，收入由政府留存)逐渐让私人公司参与城市公交服务业。起初，政府所属公交公司通过其附属“商业公司”继续运营，但这些公司在1994年实行了私有化。现在，伦敦所有的公共交通路线(包括服务水平)均由政府来规划，所有的公交服务都按竞争性招标来签订为期三年的合同，由私人部门经营。从1998年起，所有的公交服务都通过竞争性投标之下的净成本合同(即私人公司留存票款收入)来提供，通过对实绩进行评估来确保高质量的服务。

在此机制之下，伦敦公共汽车的运营里程增加了20%，每车英里的运营成本下降了40%，整个公共汽车网络的成本下降了27%。与以前稳步下滑相比，乘客数增加了0.5%。最重要的是，政府的实际补贴减少了80%。因此，竞争性的专营权制度不但降低了运营成本和财政负担，而且保持了公交服务网络的完整性。

伦敦街头的观光巴士数量很多，因为这座城市中的古迹保护得完好，所以它们成天骄傲地穿行其中

2. 巴西克里蒂巴市(Curitiba, Brazil)的公共汽车服务。

克里蒂巴市的公共汽车服务体系是巴西运行最有效率和使用成

本最有效的城市公共交通系统之一。这在一定程度上归功于对该城市交通和城市土地利用的良好决策，但其中一个最重要的变化是市政府退出客运服务业。在过去20年中，克里蒂巴市地区当局从服务提供者演变为管理机构，负责公交系统的行政管理和规划，并负责管理公共交通基础设施。

克里蒂巴市的私人公共汽车公司按照市政府1987年颁布法令中指定的路线运营。该法令制定了许可证制度，根据公共汽车公司实际营运的作业里程数给它们提供补偿，从而替代了地区特许权制度。该制度仅有两页纸内容，简明扼要地规定了基本的法律框架，所有许可证均采用统一的格式，票价根据地区当局的经验和私人公司的运营成本来制定，成本包括实际营运里程的消耗（维修成本、人员和行政开支）和资金成本。

目前，克里蒂巴市共有10个公共汽车公司分别在各自的线路上营运，其中一些公司的营运线路集中在该市的某些地区。有些线路是共用的，特别是市中心线路、跨区线路、直接线路和一些跨越该市好几个区的快车线路。根据车队的规模来对公司进行分类，并决定划哪些线路供它们营运。最大的公司有200辆以上的公共汽车，小一点的可能有50—60辆汽车。

公交公司私有化之后，乘客人数的增加和公司营运能力的扩大是惊人的。1974年，首次开始提供市区快车服务，沿市区的两条干线营运，每天运送乘客5.4万人。到1982年，现有的5条主要线路每天运送乘客40万人。今天，在改善收票和卖票体系、增添车辆和扩展营运线路之后，整个公交系统每天能运送100万名乘客，而且成本低，服务质量远在巴西其他大中城市之上。

3. 德国乌佩塔尔市（Wuppertal, Germany）的公共交通服务系统。

乌佩塔尔的公共汽车服务系统由公共拥有、规划和运营三部分组成，负责机构为乌佩塔尔公司（WSW AG）。1993年，该公司以降低成本和提高服务效率为目标进行了改组。公司目前有250部汽车和28部电车，员工1 400名，每年运送乘客8 700万人次。

在过去5年中，由于客运需求量增加了大约40%，公司扩大了服务量，净成本也出现了上升。由于乌佩塔尔市财政紧张无法承担增大的运营成本，因此，公司于1993年进行改组，降低成本，但并没有影响服务规模或服务质量。公司寻求提供传统业务的收入，并开拓新的服务项目以创造收入来源。

通过管理结构合理化、提前退休安排和停止招募新员工使员工队伍精简等来降低成本。另外建立盈利中心，赋予它明确的业务目标和经济职责，各盈利中心之间签订内部合同，以鼓励降低成本，同时通过提高维修率使预备车辆规模削减5%，所有这些均说明了这项战略的成功。

四、结束语

中国所面临的改善城市交通的需求可能比世界上其他任何国家都要巨大，这是因为有两个因素在同时发生作用。首先，中国的城市正在迅速发展；其次，机动车拥有率正以前所未有的速度迅速提高。许多人很乐观地把这些变化看作是经济高速发展的产物和经济繁荣的象征。但世界银行的研究表明，如果缺乏有效的城市交通政策和良好的交通规划，机动化的潜在经济作用是无法实现的。实际上，它还可能影响人们的生活质量，尤其是使低收入者的生活质量变得更差。

目前，我国的城市公交业务由城市政府拥有、管理、经营和制定法规，这就难免出现利益的矛盾，最终导致公交服务质量的下降。尽管世界各国公交系统的拥有权五花八门，但公交系统最有成效的国家都有以下共同点：(1) 由地方政府控制和制定公交服务的运营指标和票价；(2) 由自主经营的商业实体来负责公交服务的经营，与政府的规划管理部门严格分离。这些都是值得我们学习借鉴的。

由于城市发展存在其客观规律，因此在我国高速城市化进程中，城市领导者必须重视城市交通发展战略决策。在这个过程中，城市领导者通过学习国内外先进经验，使城市规划决策更科学，从而指导我国的城市建设更合理、更健康，为我国广大城市市民提供更适宜生活与工作的、更有美好发展前景的城市。

(原载于《云南城市规划》2007年第4期)

呈贡新区四通八达的交通网络基本形成

城市以水论成败

昆明历史上就是一座“水城”，而现代城市是以水论成败的，看这座城市是否保留了城市的水系文脉，尤其看湖泊水系是否受到了工业化的污染。本文即是对滇池北岸水环境治理原则性问题的讨论。

现代新昆明建设，核心实质是“滇池战略”，新昆明提出围绕滇池，在发展中治理滇池，在治理中寻求发展的战略。为此，“滇池治理”问题是关系现代新昆明建设成败的关键问题之一。

滇池北岸昆明主城区是滇池入湖污染物的主要来源地，其入滇污染物占整个入滇污染物总量的70%以上，因此，滇池北岸水环境治理工作是滇池治理的重中之重，已迫在眉睫，刻不容缓。

为促进滇池北岸昆明主城水环境治理工作，我们对污水排水体制，处理厂布局、投资方式等重要问题提出意见与原则，希望引起业内人士的关注、讨论与指正。总之，有关昆明水环境治理的讨论，将会极有力地推进新昆明建设，提高昆明城市化的品质。

基本问题之一：关于对昆明主城排水体制选择“混流制”的讨论

按照排水工程理论，排水体制分为分流制、合流制（含完全合流制和截污式合流制）和混流制三种制式。

“分流制”由于将雨污水分流彻底，作为一种理想模式，历来得到各方推崇。昆明市1984年完成的城市总体规划中将排水体制确定为“分流制”，为此，在历年的排水管网建设中均按“分流制”建设。特别’99世博会期间，昆明对主城区的主要街道进行了全面的拓宽改造，排水管网也按“分流制”一并完成建设。尽管主要街道和新区建设排水管网已按“分流制”实施，但由于旧区和次干道、支路仍为合流制，收集系统缺乏，结果排水混乱，治污效果不尽理想。如对旧区、村庄和次干道、支路进行全面的雨污分流改造，工作将是巨大而繁琐的，短期内难以实现，而滇池治理已刻不容缓。

盘龙江沿岸

反思过去，昆明市提出“截流式合流制”排水体制。除北市区按分流制实施外，主城其余地区维持现有污水厂规模，将污水厂不能处理的污水和初期雨水，通过沿滇池北岸设置截流干管收集，将污水由西园隧道引出滇池流域，设污水处理厂处理，排入河道。

该方案由于将进一步加剧昆明市日益严重的水资源短缺局面，雨季西园隧道泄洪时，将造成污水直接排入滇池，因此最终未被采用。

在总结“分流制”和“截流式合流制”的基础上，在滇池北岸水环境治理中提出在二环路内采用“合流制”，二环路以外采用“分流制”。

但笔者认为，简单地以二环路作为划分合流制和分流制的界线是值得探讨的，昆明市的排水体制应为“混流制”，主要有以下几点原因。

首先，“分流制”管网建设已在昆明坚持实施了多年，’99世博会期间二环路内主干道和大量旧城区改造已按“分流制”建设，近年也利用世行贷款在主城内实施了几条排污干道，如简单地确定二环路内为“合流制”，必将造成以前投资的大量浪费。

其次，昆明二环路外有大量村庄，要实现雨污分流，改造工程十分艰巨。

实施完盘龙江沿岸截污和绿化的美景

因此，本着实事求是、一切从实际出发的原则，从有利于滇池保护的角度考虑，昆明市排水体制应为“混流制”，应根据排水分区的实际情况，确定哪些地区采用“分流制”及其应采取的完善措施，哪些地区则采用“合流制”，差别只是各个排水分区中“合流制”地区所占的比重不同而已，这样兼顾历史，节约投资，才能切实可行地尽快完善昆明市排水管网系统，为滇池治理创造必要的条件。

要实施“混流制”的前提是必须有一个深入实际、全面可行的规划作指导。排水管线实施时常常是就一条线而言，如果缺乏一个实际而科学的“面上规划”，明确该条管道服务的区域、服务区内分流和合

流地区的面积、竖向标高的衔接等问题，那么该条管线的实施将无从下手。而这个“面上规划”是需要规划设计人员付出艰苦努力，具有高度的历史责任感、敬业精神和熟练的专业技术能力方能完成的。

基本问题之二：优化污水处理厂布局，以适应城市发展需要

长期受昆明限制向滇池发展战略的影响，昆明市污水处理厂布局远离滇池，但城市发展控制线屡屡被突破，因此造成污水厂下游污水组织进入污水厂成本高或污水厂容量预留不足，使得污水直接排入滇池。因此，当前应充分科学地预测滇池北岸城市发展规模，平衡各个污水厂可能处理能力，在滇池北岸边预留足够规模的污水厂用地，将上游污水厂无法处理的污水收集、处理后再排入滇池，减轻对滇池的污染压力。

随着主城区平缓地区土地资源的减少，城市发展用地逐步向主城外围的丘陵、缓坡地发展，如大板桥、双龙等乡镇，而这些地区的污水量是未纳入滇池北岸污水厂规模的，因此，应根据地形特征，早研究，早规划，采取分片独立设置污水厂、就地处理的布局模式，控制滇池污染进一步恶化的局面。

基本问题之三：城市开发计划与污水设施建设的协调性和时序性原则

注重治污设施建设的时序，提高资金使用效率是我们今后在建设中必须遵循的原则。排水管网是"枝状"系统，"枝状"系统重要特征之一是"时序性"。长期以来由于认识不足，在进行排水规划时，很少考虑城市开发计划与排污设施建设的协调，很少对建设时序进行研究，"先治污、后开发"则成为一句口号、一句套话。因此经常造成城市片区开发已完成，片区污水管网也已建设，但不知下游排向何处，只是一句"排向规划的某某污水管，排入第某污水处理厂"就了事，而现实却是污水照样就近排入河道，污染滇池。

"枝状"系统的"时序性"特征，决定了相同的投资，选择建设项目实施的先后时序不同，对系统功能的影响千差万别。由于缺乏对事物本质的科学理性认识，昆明在治理滇池时年年投入，收效甚微。大量排污设施仅是随城市开发和道路建设而进行，从未主动地从排污系统功能发挥的角度，结合城市开发计划，提出排污设施建设计划。因此造成当前滇池治理一方面是资金紧缺，另一方面是资金使用效率低下，治理滇池进展缓慢。对这一问题如不引起高度重视，随着限制滇池发展控制的松动，滇池污染将会进一步加剧，其结果可能会与现代

雨污分流后的采莲河风景

新昆明建设的初衷背道而驰。

基本问题之四：资金的多渠道融集问题

加快治污步伐，改善滇池生态环境，就必须大量投入资金。治理滇池需要大量的资金投入，单是“滇池北岸水环境治理工程”中所涉及的内容就需要约50亿元的资金，因此建立良好的投融资平台，调动社会各方力量，形成治理滇池的良性循环资金链是至关重要的。

首先应重视研究项目的经济性和投资渠道方面的问题。长期以来，项目可研和审批过程只重视项目自身工程内容的科学合理性，对其经济性和融资方式研究不够，造成责权不分，成本不清，决策容易，实施难。

长期以来昆明市大部分污水管网投资都是随道路建设一并实施，成本纳入道路建设费用。但我们在研究排水系统投资时往往不研究哪些项目应随道路建设，哪些项目必须单独实施，而是笼统地列一笔管网建设费，再进行经济评估，得出污水处理成本，这样的方法使得计算出的污水处理成本价格偏高。政府要提高污水处理价格，必须考虑社会承受能力和稳定等因素，短期无法实现。同时这样的价格无法反映受益者与投资者之间的清晰关系，不利于真实反映成本，增强项目融资的可操作性，减轻人民负担。

中干道正在实施的雨污分流管道

逐步提高污水收费标准，反映污水处理真实费用，为融资治理滇池创造条件。只有收益高于成本，才能吸引各种渠道的资金参与治理滇池，从而形成资金的良性循环，减轻政府的财政负担，实现治理滇池的可持续发展。同时通过融资治理滇池，可以盘活存量国有资产，引进优秀的人才和先进的管理经验，提高决策水平，降低治理成本，提高效率，为滇池治理注入新的活力。

参考文献

1.《滇池北岸水环境治理工程可行性研究报告》。
2.《排水体制的起源与发展》(《城市规划》,1997.6)。

(原载于《云南城市规划》2005年第2期)

昆明呈贡新区在城市化建设中，非常注重保护历史文脉。图为周峰越到呈贡文庙修缮现场检查指导工作

如何做好
城市旧区改造拆迁工作

我国城市化大潮来临，城市更新改造无可厚非；关键是在城市旧区拆迁工作中，既不能“左”，也不能“右”。

随着国务院叫停野蛮拆迁，并对湖南省嘉禾县的拆迁事件作出严肃处理决定之后，嘉禾，这个偏僻的湘西南小城，因一个“拆”字成了全国的“典型”。

然而，“嘉禾事件”并不是一个偶然事件，它所反映出来的问题，在我国快速城市化进程中带有一定的普遍性。近几年来，因拆迁引起的上访案件数呈上升趋势，集体上访、越级上访的情况时有发生。说明房屋拆迁工作中确实存在不少问题，而且有些问题还非常突出。本文就如何做好城市旧区改造拆迁工作作一些初步探索。

一、科学化决策，合理确定拆迁规模

1. 充分论证规划，不必要的拆迁坚决不搞。

旧城区的拆迁改造是依据城市规划的内容来决定的，因此拆迁之前就要有充分的论证，通过论证来确定拆迁之后的规划实施项目是否是必要的、急需的建设项目。拆迁范围的城市规划以及今后规划建设项目的确定，首先要有一定的科学性、合理性。换句话说，就是通过拆迁以及城市更新建设，使拆迁区域今后的规划建设达到良好的社会、经济和环境效益。如果说目前的经济发展水平还达不到拆迁改造所需要的经济实力，就可以缓一缓再拆，留待经济实力相当时再来进行旧区的改造；否则，欲速则不达。

在科学、合理地进行城市规划的前提下，在拆除一片旧城区之后，通过加强城市基础设施建设和改造，促进城市环境的改善和功能的提升，这样的拆迁工作才是可行的、必要的。暂时没有必要的拆迁，就不要进行。

2. 合理控制拆迁规模。

国办发〔2004〕46号文件《国务院办公厅关于控制城镇房屋拆迁规模严格拆迁管理的通知》明确指出，端正城镇房屋拆迁指导思想，维护群众合法权益。全面贯彻“三个代表”重要思想，用科学的发展观和正确的政绩观指导城镇建设和房屋拆迁工作。严格依照城市总体规划和建设规划，制止和纠正城镇建设和房屋拆迁中存在的急功近利、盲目攀比的大拆大建行为。

严格制订拆迁计划，合理控制拆迁规模。城镇房屋拆迁规划和计划必须符合城市总体规划、控制性详细规划和建设规划，以及历史文化名城和街区保护规划。市、县人民政府要从本地区经济社会发展的实际出发，编制房屋拆迁中长期规划和年度计划。

二、依法按程序拆迁，使拆迁工作客观公正

1. 严格依法按程序拆迁。

通过科学规划论证，在确定了拆迁改造的项目范围之后，就要严格依据相关法律、法规进行拆迁工作，只有这样，也才能使拆迁工作不留后遗症。

要严格拆迁程序，确保拆迁公开、公正、公平。积极推进拆迁管理规范化，拆迁项目须按照《城市房屋拆迁管理条例》（国令305号）和《城市房屋拆迁估价指导意见》（建住房〔2003〕234号）等规定的权限和程序履行职责，执行申请房屋拆迁许可、公示、评估、订立协议等程序；对达不成协议的，应按照《城市房屋拆迁行政裁决工作规程》（建住房〔2003〕252号）的规定严格执行听证、行政裁决、证据保全等程序。特别要执行拆迁估价结果公示制度，依照有关规定

实施行政裁决听证和行政强制拆迁听证制度，确保拆迁公开、公正、公平。

在拆迁工作中，要对拆迁单位和人员加强管理，规范其拆迁行为。对拆迁单位的资格管理、市场准入，要严格监控。所有拆迁项目工程，要通过招投标或委托的方式交由具有相应资质的施工单位实施。进一步规范拆迁委托行为，禁止采取拆迁费用“大包干”的方式进行拆迁。

要从过去直接组织房屋拆迁中解脱出来，实行“拆、管分离”，实现拆迁管理方式注重分离，公开招标，严格执行房屋拆迁程序，规范拆迁行为，使拆迁工程成为“廉政工程”。

2. 实实在在地执行拆迁许可制度和建立监督机制。

坚持拆迁许可制度。坚持实行“政府一级垄断，单位二级归口，市场三级搞活”的城建运作模式，严格进行资质审查，实行拆迁许可证制度。承担拆迁改造的开发主体单位，必须具有一定经济实力。拆迁工程发包实行招投标，在法律和群众监督下进行。在拆迁和安置过程中要实行公开办事制度，拆迁前，将拆迁地段及建设方案、补偿标准、安置办法等公开；要公开办事、集中办公，避免“暗箱”操作，求得群众支持。

为了做好拆迁工作，市、县区应分别成立由监察、审计、信访、国土、建设、房产、街道办事处等部门及被拆迁人代表组成的拆迁监管工作组，加强对拆迁行为全过程的管理监督，并协调解决拆迁过程中出现的问题。房屋拆迁管理部门应当加强对拆迁项目补偿资金的监管。由市、县区人大、政协组织人大代表、政协委员进行视察调查，加强法律监督和民主监督，提建议，出主意，积极配合，做好宣传说服教育工作。同时，可聘请部分人大代表、政协委员、民主党派人士和市民代表为特邀监督员进行监督。此外，要建立完善公示制度、信访接待制度、承诺制度、举报制度、听证制度和责任追究制度。

规范房屋拆迁评估，切实保护拆迁当事人合法权益。行政管理部门要加强对拆迁评估机构的监管，向社会公示一批资质等级高、综合实力强、社会信誉好的评估机构；根据国家有关规定成立房地产评估专家委员会，为拆迁当事人就房地产评估报告提出异议的进行鉴定，坚决查处与拆迁当事人恶意串通、出具不实评估报告的中介机构。

三、做好群众工作是保证拆迁工作顺利进行的关键

1. 加强沟通，公开透明，公正裁决。

在拆迁工作中，要营造良好氛围，努力化解矛盾，营造公开透明的良好氛围。要增强拆迁工作的透明度，尊重被拆迁群众的知情权。对城市建设项目的拆迁，规划部门在审批前，应向社会公示拟建项目的基本情况。房产部门在项目审批后，要将红线范围内拆迁房屋的地址门牌，通过媒体对外公告。重视加强拆迁政策的宣传，加强和被拆迁人的沟通，使他们自觉按照有关规定办事。这往往取决于拆迁工作人员的素质高低，和是否具有较强的责任心。裁决工作应以调解、说服为主，争取被拆迁人的理解与支持，化解矛盾，最大限度减少强制拆迁行为。对确需强制执行的，必须严格履行法定程序，坚决杜绝强制断水断电断路、恶意破坏房屋、扰乱人民群众基本生活等行为的发生。

昆明位于市中心区的祥云老街区，如何做好下一步更新改造，是一个历史课题

2. 友情拆迁，关注弱势群体。

提倡友情拆迁，特别要注重解决拆迁弱势群体的安置工作。一是加大经济适用房、中低价位商品房的建设力度，建立中低价位商品房

最高价格限定机制，以满足被拆迁居民的购房需求；二是完善经济适用房小区周边及内部生活配套设施建设，使他们的生活便利、舒适；三是对被拆迁的失业下岗人员、低保家庭、孤寡老人及到新学区读书的学生等人群，给予政策倾斜，提供就业保障，拓宽社保渠道，不断完善社会保障和配套措施。

3. 采取多种形式，落实拆迁补偿。

合理的拆迁补偿安置是维护被拆人的合法权益、做好拆迁工作的重要基础。政府行政机关不得干预或强行确定补偿标准，以及直接参与和干预应由拆迁人承担的拆迁活动。拆迁补偿资金必须按时到位，设立账户，专款专用，并足额补偿给被拆迁人。在拆迁安置和补偿上，要遵循等价补偿的原则，拆迁单位要充分尊重被拆迁人在选择产权交换、货币补偿、租赁房屋等方面的意愿，灵活运用货币补偿与实物补偿相结合的形式，妥善安置被拆迁单位和被拆迁人。

4. 搞好宣传和思想工作。

要把做好城镇房屋拆迁宣传工作作为保持社会稳定的一项重要内容，运用各种手段加大拆迁宣传力度，让群众了解拆迁政策，既能支持城市建设，又能依法保障自己的合法权益。要坚持正确的舆论导向，支持依法进行的城市拆迁工作，注意宣传方式，防止诱发和激化矛盾。在实施拆迁之前，要把政策规定向群众进行反复的宣传解释。努力把思想工作做在前、做上门、做到家、做到位，使被拆迁人主动配合拆迁工作。在拆迁实施过程中，对群众反映的困难要尽最大努力帮助解决。通过说服群众、教育群众，争取大多数群众的支持，使干群之间、党群之间少一点误会、多一些理解；少一点隔阂、多一些融洽；少一点矛盾、多一些团结，努力营造一个良好的拆迁工作氛围。

四、拆迁管理机构的队伍建设和正确对待上访事件

1. 队伍建设。

拆迁工作是由人来完成的，因此抓好拆迁管理工作人员队伍建设是做好拆迁工作的保障。通过健全和完善市、县区拆迁工作管理机构，抽调一批事业心强、作风正派、熟悉业务、善于做群众工作的同志充实到拆迁部门，加强对评估机构和拆迁公司的监管。一是要加强学习培训。学习党的各项方针政策，学习有关法律及业务知识，不断提高思

想素质和业务能力；二是要严格管理，建立和实行管理制、首问责任制、过错追究制等检查考核制度，在实际工作中，对拆迁管理人员严格要求，做到持证上岗，规范操作；三是牢固树立宗旨意识。开展服务意识教育，增强群众观点，努力做到想群众之所想，急群众之所急，帮群众之所需。

2. 正确对待拆迁上访。

为了维护社会稳定，就要做好拆迁信访工作。这就要求政府工作人员能及时地解决群众反映的问题，积极化解拆迁纠纷和矛盾。拆迁上访较多的地区，要对拆迁上访问题进行全面梳理，对投诉的重点问题、普遍性问题要认真摸底。地方人民政府主要领导要亲自组织研究，及时采取针对性措施，制订具体的解决方案，落实责任单位和责任人，限期解决。

但是对待拆迁上访事件，也要区别不同情况。采取有效措施，妥善解决拆迁历史遗留问题。同时，对被拆迁人的一些不合理要求，不要作不符合规定的许愿和乱开“口子”，防止造成“以闹取胜”的不良影响。要做好集体上访的疏导工作，防止群体性事件发生并做好处理预案。对少数要价过高、无理取闹的，要坚持原则，不能迁就；对少数公开聚众闹事或上街堵塞交通、冲击政府机关的被拆迁人，要依法及时进行严肃处理。

五、结语

现实中，大多数城市旧区的主体是长期形成的旧居住宅，这里人口稠密，建筑拥挤，公益设施缺乏，市政基础设施陈旧且年久失修，绿化缺乏，卫生条件差。原住居民迫切希望居住环境和生活条件得到切实改善，使他们也享受到现代社会文明与进步的好处。作为城建工作者，我们不应该让这些居民继续生活在没有上下水，没有消防通道，没有绿化和没有卫生环境的区域里，旧城拆迁改造工作的宗旨也正在于此。

纵观旧城拆迁改造的方方面面，我们不难发现，旧城拆迁改造始终贯穿着三大矛盾：一是拆迁人与被拆迁人之间直接经济利益的矛盾；二是旧城历史风貌保护与居住环境改善之间的矛盾；三是旧城区社会经济网络维护与房地产开发利益之间的矛盾。

由于少数地方对城市房屋拆迁工作的复杂性认识不足，对政策的理解和把握不够，操作程序不规范，引起了部分群众集体上访事件，严重影响群众的生产生活秩序和社会稳定。政府工作人员所要做的就是按照相关法律、法规依法行政，公平裁决，以民为本，廉洁高效，妥善处理好城市旧区改造拆迁所带来的种种矛盾和冲突，维护社会稳定，确保我国城市建设健康快速发展。

（原载于《云南城市规划》2004年第3期）

作者在雨花二号地块二期工程开工仪式上讲话。
有时候，开工仪式也是必要的，关键是：开工不停工，开工早竣工

GMS会议给我们带来了什么

当代城市运动中，重大国际会议的准备对于一个城市的规划、建设、管理有着不可估量的良性促进作用。现在许多城市的市长们都认识到了这一点。

GMS六国首脑会议在昆明召开，昆明市民对这么多的国家首脑一同汇聚春城的好奇和兴奋渐渐淡开，然而，这次重要的国际会议给昆明带来的洁净的街道、满目的鲜花、平整的路面和渐渐显得宽敞的道路、焕然一新的沿街建筑立面等，却深深地影响着昆明百姓的生活，深深地留在了国内外、省内外来宾们的记忆之中。

那么，GMS会议对于我们正在建设中的现代新昆明，究竟带来什么？这是一个需要深入思考的重要问题。

一、什么是GMS，其对现代新昆明有怎样的意义

1. GMS的定义。

大湄公河次区域经济合作（Greater Mekong Subregion Economic Cooperation Program，简称GMS）自1992年成立以来，已历经13年发展历程。GMS由亚洲开发银行发起，成员国包括中国、柬埔寨、老挝、缅甸、泰国、越南等六国，主要目的是通过加强经济联系，消除贫困，促进次区域经济和社会发展。

澜沧江–湄公河流域国家自然资源丰富，发展潜力巨大。实现发展和繁荣是GMS各国政府和人民的共同愿望。自1992年以来，GMS经济合作经过各成员国和亚行的共同努力，在能源、交通、环境、农业、电信、贸易便利化、投资、旅游、人力资源开发等9个重点合作领域取得了很大成绩，GMS各国的经济社会发展水平不断提高。

2. GMS合作背景。

全长4 880公里的澜沧江-湄公河是亚洲唯一的流经六国的国际河流，被称为“东方的多瑙河”。它发源于中国青藏高原唐古拉山，从云南省西双版纳南部出境后称为湄公河。湄公河流经缅甸、老挝、泰国、柬埔寨、越南五国，汇入南中国海。与大湄公河次区域（简称GMS）其他国家接壤的云南省和广西壮族自治区是中国参加GMS合作的前沿。

大湄公河次区域经济合作建立在平等、互信、互利的基础上，是一个发展中国家互利合作、联合自强的机制，也是一个通过加强经济联系，促进次区域经济社会发展的务实机制。

中国是东盟-湄公河流域开发合作的积极参与者和推动者。东盟-湄公河流域开发合作是中国与东盟各国开展经济合作的重要组成部分，也是中国建议建立中国-东盟自由贸易区的实际行动。

2002年11月3日，中国总理朱镕基出席了在柬埔寨召开的GMS首次领导人会议。2005年7月4日到5日，中国总理温家宝在云南昆明主持大湄公河次区域经济合作第二次领导人会议。会议通过《领导人宣言》并签署了有关次区域合作方向和重点合作措施。

3. 本次GMS会议对昆明的意义。

首先，昆明与《昆明宣言》一同成为世界品牌。

大湄公河次区域经济合作第二次领导人会议落地昆明，把世界的目光聚焦。建设大家庭，推进发展进程，促进可持续发展……掷地有声的《昆明宣言》，对世界的和平与发展产生着重要影响，而这一《宣言》使昆明成为永久性的品牌，记录在GMS的历史上。

其次，GMS会议助推昆明走向世界。

GMS第二次领导人会议上发表的《中国参与大湄公河次区域经济合作国家报告》，特别介绍了大湄公河次区域经济合作的重点项目——中国昆明至泰国曼谷公路建设已经开工，昆明至磨憨的公路计划于2007年全部完工。这两条出境公路的建成，将使昆明成为连接中国与东盟的大通道，更将推动昆明走向东盟，走向世界。在这条大通道上，昆明作为距离东盟最近的一座省会城市，与东盟国家的合作将会越来越广泛。

二、当代城市运动对城市发展及建设管理机制的深远影响

1. 当代城市化进程和城市运动。

随着现代工业化的进程，近100年以来，世界各地的城市快速地发展。近30年以来，我国城市化高速发展，全国600多个城市的管理者则更加重视城市的规划、建设与管理。城市环境的改造，城市品质的提升将是招商引资、提高市民生活水平的根本之基础。在"退二进三""旧城更新""开发区、大学城"等诸多城市运动的号召之下，我们正快速地规划建设着我们的城市。而在诸多形式的城市运动之中，不可忽视的是，重大国际会议的召开对城市规划、建设、管理有着立竿见影的良性作用。这是因为重大会议需要有一流的城市环境、一流的城市管理，还有一流的城市服务，可以说，能满足重大国际会议召开的城市才是一流的现代化的城市。而其管理者才是胜任的现代化的城市管理者。

无论是2008年的北京奥运会，还是2010年的上海世博会，以及'99昆明世界园艺博览会、2005年昆明GMS峰会，都对城市的管理者提出了高水平的、明确的城市更新要求与前所未有的挑战。反过来，这项为会议而准备的城市运动亦把城市的规划、建设与管理推向更高的一个水平。

2. 北京奥运会、上海世博会使两城市进入了"重要战略机遇期"。

北京奥运会、上海世博会，都是全国人民的盛会，将极大推动北京、上海所在的环渤海地区和长江三角洲地区经济和社会的高速发展，进而辐射和激励全国。有经济学家测算，北京奥运会从筹备至举办期间，对我国国内生产总值增长的拉动每年在0.3%左右，而举办上海世博会对国内生产总值增长的拉动更达到每年0.6%。两大盛会场馆的建设和投资，将大大促进举办城市的基础设施建设和经济社会发展，后续影响会持续10—15年。

当前，经济全球化进程不断加快，国家和地区经济之间的竞争愈演愈烈。而新世纪的头20年，正是我国实现现代化建设第三步战略目标必经的承上启下的发展阶段，当此之时，作为环渤海经济圈中心的北京和长江三角洲经济带龙头的上海，相继承办奥运会和世博会，机遇就在眼前，内涵殊为深远，对加快推进全国各城市的发展具有广泛的示范效应。

到今年底，我国人均国内生产总值将接近1 000美元。从国际经验看，人均1 000美元是个重要的战略起点，往后能否继续把握机遇，是我国经济能否加速发展的关键。这也就是全国大力支持北京申奥、上海申博的重要原因。

20世纪90年代以来，北京、上海的经济年增长率分别保持在9.5%和10%以上；去年，两地人均GDP分别达到3 000美元和4 500美元，均超出全国平均水平的3倍。但是也应该看到，一个城市经济的持续高增长，对环境保护、基础设施以及城市所具有的国际影响和声誉等方面有非常高的要求。当前这两座城市的新一轮发展恰恰在这些方面都面临着必须突破的"瓶颈"。为此，无论北京还是上海，一方面要加大城市建设、环境治理的力度，大幅度增加基础设施建设的投入；另一方面要通过举办一系列重大活动来提高城市的国际影响和声誉，提升向更高层次发展的推动力。

由于城市规划、建设与管理的工作都要面对一个真实的城市运动目标的检验，因此，城市管理者的所有的工作新举措，都要在力戒空对空、务求实效的原则上展开。

3. '99昆明世界园艺博览会使昆明城市规划、建设迈上一个新台阶。

中国'99昆明世界园艺博览会是我国政府第一次主办的高等级世界博览会，也是20世纪我国举办的唯一一次国际园林园艺博览会。'99世博会的成功举办有利于扩大对外开放，有利于加快支柱产业建设，有利于城市建设和发展，有利于推进精神文明建设，有利于树立昆明良好的国际形象，对推动云南工业化、城市化、现代化进程，促进民族团结和边疆稳定都具有重大而深远的意义。昆明作为举办城市，在其会议准备的两年之中，成功地使城市规划、建设迈上了一个新台阶，昆明市软硬件环境发生了显著的变化，城市竞争力迅速地跃居全国城市的前列，取得了良好的社会效益、环境效益和经济效益。

三、GMS会议使昆明在城市发展建设及管理方面初见成效

1. 市容市貌焕然一新、国内国外眼前一亮。

昆明国际会展中心作为这次会议的主场馆，被装扮得分外美丽。会展中心门前的转盘用近20万支鲜切花拼成6个参会国的国旗，国旗

以圆形排列，象征着大湄公河次区域各国团结协作、共同发展。

东风广场上，“鲜花船”装着6国人民的友谊，正扬帆启航。护国广场上，鲜花造型“牵手”尤其惹眼，一只红色的手和一只黄色的手紧紧相握，寓意着6国人民相互信赖，一起走过风风雨雨，一起走向繁荣富强。

一只高4.8米、宽6米的“孔雀迎宾”造型在三市街街口翩翩起舞，以云南独特的美丽和风情迎接各国嘉宾。金碧广场上4万多盆鲜花打造的“金碧交辉”花卉造型气势恢宏；盘龙江畔，1万盆鲜花造出的“卧龙”与盘龙江交相辉映、相得益彰。

为确保GMS会议有一个良好的交通环境，昆明交警在市委、市政府以及有关部门的配合下，经过工程措施与科学管理相结合的综合整治，交通秩序明显改观，主城区车辆通行速度得到了提高。主城区“三横四纵”以及相关道路交通标志、标线、设施、信号灯焕然一新。西昌路、春城路、白塔路、青年路、东风路等路口、路段交通秩序井然有序。积极完善道路交通设施，先后划了道路交通标线44.93万米，设置各类交通标志1 376块，使昆明主城区的交通标志醒目、规范、清晰。

2. GMS会议树立了信心，考验了执政能力。

GMS首脑会议，是继世博会后昆明又一次代表国家举办重大的国际盛会，包括中国在内的六国首脑莅临昆明与会。中央和国务院把这样的重任交给昆明，本身就是对昆明城市功能、接待能力和办会水平的信任和肯定。在会议结束后的总结大会上，徐荣凯省长称赞昆明“在这次筹备工作中做得很好，立了大功”。徐省长的一番话让昆明人感到特别地荣幸：“国内外来宾感到昆明是一座现代化城市、真正名副其实的春城，体现了较高的城市管理水平，达到了‘市容市貌焕然一新、国内国外眼前一亮’目标，树立了良好的对外开放形象。”

为了迎接GMS会议，昆明市上上下下，全民动员，高质高效地在短时间内综合整治环境，仅仅用了120天，就使昆明成功地“变脸”——70多条城市大小道路修整一新：10多条道路的电线、光缆入地；街头“牛皮癣”小广告基本绝迹；城里的建筑美起来了、亮起来了，公园里的水变清了。“一新、一亮”的事实证明，昆明人是能够创造奇迹的。

3. 为建立城市管理的长效机制积累了经验，城市发展以市民受益为方向。

GMS会议期间建立了市区互动、城乡互动、部门互动、驻区单位和社区互动、政府和市民互动的工作机制，带来了城市面貌焕然一新的工作效果，为了吸取'99世博会后城市发展速度减慢带来城市管理隐患的教训，“总结和制定城市管理的长效机制，使城市管理水平再上新台阶”提上了议事日程。五华、盘龙、西山、官渡四个城区都在总结经验，一整套科学的长效管理机制即将在昆明市诞生。

今年以来，市委、市政府采取的一系列道路交通治理、道路铺垫、绿化亮化美化、清除小广告等城市整治措施，不仅仅是为了迎接会议，更是为了让昆明人能在一座整洁美丽、适合人居住的城市里幸福地生活。最初，一些市民对此不太理解，看到昆明大幅度改造、开挖道路时很有意见，但进入6月份后，特别是会议召开前，昆明市的市容市貌发生了翻天覆地的变化，市民受益后都说：每年都开一次类似的会议，昆明将一年一变样，我们的自豪感也会更强！

四、GMS会议之后的昆明建设与管理的走向

为进一步提升城市品位，巩固迎接GMS会议所取得的成效，营造全社会关注、参与城市管理的良好氛围，形成齐抓共管的城市建设与管理的新局面，市委、市政府及时提出了明确的工作思路和目标。

1. 治湖河　恢复昆明水城风貌。

滇池是昆明的“母亲湖”和“名片”，只有治理好滇池才能实现昆明的可持续发展，从根本上提升城市形象。治理滇池，要以草海为突破口，建设草海生态区，采取截污、清淤、水体置换、生态修复等措施，以水为本，以绿为主，体现回归自然、生态休闲，把草海打造成为昆明的“城市客厅”。在实践中要正确处理好保护与开发的关系，做到“六个不准”：任何建设设施不准遮挡西山景观，开发项目不准上西山，开发不准破坏大观公园景观，建筑不准进入草海湿地保护范围内，低水平、没有文化内涵、与草海周边景观不协调的设施和项目不准进入草海规划区域内，不准把草海生态区变成少数人的休闲区。

同时，还要加大河道整治力度，解决流入滇池的20多条主要河流严重污染的问题。今后，城区的河道都不得覆盖，过去覆盖的主要河道应逐步重新打开。要解决好城市公园的景观用水问题，使公园清水常在。

2. 搞绿化　彻底改变“春城不绿”。

市民对昆明城市绿地少、“春城不绿”的状况很不满意。应充分

发挥昆明独特的自然条件和优势，在全市掀起绿化春城、美化春城的热潮，力争到2010年城市规划建成区绿地率达到35%以上，绿化覆盖率达到40%以上，人均公共绿地面积达到10平方米以上，城市中心区人均公共绿地达到6平方米以上，在“十一五”期间把昆明建设成为国家园林城市。

为此，各级各部门特别是四城区党委和政府，要把相当的精力放在抓绿化工作上来，在人力、物力、财力上加大工作力度：一是要开展城市绿化普查和规划编制工作；二是要加大城市绿化资金投入；三是要保证城市绿化用地，切实搞好城市建成区的绿化；四是党政机关要带头搞绿化；五是要加强绿化工作基础；六是要加强对绿化工作的组织领导。

3. 造特色　抢救保护传统建筑。

特色是城市的灵魂和魅力所在。目前，昆明市一些重要历史文化和地域特色突出的传统街区、建筑未得到妥善保护，城市区域和空间节点无特色，建筑风貌混乱，建筑物外墙、立面装饰色调混杂，缺乏和谐统一的主色调，地域文化失落，文化建筑设施较少，文化品位较低。

要再现和突出昆明地域传统建筑特色，重视体现传统风貌的园、亭、寺、塔、街坊、老宅的抢救和保护，对重要历史地段的传统建筑予以恢复重建，在现代建筑中体现传统建筑风貌，使建筑整体风格、色调统一协调。要坚持精心策划、突出文化内涵的要求，每年改造推出一两个高水平、高质量、高文化品位的景点和街区。对昆明城市建设的主要色调，要邀请有关专家进行深入研究和探讨，力求形成具有鲜明个性的城市建设色调。并且还要启动市区主要路段临街建筑物屋顶“平改坡”试点，根据城区不同地段的景观要求，通过实施“平改坡”和墙面装饰改造，使城区房屋建筑与周围的环境相协调。

4. 解拥堵　二环三环尽快完工。

继续整治支路次干道和背街小巷，打通断头路，增加单行道，进一步改善交通微循环系统，减轻城市交通压力。优化公共交通网线结构，提高公交运营水平，实现交通、车辆通畅的目标。实施好东、南二环路的拆迁改造工程，今年内完成拆迁，启动绿化建设，明年全面推进二环路改造，解决二环路沿线布局混乱、交通拥堵、脏乱差现象突出的问题，把二环路建成一条快速景观大道，成为昆明一道亮丽的风景线。

加快推进东三环改造、南三环二期工程、昆洛路改扩建等工程，力争年底前完工通车试运行。继续抓好高海公路，东、南绕城线施工，确保工程质量和工期。做好昆明新机场高速公路、西二环高架、福海立交桥改造、广福路改扩建等重点工程的前期工作，争取早动工，早见成效。加快建成区架空线入地建设，3年内实现电线、光缆、有线电视、部队管线“四线入地”，改善城市形象。

5. 抓管理　根本杜绝新“城中村”。

目前昆明市主城区建成范围内共有“城中村”228个，涉及村民约21.9万人、7.75万户，村庄占地面积约28平方公里，建筑面积2 276万平方米。“城中村”是按照农村传统的方式建设的，存在着空间结构不协调、布局混乱、市政设施缺乏、环境质量差、安全隐患多、经济驱动力不足等问题，与现代新昆明建设形成了巨大的反差。为提升城市形象，必须加大对“城中村”的改造和管理力度：一是加强改造和管理的组织领导，二是制定“城中村”改造总体方案，三是要尽快研究出台“城中村”改造的政策支持措施，四是要制定强有力的措施，从根本上杜绝新的“城中村”产生。

6. 完善公共服务设施　利用信息技术管理城市。

针对昆明市农贸市场、小超市布局不合理、群众买菜不方便，形成占道经营、乱摆摊点的问题，搞好规划选点，结合城市改造和商业建设，安排小型超市，合理布局商业网点，逐步改变群众购物不方便和占道经营的问题。合理布局学校，整合教育资源，本着方便群众的原则，在新建居民小区布点和建设学校。

利用现代信息技术，整合城市管理资源，采用万米单元网格管理法和城市部件管理法，对城市管理所涉及的各项工作实施有效管理，使城市管理由被动变为主动，实现城市管理的精细化和规范化。要统筹考虑，对全市“数字城管快车”的建设和运行进行指导，按照统分结合的要求，明确市、区各部门的工作职责，协调好中央和省属有关部门的工作，力争用两年的时间，完成全部建成市和区“数字城管快车”的建设任务。

结束语

当代城市运动之中，重大国际会议的准备对于城市的规划、建设、管理有着不可估量的促进作用。当前许多城市管理者都认识到了这一点。

2008年奥运会是北京的机遇，2010年世界博览会是上海的机遇，'99世界园艺博览会及2005年GMS峰会又是昆明的机遇。机遇让每个人渴求，对于一个城市，更是如此。GMS会议给昆明带来了机遇，让昆明人更加热爱昆明，热爱这个充满魅力的城市。7月的昆明，鲜花怒放，绿草如茵。无论是广场、车站、机场，还是大街小巷，处处呈现出"春城无处不飞花"的景象。

可以说，这次GMS峰会，使昆明的城市规划、建设和管理有了明显的进展，上了一个台阶。然而，"宜将剩勇追穷寇，不可沽名学霸王"。在GMS以后，昆明建设与发展水平的进一步提升，则是需要我们更加深入地思考，更加踏实、努力地工作去实现的一个不懈的理想追求。

今后我们要认真思考、努力去做的就是巩固GMS会议的成果，以更高的标准规划建设管理城市，提升昆明城市形象。不能因为GMS会议一过就止步不前，今后3年要继续搞好城市环境综合整治，加大城市建设管理力度，为此，我们要紧紧围绕积极争创国家园林城市、国家卫生城市和国家环保模范城市，为把昆明建设成最适宜人居住的城市作出更大努力。

（原载于《云南城市规划》2005年第4期）

植树是呈贡建设低碳环保城市的重要内容。昆明呈贡新区历来重视开展全民植树活动,绿色呈贡已经初具风采。图为作者参加植树活动

拆违透绿与行政执行力

城市是市民的家园，一座城市就是我们的一个"家"。对于一个家来说，每天、每星期都需要打扫、收拾；如若不然，家里会很乱。城市也是一样。

城市中的违章搭建就需要经常性的及时清理拆除，而且通过拆除临街违章建筑，还可将许多临街院子里的绿化树木露出来与行人共享，将少数人空间转变为公共空间。当然，要实现以上效果，关键看依法拆违的行政执行力！

一、2006年春城第一拆

自从今年春节前，昆明市规划局申请盘龙区人民法院对昆明饭店门口临东风路一侧的"汉莎啤酒屋"依法实施了强制拆除之后，这一多年未被拆除的违法建筑消失了，取而代之的是一排排大树苗和绿化草地；同时，50年代的昆明十大著名建筑之一的老昆明饭店主楼，亦露出了它当年的时代雄姿。

从此，今后将历时长达三年，对昆明主城内违法建筑、超期临时建筑的大规模彻底清理、依法拆除工作，就拉开了序幕。当时有多家报纸、电视媒体对该项拆除工作进行了现场报道；有的媒体以"2006年拆临拆违第一拆"的醒目标题，宣传报道了政府按城市规划法依法行政的全过程。

这里给我们展示出了一个强烈的信号：昆明市委、市政府对清理违法建设、整治昆明环境下了很大决心。提高了行政执行力的强势政府，将为广大的市民做出更多的得民心工程。

2006年1月24日晚上，昆明市拆违透绿第一拆从昆明饭店的汉莎啤酒屋开始了。位于东风东路昆明饭店门口的汉莎啤酒屋是1997年批准建设的临时建筑,早已超过了两年的有效期,属于违法建筑。昆明市规划局、盘龙区人民政府和盘龙区人民法院对它进行了依法强制拆除。在此之前,昆明市规划局曾经下发行政通告,要求汉莎啤酒屋在1月15日之前自行拆除。超过限定自行拆除时间后,业主单位没有按规定执行;昆明市规划局向盘龙区人民法院提出了强制执行拆除的申请,并获得了法院判定。在强制拆除过程中,规划局、区政府的工作人员用洒水车机械降低扬尘,充分体现了拆除工作的人性化,整个拆除工作共持续了五个小时。市规划局、盘龙区人民政府、盘龙区人民法院有关领导在现场担任拆除指挥。在强制拆除的现场,有昆明市规划监察大队的全体队员、盘龙区人民法院的工作人员、盘龙区人民政府派出的拆除施工人员。经过切割机、装吊机、运输车紧张施工之后,1 200多平方米面积的违法建筑在当夜拆除,建筑垃圾全部清运完。第二天,市民们惊喜地发现,在原先违法建筑的地点,违法建筑消失了。该地点迅速建成了绿地。

二、何谓拆临拆违建绿透绿?

一个城市就像我们一个家园一样,我们的一个家一天不收拾、一个星期不收拾,时间长了就会比较混乱。同样,一个城市也是这样,如果不清理,就会有一些违章、违法搭建的建筑存在。

拆临拆违建绿透绿具体工作内容就是:对城市道路两侧的违法建筑和超期的临时建筑,进行依法拆除;在拆除后的地块上栽种大树,形成城市绿化景观、街头公园绿地等,为昆明市民创造良好的城市绿化环境空间,创建园林绿化的生态城市,解决“春城不绿”“春城不春”的问题,还我昆明“春城”的美名。

今年以来,按照城市生态环境整治三年行动计划,昆明市大规模地启动了“拆临拆违建绿透绿”行动。首批对人民路、东风东路、环城西路、北京路的临街违法建筑、临时建筑和有碍观瞻的危旧房实施拆迁改造。这是主城继东南二环拆迁改造之后又一次大手笔“泼绿”行动。昆明正竭力破解在人口稠密的“钢筋水泥丛林”里营造都市园林的难题。

这四条路拆临拆违所涉及的地块均为临街商铺,涉及很多单位和个人的切身利益。在规划先行的主导下，绿化建设呈现出了令人惊讶的大手笔和大决心。从4月中旬拆临拆违工作全面开展以来，拆除工作及新建绿地以摧枯拉朽之势向前推进。截至6月初，共拆除临时违法建筑近8万平方米，为城市增加公共绿地6.7万平方米，相当于新建了10个茶花公园。由于采取“阳光拆迁、友情拆迁、依法拆迁”，拆临拆违工作得到了广大市民的支持及认可，实现了零上访、零复议、零诉讼。

如今，这些散布在四条主干道上新增的街头绿地，成为市民休闲娱乐的新场地，得到了广大市民的衷心拥护和好评。

三、拆临拆违更重要的是拆掉陈旧的观念

拆临拆违实际上拆的是人的观念，迫使我们领导者改变工作中的思维方式、作风方式等。在市场经济条件下，政府要履行好公共管理职能，就必须运用统筹的理念多维度地研究城市发展的科学规律，面对拆迁这一难题，需要通过贴心服务架起“连心桥”，实现多赢。

位于人民西路西苑立交桥旁的某大型建材市场，建筑面积约2万平方米，是本次拆违整治中最大的地块。由于拆除量大，拆除后对企业的经济效益造成较大影响，刚开始时业主单位不配合工作，连接受检查通知都难以发出。为解决好工作中的矛盾，在既维护法律权威性，又使工作得以顺利进行的原则下，规划部门采取加大宣传、上门服务、及时对接、做细工作的办法，向业主单位讲清政府和相关法律法规，耐心细致的工作使业主单位消除了顾虑并积极配合拆除工作。在拆除过程中，业主单位还在规划拆除面积12 000平方米的基础上，又自行拆除了近9 000平方米，整个市场得到全部拆除。

2006年下半年，昆明市第二期拆违建绿行动又将分批滚动展开，昆明主城四个区中37条城市道路两侧的违法建筑将被清理，同时将新增20万—30万平方米的城市绿地。昆明“拆违”攻坚战开局良好，然而随着拆除工作的推进，难免会遇到更大的难题。但我们只要很好地总结前一阶段的成功经验，团结一心，就一定能把这项美化城市环境、促进发展、造福子孙的工作进行到底。这是因为，通过拆临拆违建绿透绿这项行动，锻炼了我们广大的公务员队伍，也极大地转变了人们的观念。昆明整座城市形成了积极向上、以人为本、注重环境、消除违

法的良好社会风尚与观念。

四、精心制定符合实际的政策是拆临拆违的保证

房屋拆迁工作被誉为城市建设的“先锋”，同时又是城市建设中最难的一项工作。它既是一项政策性、法律性、群众性非常强的工作，又涉及社会的方方面面，既涉及人民群众安居乐业的切身利益，又涉及城市总体规划的实现和城市建设的速度；同时也涉及城市形象、投资环境和社会稳定。

在市民眼中，拆临拆违建绿透绿开展得轰轰烈烈、顺顺利利。这得益于政策制定者们工作的艰辛，正是他们无数个日夜的探讨，针对此项工作中可能出现的各种问题，制定了具体的实施办法，并将各项措施落到实处，才确保了此项工作顺利进行。

为此，昆明市专门出台了政府第19号文件《主城主干道两侧拆临拆违建绿透绿整治工程实施意见》，依法拆迁。对拆迁中生活确实困难的经营户，四区政府应尽可能考虑给予安置；对在规定时间内主动搬迁的经营户或租住户，给予3个月的搬迁过渡奖励。其搬迁过渡奖励标准为：经营性，30元/平方米/月；非经营性，10元/平方米/月；规定时间内未搬迁的不予奖励，并由四区政府组织强制搬迁。

对于净用地大于10亩的开发用地，土地使用者自愿无偿将确定的绿化地块交区政府进行绿化或按绿化设计方案自行绿化交所在区政府作为公共绿地的，剩余可开发利用地虽已不足10亩，其开发建设不受《昆明市城市规划管理技术规定》第二章第八条的用地规模规定限制。

正是通过“政府保障、政策引导”，才使拆迁得以顺利完成，才出现了腾龙公司等拆迁单位主动提出增加拆迁面积的情况。正是因为人性化的政策，友情拆迁，才得到了广大人民群众的拥护，涌现了市民向规划部门建议和举报拆除临时违章建筑的热烈场面。

此次行动，以规划局为龙头，以《城市规划法》为准绳，统筹土地局、建设局、园林局、城管局、四区政府等单位开展拆临拆违建绿透绿工作，各单位密切配合，使规划的既定目标得以实现。

市规划局坚持“依法规划、依法拆迁”，并明确各相关单位的职责。局规划监察大队对四条路涉及的沿街违法建筑、临时建筑和有

碍城市观瞻的危旧房进行了详细的调查工作，使得规划编制工作有了可靠的依据。在拆迁中，建立起了由市规划局下发委托书，市规划监察大队负责调查取证并下发限期拆除通知书，区政府组织实施"两违建筑"拆除的工作模式，从而形成了清晰的执法主体，实现了依法拆迁。

五、提高公务员法律素质是依法行政的关键

面对第一批拆临拆违所取得的成绩，人们往往要问：为什么有这么多的违法违章建筑长期得不到整治？为什么我们的城市存在数百万平方米的违法建筑？答案很明显，这与我们过去长期依法行政不到位有关；这也与我们的行政执行力不够有关。

在绝大多数情况下，国家机关工作人员并不是法律授权的行政执法主体。但是，国家机关工作人员是执法活动的具体实施者。行政机关工作人员素质的高低，能力的强弱，对法律、法规的熟悉程度，直接决定着具体行政行为的质量。行政执法人员的素质对行政执法的质量和效果具有直接的、决定性的影响。正因为如此，行政机关工作人员的素质是行政执法环境中的一个重要指标。党的十六大将"加强法制宣传教育，提高全民法律素质，尤其要增强公职人员的法制观念和依法办事能力"作为加强社会主义法制建设的一项重要内容。

温家宝总理在十届全国人大第二次会议上所作的工作报告提出，"所有政府工作人员都要学会并善于依法处理经济社会事务"。为此，各级行政机关应当采取切实有效的措施，不断提高公务员依法行政的观念和能力，努力培养和造就一支具有服务意识、责任意识、勤政廉洁、严格执法的高素质公务员队伍。我市这次拆临拆违建绿透绿行动，在很广泛的范围，锻炼了我们的公务员，也提高了我们公务员队伍依法行政的素质。

行政执法人员能否准确理解和正确把握法律规范并对行政执法所面临的问题作出恰当的判断、合法的处理，对于保障行政执法的质量是至关重要的。这种能力的形成，首先取决于执法人员所掌握的法律知识的程度。这就要求行政执法人员不断地、经常性地学习法律知识。本次拆临拆违工作开始之前，市规划局就邀请了律师顾问、法律

专家、市政府法制办的业务领导、四个区的法院领导以及四个区的法院审判庭的庭长等多次来市规划局、监察大队举行业务联席会，对拆临拆违前的依法行动工作，做好了充分的法律准备，用法律武器与违法建设行为做斗争。

六、只有加强行政执行力，才能提高执政能力

我们常说，加强执政能力。到底如何加强执政能力？这个问题的确需要在实际工作中来回答。我们通过“拆违建绿”工作，行政执行力加强了，使人们看到了执政能力正在得到提高。

为使这项拆临拆违工作顺利有序、和谐稳步地进行，贯彻“阳光拆迁，友情拆迁，依法拆迁”的指导原则，早在今年1月，市规划局成立了该项工作领导小组，进一步明确岗位职责，理顺了工作机制。市规划编制与信息中心及市规划监察大队对四条主干道的临时、违法建筑和有碍观瞻的危旧房进行了认真细致的调查分析，掌握了违法建设及破旧建筑的翔实数据及资料，为拆临拆违工作迅速推进奠定重要的技术保障。

从调查数据来看，此次拆临拆违的地块主要是沿街商铺，涉及了众多的单位及个人的利益。市规划局在确保依法拆迁的同时，调动各方力量做好拆迁户的思想工作，充分摸清拆迁户在想什么，他们要求政府帮助做什么，不愿拆的主要矛盾焦点在哪里。

在环城西路刘家营小区有一名违法建设的业主是一名残疾人，而且是一名残疾奥会金牌运动员。市规划局、监察大队采取特殊情况特殊处理的办法，首先对其违法建设行为进行了认证，并向其讲清相关政策法规，针对其特殊身份，市规划局、规划监察大队还积极与市残联、省残联对接，将其实际困难向他们进行反映，并请他们和市信访局及大队领导一道，到住户家登门拜访，充分听取住户意见，努力达成一致，争取省残联通过正常行政渠道对其进行关怀、安置。通过不懈的努力，顺利完成了该项拆除工作。

这就是提高行政能力，处理复杂问题的典型事例。当然，在具体的工作中，市规划局、监察大队还妥善处理了各种各样的复杂问题，为拆临拆违工作的顺利实施，做了很大的努力，也积累了大量的、宝贵的工作经验。

七、拆临拆违可以重布合理商圈，更能维护社会公正

此次拆临拆违透绿工程的实施，在城市规划方面对昆明的商圈重新合理分布，意义重大。因为被拆的这些商铺，它们主要分布在这4条主干道周边。昆明的商圈分布不合理，过于集中在主城区、老城区，而且业态没太大差别。目前，全昆明数得出来的几个商圈主要集中在近日楼、西南商业大厦、白塔路、潘家湾一带。商家们经营的门类也多为服装、珠宝、化妆品、日用百货等。这就有一个"业态重复"的问题，进而产生不必要的竞争。与此同时，在已聚集了数十万人口的昆明北市区、南市区却缺乏大型百货公司。拆临拆违以后，通过合理规划引导，昆明市的商业网点则会得到重新合理布局。

拆临拆违对昆明主城区的商业发展是件大好事。因为大量临时、违章或违法建筑的存在，会产生两个不利影响。首先会影响商圈的档次，限制商业升级。对临时商铺里的经营者来说，背靠大型商场，坐拥繁华地段，绝对是件"低投入、高产出"的事。这就使他们不愿投资再上档次，但铁皮棚后大商场的形象、经营却容易受其影响，进而危害整个商圈；另外，还会导致大量正规商业地产的闲置。这可从一个相反的例子看出来，有关部门拆迁昆明南过境周边市场，不但没影响昆明的商业繁荣，而且推动了商户向大商汇、新亚洲体育城等城区南部的汇聚。

拆临拆违还是一项维护社会公平、公正的正义举动。首先，违法建设由于其低廉的成本，严重扰乱了市场秩序。其次，有许多违法建筑超期的临时建筑都是临街的商铺，也都是一些单位的"小金库"，这就又引起了新的社会不公平。因此，通过拆临拆违，消除了这些特权利益者的特殊收益来源，在更加深远的意义上，这项拆临拆违行动也维护了昆明城市的社会公平与公正。

（原载于《云南城市规划》2006年第3期）

征地拆迁、规划建设、项目开工是昆明呈贡新区这座百万人口新城的日常工作。一座新城市，首先要做的就是建好医院和中小学校，尽管这样的项目许多年以后才见效果，但是新城建设者们“功成不必在我”！

云大附中呈贡新校区，历时一年零七个月建成，2013年9月1日开始招生办学

住宅·城市·政府公共政策

——城市住宅价格与供给若干公共政策研究

> 其实，我们不必要对房价的上涨感到恐慌，因为房价的下降会引起更大的恐慌。所以，我们城市住宅的供给政策应该是：让每一位市民都能居住上良好的自己需要的房子，而不是让每一位市民都去拥有房子，甚至拥有一些自己都不去住的房子。

房价上涨是一个国家城市化进程中的必经阶段。一边是城市化进程的加速，大量人口涌向城市；一边是有限的土地，导致了住宅的有限供给和刚性需求之间的矛盾。

除了全国土地总量的有限性以及来自保护耕地需求的限制，住房供应的紧张可能另有原因。虽然国家一再地限制和打击囤地行为，但仍有不少的土地在出让后一直处于闲置状态。而国家收紧地根的措施也在一定程度上减少了住宅的供应，加剧了供需矛盾。此外，人民币升值的预期又吸引了炒房者。

国家发改委公布的最新房价数据显示，2007年6月一个月间，全国70个大中城市房屋销售价格同比上涨7.1%。这是这一房价指数出台后，历史上首次涨幅超过7%，而且此次少见地出现了全国普涨的局面，所有城市房价都上涨，没有一个出现下跌。

城市规划从来都是一项公共政策，面对目前城市化进程中大量兴建的住宅和不断上涨的房价，城市规划中的公共政策制定则超出了其城市设计的基本功能。可以说，在当前城市规划的制定过程中，城市经济学的内容远远超出了城市美学的内容。本文旨在对城市化进程中,政府为了应对住宅问题必须迅速采取的公共政策进行讨论。

一、我国房价上涨及其成因

据今年5月份《中国经济时报》,我国住宅价格出现了一次全国性的急涨。深圳、北京房价均呈现双位数上扬,上海又爆连夜排队购房的壮景,而且大批二、三线城市楼盘也持续火爆。

新一轮房价上涨周期已在中国形成。持续两年的A股牛市,至少创造出8万亿元新财富,其中一部分正明显地转向楼市。在通货膨胀升温、银行利率却上调不足的时代里,银行储蓄出走是大趋势。而且一旦开始,政府的行政手段很难将其制止。负利率环境下,银行储蓄移向其他资产,是楼市看好的第一个原因。

股市是与楼市争夺储蓄资金的竞争对手,而且前一段时间的确吸引到大部分出走的储蓄。但是5月底、6月初的跌市,改变了人们对股市风险的认识,股市上赚钱不再易如反掌,市场对股价走势的预期,催生了这一轮楼市的行情。

第二个原因,是供应不足。房地产新政、国土整顿、反腐运动,使土地供应出现了戏剧性的减少。如果计入政府收回的未开发土地,2006年新土地供应为负值,这就加深了开发商的惜售心理,也为今后几年房价大涨埋下伏笔。

在中国绝大多数城市,房屋供应还谈不上真正短缺。但是开发商的现金流已得到明显改善,它们已经有了捂盘不卖的本钱。这是楼价攀升的第三个原因。

在我国房价持续上涨中主要有三股支撑力量:第一股力量是房价向房屋作为居住品制造成本的回归。这是很好理解的,因为房屋过去没有价格,现在房屋是商品有价格了,价格有一个价值发现的过程,自然首先是要向房屋建造成本靠拢,此时地价在成本中的比例尚小,建筑安装人工费用主导了建造成本,这时房价相对人们收入尚在合理可承受水平。

第二股力量是成本上涨的推动,包括土地出让方式的转变,地价在房屋成本中比重急剧上升,加之开发商不断加大超额利润算入房价,还有建筑材料和人工费用的上涨,造成房价的迅速上涨,这时房价已经出现超出人们收入水平的趋势。

科学的城市规划，离不开政府对城市各方面公共政策的研究和把握。优秀的城市规划师总是会把相关的研究做得尽可能深入和细致，进而把握城市脉理，做出最好的城市规划。图为晨曦中的昆明东风路

第三股力量是房价要向反映其资本品储值属性的价值水平靠拢，这时房价上涨已经摆脱了社会平均收入水平的平均支付能力的束缚。房屋因其居住品和投资品的双重属性，交易也有投资类交易和居住类交易，只要投资类交易存在，哪怕只有总交易量的10%，在一个统一的房地产市场里，投资类交易的价格必然要通过“传染”机制主导区域性房价，投资类需求看重的是房价的未来，在我国经济持续增长的普遍预期下，房价预期上涨，这就必然使现货市场上的房价不断上涨。

综上所述，政府必须迅速应对房价上涨形势，制定出稳定、科学的城市住宅公共政策。

二、近年来城市房价上涨情况及消费者调查

（一）几个城市的房价情况

北海房价涨幅居首

调查显示，2007年6月，全国70个大中城市房屋销售价格同比上涨7.1%，涨幅比上月高0.7个百分点。新建商品住房销售价格同比上涨7.4%，二手住房销售价格同比上涨7.8%。分类别看，经济适用房、普通住房和高档住房销售价格同比分别上涨1.4%、7.7%和8.5%，环比分别上涨6%，到这个月，涨幅更是超过了7%，再次刷新历史新高。

值得注意的是，此次公布的数据显示，目前全国房地产已经出现普涨局面。四个城市同比房价涨幅超过了10%，其中最高的北海市房价涨幅高达15.5%，其次为深圳13.9%、南京11.3%、北京10%。

上海房价连涨5个月

发改委数据显示，上海的房屋销售价格指数同比增长1.2%，环比上涨0.7%。其中新建商品住宅价格同比上涨0.9%，环比上涨0.7%，二手住宅价格同环比分别上涨1.5%和0.8%。这是上海房价从2月份开始止跌以来连续5个月出现上涨，显示出明显的复苏势头。

“网上房地产”数据显示，6月份上海住宅新房成交2.448 8万套、396.9万平方米，与5月份相比分别增加了12.1%、11.8%。另外，上海6月二手房买卖挂牌量环比增长19.4%，其中一季度挂牌量比去年同期增长31.5%。实际上，上海楼市销售火爆价量俱增的情况从今年2月份就已经开始，并持续到现在，整体楼市已经显现出明显的旺季景象。

（二）消费者调查

在中国消费者协会发布的12城市商品住房消费者满意度调查报告中，虽然由于地区差别，不同城市消费者对合理住房价格的判断差别很大，但总体来看，绝大多数远低于该城市住房实际价格水平。

如北京，有79.2%的消费者认为房价在2 000—6 000元/平方米比较合理，但在统计期间，北京住宅销售均价已达到7 310元/平方米。而今年以来，在国家发改委每月公布的房价报告中，北京新建住房价格的同比涨幅就没跳出过全国前四名，1—5月份的平均涨幅达10.1%。

又如上海，有68.1%的消费者认为房价在4 000—8 000元/平方米比较合理，但在统计期间，上海住宅销售均价已达到9 657元/平方米。另据最新月度报告，今年6月中房上海住宅价格指数同比增幅为6.6%。

再如深圳，有69.5%的消费者认为房价在4 000—8 000元/平方米比较合理，但在统计期间，深圳住宅销售均价已达到9 990元/平方米。而最新统计数据显示，今年上半年最后一周，深圳住宅成交均价高达14 690元/平方米。

另如重庆，有75.4%的消费者认为房价在3 000元/平方米以下比较合理，虽然在统计期间，重庆住宅销售均价为2 722元/平方米，属于合理范围，但数据显示，就在今年6月17日至30日的近半个月时间，重庆主城区成交均价经6月上半月涨了7.8%；而其中，在6月17日至25日短短9天时间里，重庆主城区住宅成交均价同比涨幅就达7.6%。

三、政府快速强有力地开始制定城市住宅政策及其措施

住房问题是重要的民生问题。党中央、国务院高度重视解决城市居民住房问题，始终把改善群众居住条件作为城市住房制度改革和房地产业发展的根本目的。20多年来，我国住房制度改革不断深化，城市住房建设持续快速发展，城市居民住房条件总体有了较大改善。但也要看到，城市廉租住房制度建设相对滞后，经济适用住房制度不够完善，政策措施还不配套，部分城市低收入家庭住房还比较困难。为切实加大解决城市低收入家庭住房困难工作力度，2007年8月26日，在北京召开了全国城市住房工作会议，这表明国家非常重视这一问

昆明的传统菜市场，大多沿街而摆，历史形成。随着城市管理的不断加强，这种传统的菜市场正在逐渐消失。图为20世纪末昆明后新街的菜市场

题，政府快速强有力地开始制定城市住宅政策及其措施。

2007年8月7日〔2007〕24号国务院文件《国务院关于解决城市低收入家庭住房困难的若干意见》明确要求：把解决城市低收入家庭住房困难作为维护群众利益的重要工作和住房制度改革的重要内容，作为政府公共服务的一项重要职责，加快建立健全以廉租住房制度为重点、多渠道解决城市低收入家庭住房困难的政策体系。

首先，总体上要求以城市低收入家庭为对象，进一步建立健全城市廉租房制度，改进和规范经济适用住房制度，加大棚户区、旧住宅区改造力度，力争到“十一五”期末，使低收入家庭住房条件得到明显改善，农民工等其他城市住房困难群体的居住条件得到逐步改善。

同时，解决低收入家庭住房困难，要坚持立足国情，满足基本住房需要；统筹规划，分步解决；政府主导，社会参与；统一政策，因地制宜。

文件要求：城市人民政府要抓紧开展低收入家庭住房状况调查，于2007年底之前建立低收入住房困难家庭档案，制订解决城市低收入家庭住房困难的工作目标、发展规划和年度计划，纳入当地经济社会

发展规划和住房建设规划，并向社会公布。要按照解决城市低收入家庭住房困难的年度计划，确保廉租住房保障的各项资金落实到位；确保廉租住房、经济适用住房建设用地落实到位，并合理确定区位布局。要规范廉租住房保障和经济适用住房供应的管理，建立健全申请、审核和公示办法，并于2007年9月底之前向社会公布；要严格做好申请人家庭收入、住房状况的调查审核，完善轮候制度，特别是强化廉租住房的年度复核工作，健全退出机制。要严肃纪律，坚决查处弄虚作假等违纪违规行为和有关责任人员，确保各项政策得以公开、公平、公正实施。

文件还要求：落实工作责任。省级人民政府对本地区解决城市低收入家庭住房困难工作负总责，要对所属城市人民政府实行目标责任制管理，加强监督指导。有关工作情况，纳入对城市人民政府的政绩考核之中。解决城市低收入家庭住房困难是城市人民政府的重要责任。城市人民政府要把解决城市低收入家庭住房困难摆上重要议事日程，加强领导，落实相应的管理工作机构和具体实施机构，切实抓好各项工作；要接受人民群众的监督，每年在向人民代表大会所作的《政府工作报告》中报告解决城市低收入家庭住房困难年度计划的完成情况。

四、解决低收入群体住房问题的三种模式

即使房地产改革成功，住宅建设“工厂模式”成为主流，人口中的相当一部分（比如占城市人口增长大部分的蓝领工人）仍然购置不起房产。为了推动城市化，保持城市稳定，中国可能需要特殊的措施以满足低收入群体的住房需求。在此，有三个模式可供参考。

美国模式

第一种模式以美国为代表，即依靠廉价土地和推广廉价汽车来解决大多数人的住房需求。

美国土地市场的私有产权特征最为显著，对土地用途没有严格限制。靠近城市的土地很容易变成新的城区，土地增值的收益属于原土地的主人。因此，开发商总能买到便宜的土地盖房子。这就是美国房价收入比仅为3—4，为世界最低的原因所在。

当然，这些新的住宅区距现有的城市中心很远。但拥有和维护汽

车的成本在美国也非常低，低收入家庭可以购买远离市中心的住宅，开车一两个小时去工作。

随着更多的人搬到这样的地区，他们就会形成自己的城市中心，居民也可就近找到工作。这一进程往复进行，使城市向四周蔓延。洛杉矶是这类城市的典型。

新加坡模式

新加坡属于第二种模式，其超过80%的居民居住在政府修建的公屋中。

新加坡的公屋是指那些由负责管理住房的政府机构开发销售的房地产，这使新加坡政府成为该市最大的开发商。新加坡相当一部分土地都是政府回收的，政府回收土地的成本非常低，每平方米仅200—300美元（在我国更低，只相当于新加坡的十分之一）。即使容积率低到1，政府仍然可以保证其所开发项目的土地成本非常低。

同时，新加坡从印尼和马来西亚输入劳工，以保持较低的建筑成本。因此，新加坡可以以4—5倍家庭年收入的价格出售公屋。而且，新加坡的公屋质量可能是世界上最好的，甚至比很多国家的私人住宅都好。

中国香港特区模式

第三种模式在中国香港特区，大约半数的人口住在公屋中，其中多数是租住的。

不像新加坡，中国香港特区政府兴建的公屋条件非常之差，有些简直不妨称作笼子。政府的目的在于激励住在公屋中的居民尽可能努力工作，并从市场中购买昂贵的住房——其均价目前大约每平方米4.1万元人民币。香港特区月薪的平均数则大约在1.5万港币，中位数大约1万港币。显然，多数人是买不起房子的。

尤其要借鉴的是，香港对公屋修建每年有充足的政府财政投入与来源，公共政策性极强。香港由香港岛和九龙、新界及一些离岛组成，地少人多是其最显著的特征。全港80%是高坡山地和无人居住的小岛。港岛和九龙仅占全港12%的土地面积，却容纳着85%的人口。在这里，每平方公里的人均密度为世界之冠。香港实行的是资本主义制度，土地却没有私有化，因为“九七”回归前香港土地是英国政府从中国长期“租”来的。于是，香港发明了一种独特的“土地批租”制度并延续至今。制度的主要内容是政府一次性出让若干年限的土地使用权，并一次性收取整个出让期内各个年度地租的费用。政府为此专门成立了土地一级发展公司，通过拍卖方式调控土地交易价格和供应量。因为是公开拍卖，财务状况是透明的，也可以制约市场交易中不合理的利润空间。开发商对这种方式大都表示认同，而政府则从土地出让中获得了稳定的财政收入。这样，也就使政府每年有稳定的财政资金来执行和完成修建廉租公房的计划。

五、关于住宅公共政策的几点重要建议

（一）建议取消商品房预售制度

商品房预售制度的产生与我国房地产市场发展的进程紧密联系。长期以来，我国城镇住房供应不足，加快建设、增加住房供应是客观需要。但是，我国刚刚起步的房地产业资金严重不足，不少都接近“皮包”公司状态，自有资金的比例甚至不到10%，就连基础较好的上海房产开发企业，其自有资金比例一直到2001年还只有18.84%。另一方面，融资渠道和融资手段单一，从银行贷款几乎是房地产开发企业的唯一选择。

一方面，房地产开发企业要发展，一方面是这些企业自有资金严重不足。于是，建设部主导设立了商品房预售制度。1994年出台的《城市房地产管理法》，对预售条件、监管作出了原则性规定，但是，却留下来一个巨大的漏洞，即对侵权、违规行为未制定具体的惩戒条款。商品房预售制度实行后，各主要城市商品房预售比例逐渐发展到80%以上，部分城市甚至达到90%以上，许多开发成本转嫁给了购房人。

商品房预售制定的推行导致了一系列问题，首先就是对购房人权益的损害。由于购房人已经预交了大部分甚至全部房款，开发商提高房屋质量以吸引消费者的动力不复存在，这不仅导致了房屋质量问题连连，也导致推迟交房甚至携款潜逃现象发生。7月25日，中消协发布的“2007年上半年全国受理投诉情况”显示，虽然上半年投诉总量较去年同期呈下降趋势，但商品房投诉比去年同期上升了15%，增幅第一。中国社会科学院法学所所长助理刘俊海认为，只要房屋预售制度存在一天，消费者必然处于受掠夺与打压的被动地位。

预售制度更大的危害在于，当开发商提前拿到预收款，提前收回

大部分乃至全部成本,他们就没有了后顾之忧,通过囤积居奇等方式步步推高房价上涨,而房价的上涨又为开发商更方便地收取下一个项目的预收款创造了条件,因为在房价上涨过程中,在买涨不买跌的心理推动下,人们对未来房价增值的预期会变得更为强烈,这种循环推动力促使房价屡创新高。

当初设立商品房预售制度的条件如今都已经不复存在。从融资渠道来看,房地产开发企业有银行贷款、发行股票融资、债券融资、信托融资等渠道。由于普遍对房地产业的发展前景看好,开发商获取银行贷款的难度已经大为降低,不少银行甚至找上门来,降低门槛为开发商提供贷款。而且,经过十几年的快速发展,房地产开发企业的自有资金比例在逐渐提升,对预售房制度的依赖性逐渐减弱。

更重要的是,当初建立商品房预售制度,是因为房地产业发展不景气、房价低迷,需要鼓励房地产的发展,而现在的情况已经与之完全相反,房地产投资过热,房价大幅度攀升,接连两次房市调控政策都未能阻挡住房价格快速上涨的势头。从某种程度上来看,商品房预售制度正在成为开发商囤积居奇、推动房价上涨的"帮凶"。把目前的期房销售制度改为现房销售制度,于国于民都是大为有益的。

(二)建议尽早开征物业税

目前房地产宏观调控所采取的税收政策,包括清算土地增值税、提高城镇土地使用税、征收二手房个人所得税等,都是在交易环节进行税收调节。在房地产市场供应不平衡、卖方占主导的情况下,开发商很可能把交易税向房价转移。

建议尽早开征物业税,取消其他一切房地产交易环节的税费。物业税属于财产税,在房屋的持有环节征收。一方面能减少消费者购房时一次性支付税款的压力,一方面还有利于抑制投机性住房需求。有学者认为,物业税之所以一直"难产",在于既得利益集团的阻碍。

开征物业税要事先确定好征税的条件,要设置一个人均住宅面积的标准,不超过这个标准的可以免征物业税。比较合适的标准是人均30平方米左右。

随着物权法的施行,有关物业税的讨论进一步升温。最近从深圳市地税局传出消息,深圳将成为开征物业税的试点城市之一,但是具体的实施时间目前尚未得知,物业税的开征尚在调研之中。

(三)控制房价的城市规划经济政策

控制房价的第一要务,就是发展公共交通。这听起来可能不合常理,因为便利的公共交通会提高附近的地价。但是,拥有好的公交系统可以使平均地价下降。

公共交通系统耗资巨大。在美国快速城市化的阶段,各个城市可以发行地方政府债券为基础设施建设融资。随着城市的发展,税收收入增加,这些债券得以偿还。这样的良性循环在城市的成长阶段是可能的。中国的大城市也有条件产生这种良性循环,这就是我认为中国应该允许一批城市为发展基础设施发行债券的原因所在。

控制房价的第二个方面,是中国必须鼓励房地产业向工厂模式转型。当房价快速上涨时,该城市应当迅速增加土地供给。当然,这种模式成功与否,要看当地政府给房价降温的决心有多大。为了激励地方政府从长远利益着想,中国可以考虑开征1%—2%的房产税。此项收入可以用作基础设施建设债券的偿债担保。债券的规模可以达到此项税收的10—20倍,这就足以满足基础设施建设的需要。

第三,中国需要成立一个特殊的住房贷款机构以帮助低收入家庭。

总之,中国应当集中资源建设25—30个超大城市,以完成城市化进程。这些城市应当享有发行债券的权利,来满足发展基础设施的融资需要。这些城市的房地产业应完成从“土地银行模式”向“工厂模式”的转型。地方政府应当依靠征收房产税而不是卖地来担保它们的债券。这样的城市化战略将让住宅的价格更易承受(例如5—8倍于家庭年收入),而城市中也将充满就业机会。

六、结束语

香港人口在20世纪六七十年代急剧增加,当时香港的房屋,社区设施严重不足,下层民众的居住环境尤其恶劣。山区贫民500人才有一个公共自来水龙头,100人共用一个厕所。房屋和设施的严重不足,带来了一系列社会问题。为此,政府决定推出“10年建屋计划”,营建出若干个人性化的新市镇。

经过30多年的发展,成功兴建的9个城市镇如众星拱月,环绕在老城区周围,形成了母城与子城新区相结合的城市格局。港岛和九龙作为香港的政治、经济、文化中心，是整个香港的核心，9个生机勃勃的新市镇则构成城市的次核心，再加上那些具有乡土气息的小镇，形成了“三级城镇体系”，极大地改善了广大中低收入人群的住房条件。由此可见，政府及时推出合理的公共政策，是解决住房问题的根本出路。

本文仅就城市政府住宅公共政策进行探讨，因而没有引用房价涨幅极大的个别城市数据。经过两年多的调控，我国房地产价格不跌反涨，在2007年更是走出了如日中天的涨势，调控确立的稳定房价目标并未实现，此中蕴涵的深层次原因，不能不引起我们的深刻反思。究竟是什么力量在支撑房价上涨与调控政策抗衡?

我国房地产市场是从无到有建立起来的。在计划体制下，土地行政划拨，房屋以公有住房为主，房屋不是商品，没有买卖交易，也就没有房地产价格。随着房改切断福利分房体制，商品房开发销售普遍成为城市居民解决住房的主要方式时，房屋成为商品，其货币化价值才逐步通过价格计量出来，住房从有价格标签开始，房价就一直表现为持续上涨。

我们来看看最近5年的中国大学生毕业人数：2003年是212万、2004年是280万、2005年是340万、2006年是413万、2007年是498万。这些毕业生绝大部分都将留在大城市就业，在工作3—5年后都面临着成家、住房的需求，在这个刚性需求链中，他们是最低的一环：自住、对房屋品质追求不高、面积不求太大。这还不包括那些因城市拆迁而产生的住房需求和投资型的需求。

一方面是如此庞大的住房需求，另一方面是政策上以宏观调控的方式在控制土地的输出、控制银行开发贷款的输出、提高二手房交易的成本，甚至对小产权房的严查，这些都促成了住房成为更为紧俏的商品。

当然，房价有涨就会有跌。我们应该清晰地看到这一规律。这里要说明的是，指望短期内房价暴跌是不现实的，也是不可能发生的。拿日本来说，房价连续下跌15年左右，下跌幅度是70%左右；中国台湾地区下跌约10年，跌幅也在50%以上；就是广州，在2003年左右开始上涨之前，连续下跌8年。房子这种商品又远比其他商品有更大的价格惯性。一旦上涨的势头形成，会持续上涨很多年，涨幅在一倍以上，而一旦下跌，也不可能一两个月就跌到位。不管是什么商品，其上涨和下跌的时间是相称的。

那么一味的上涨肯定不好，一味的房价下跌也不是我们的目的。政府制定住宅发展公共政策的关键，是看是否绝大部分的城市居民都住上了较为适用满意的住房，可以稳定、和平地生活。

让天下居者有其屋，是我们所有住宅公共政策的终极关怀与目的。

（原载于《云南城市规划》2007年第5期）

建设新城市，不能忘了农村、农民和农业，特别是不能忘了为城市建设做出牺牲的失地农民。图为作者深入农民家中，与群众亲切交谈

现代城市安全的形势与对策

就在本书成稿前几天，2014年3月1日21时20分，在昆明市昆明火车站发生了一起暴力恐怖事件，当天造成29死143伤。这就是“3·01”事件。联合国安理会发表媒体声明，强烈谴责发生在中国昆明火车站、造成大量无辜平民死伤的恐怖袭击事件。

我们一定要关心我们的城市是否安全！

城市化的高速发展，使得城市安全问题成为世界各国现代城市管理面临的一个重大课题。

2008年7月21日上午，昆明两辆54路公交车在行驶过程中发生爆炸。7时05分，一辆开往岷山的54路公交车，行至人民西路潘家湾公交车站时发生爆炸。另一辆6时36分从岷山发车，由西向东行驶至终点站昙华寺后返回，行至人民西路与西昌路交叉口时，因第一现场交通管制，该车从小西门绕行至人民西路与昌源中路交叉口时于8时05分发生爆炸。

两起爆炸共造成2人死亡14人受伤，经初步勘验，两车爆炸物均系硝铵炸药。两起爆炸系人为所致。爆炸发生后，昆明市委书记、市长立即赶到现场指挥，迅速将伤者送附近医院救治，对现场实施交通管制。

以上事件，涉及了城市安全问题，因此城市管理者需认清形势，高度重视。

1　新时期我国城市安全形势的基本特点

1.1　新的形势对城市安全提出了两大方面的挑战

进入新世纪以来，我国迎来一个全面城市建设和全面城市发展的新时期。新的形势对城市安全提出了两大挑战：

一是城市化的高速发展不断冲击着计划经济时期形成的城市“稳态结构”，城市人口、财富的快速积聚，对城市环境、资源、生态、基础设施、城市管理提出了严峻的考验，两者之间任何的不协调都会成为危及城市公共安全的危机隐患。同时，高度集中的人口和财富又为突发事件迅速放大危害进而升级为公共安全危机提供了土壤。

二是全球化为城市发展带来新的机遇的同时，也为城市安全管理带来了新的契机——安全隐患的全球化和安全治理的全球化，现代城市再也不能关起门来管安全了。城市的经济转轨、社会转型从根本上触动了城市传统的政治、经济、文化、心理结构，传统结构的失衡对城市安全提出了新的挑战。

1.2　危机事件呈现高频次、多领域发生的态势

在今后的20年中，我国城市化水平将以每年增加1%、城市人口每年增加1 000万的速度加速发展。但城市的抗灾能力却不容乐观。自然生态本来就十分脆弱的城市由于人口和财富的迅速增加和高度集中，一旦发生灾害或突然事件，所造成的损失和社会影响极大。同时，突发性疾病、饮用水源污染、有毒有害物质泄露、大范围的停水停电、交通通信中断等城市中易发生的灾祸，数量也有增多趋势。上海有超高层建筑4 000余幢，地下管道密如蛛网，稍有不慎就会引起位移、折叠甚至爆炸、火灾。

进入20世纪90年代以来，不仅接连发生重大的自然灾害，而且随着社会的转型，在政治、经济和社会等各个领域也都发生了程度不同的危机事件。近年我国发生多起严重的安全事故，尤其是矿井重大安全事故接连不断。同类型的重大事故的接连发生，在一定程度上已经成了社会经济生活中的阴影。同时，各地严重的治安案件数量不断增加，地区性的恶势力有所抬头。而在近年来出现的一些群体性冲突中，参与和波及的人数越来越多，危机事件的组织性越来越强，暴力性、危害性也越来越大。据信访部门调查，近年来发生的群体性事件，组织性趋向明显，群体性事件呈现出持续性和反复性的态势，规模不断扩

大，对抗性不断加剧。不少上访群众或闹事者存在“不闹不解决、小闹小解决、大闹大解决”的心理。这些都对城市管理者提出了一系列新的课题。

1.3　非传统安全问题成为现代城市安全的主要威胁

从直接原因看，威胁城市安全的危机主要为三种：一是天灾，即自然危机；二是人祸，即人为危机；三是人为制造的自然危机。

来自自然危机的安全概念称为传统安全；来自人为危机和人为制造的自然危机的安全概念称为非传统安全。自然危机具有不可抗拒性，人们对自然危机的认识、研究相对较早且深入，对自然危机的管理机制也比较成熟。政府基本能够比较准确地应对自然危机，而且能够在自然危机发生后采取积极、有效救治行动，比如地震、洪水、台风等天灾能够通过全球性预警、救治措施减轻其危害，而对于后两类危机的研究有些还属于空白，这就加重了危机发生后的破坏性。

学术界的研究认为，根据世界发展进程的规律，在社会发展序列谱上我国当前恰好对应着“非稳定状态”的危机频发阶段，即在国家和地区的人均GDP处于500—3 000美元的发展阶段，往往对应着人口、资源、环境、效率、公平等社会矛盾的瓶颈约束最严重的时期，也往往是“经济容易失调、社会容易失序、心理容易失衡、社会伦理需要调整重建”的关键时期。

1.4　危机事件国际化程度加大

伴随着全球化的进展，城市危机事件与国际互动的趋势日益明显，与经济全球化并行不悖的是危机也在全球化。发生在任何地方的危机，都可能迅速扩散，冲击其他国家，蔓延到整个区域甚至全世界。如20世纪90年代中期的拉美债务危机和紧随其后的亚洲金融风暴、朝鲜核危机，也包括2003年“非典危机”等，都具有这种特点。在当前，随着人们的社会、经济生活联系日益全球化，我们处于一个更加开放的环境中，特别是加入世界贸易组织以后，中国的经济、文化及社会生活越来越多地融入了世界，国际交流更加频繁，世界上任何地方发生的危机事件都有可能影响到我国，而国内的任何重大社会问题也有可能在世界上产生一定影响。

从国际关系和国家安全的角度来看，我国是当今多种基本矛盾的交汇点，单极与多极的矛盾、南北矛盾、民族宗教矛盾、新的东西方矛盾、意识形态矛盾都有所涉及，国际多种复杂矛盾与城市内在固有的矛盾交织在一起，使城市的总体安全呈现出更加复杂的局面，对城市安全管理提出了更高的要求。但与此同时，国际化程度的加大也给危机事件的解决开辟了更加广阔的道路。我们应当清醒地看到人类社会发展所面临种种危机的变化，进而真正把握应对和战胜各种危机的主动权。

2 近来国际上城市安全危机的几个典型案例

2.1 美国纽约："9·11"恐怖袭击

2001年9月11日，美国纽约发生了迄今为止世界上规模最大的恐怖袭击。纽约市市长朱利安尼有着多年从政经验，他很清楚，在危机中，不确定性最能影响士气和民众心理，而要想消除不确定性和流言，就必须加强透明度，让媒体充分发挥作用。

在朱利安尼的背后，其实是纽约市政府乃至美国联邦政府的危机处理方式与能力。朱利安尼强有力的姿态，让惊恐中的市民顿时感觉到有了依靠与方向。

在危机发生之后，朱利安尼明智地把动员社会参与放在了危机管理的重要位置，市民知道了危机是什么，懂得了镇定和互助是克服危机的最好方法。

2.2 韩国大邱：地铁火灾

2003年2月18日上午，历史上最大恶性地铁纵火案在韩国大邱市发生。根据韩国媒体估计，当时残废人数达126人、318人失踪、146人受伤。韩国总统金大中宣布大邱为"特别灾区"，并命令立即查明惨案真相。大邱地铁惨案发生后，韩国沉浸在一片哀悼之中。

韩国总统金大中和当选总统卢武铉18日对大邱市地铁纵火事件的受害者及其家属表示了慰问，并命令政府迅速采取行动调查事件真相。

纵火案发生2个小时后，纵火嫌疑人金某在庆北医院的抢救室内被警方查获。嫌疑人向调查人员承认蓄意纵火。据报道，嫌疑人曾被诊断为精神病，患有失语症、右半身麻痹和脑梗塞等各种并发症，被登记为脑疾二级残疾人。

2.3 日本东京：沙林毒气案

1995年3月20日早晨，在日本东京交通最繁忙的3条地铁的15个车站，同时发生毒气事件。“沙林事件”发生时，日本政府做出一系列的反应，对于稳定东京乃至日本国民的精神状态起到了相当的积极作用。“沙林事件”本身的危害程度在当天12时左右已经得到了实质性的控制，同时，日本政府紧急对策部就协调各个机构来消除“沙林事件”造成的社会恐慌心理。

与此同时，东京都宣布，将对这次不幸事件中的死伤者进行适当的政府补偿。奥姆真理教的头目被立即逮捕，并受到法律的严惩。而大约一个星期之后，东京初步恢复了平静。

3 城市安全危机处理的八项原则

3.1 第一时间原则

危机事件通常都具有突发性、震撼性的特征，来势凶猛，整个事件的过程发展迅速，有时几乎无章可循或无先例可供参考，其发展与后果往往带有不确定性，难以预料。鉴于其巨大的破坏性、危害性和负面影响，危机事件一旦发生，时间因素就显得最为关键，政府必须立即在事发现场采取一系列紧急处理手段，及时控制危机事态发展，而且越快越好。应对危机事件初始阶段的应急措施，如果能够做到及时、准确，则民众心理能够初步安定，社会也得以初步维持，又为争取整个危机事件处理工作的顺利完成奠定了基础。要做到这一点，需要畅通的信息渠道和清醒的危机意识。1995年9月30日，东京以北的茨城县东海村一家核原料加工厂发生核物质严重泄漏事故。事故发生后，在该地区居住和工作的439人受到直接辐射。这次事故被确定为自1986年乌克兰切尔诺贝利核灾难以来世界上最严重的核事故。意外是上午10时35分发生的，但起码过了一个小时，东海村的市长才知道出了事故，而时任日本首相小渊的办公室到了下午才知道，直到傍晚首相才宣布成立以他自己为首的“对策本部”。在此后的12个小时里，东海村周围一片恐慌。到了10月1日早晨，小渊在电视上仍说政府官员还在了解事情的真相。这样迟缓的行动给事故的解决和危害的控制带来极大被动。

3.2 权威介入原则

危机状态下，社会失序、心理失衡、险象环生。控制局势、稳定人心、协调救治行动都需要有权威机构、权威人物的及时介入和权威信息的及时发布、权威决策的及时出台，绝不能在请示、报告、等待基于公文施行中贻误战机。在目前我国政府的科层体制中，最先介入的应该是危机发生地基层政府。基层政府对控制危机局势有不可推卸的责任。但在采取初步的控制措施的同时，必须逐级上报，由上级政府和有关专业部门做出需要哪一级机构、哪一级领导介入的决定，并立即实施。美国在遭到前所未有的“9·11”恐怖袭击时，总统布什立即采取措施，在返回白宫途中，布什总统分别在路易斯安那州和内布拉斯加州空军基地做短暂的停留，表达哀痛之意并誓言还击。针对恐怖事件，布什总统立即发表四次讲话（第一次发表讲话的时间距离事发仅45分钟），希望全国人民团结一起共度危机，表明美国政府保护本国人民、打击恐怖主义的信心和决心。随后开展的救援工作也都井然有序，整个美国的社会秩序也很快得以恢复，为此布什总统本人也得到了美国民众和媒体普遍的称赞。

3.3　果断决策原则

危机决策属于非程序性决策，需要完成两个转换：一是决策方式从平时的“民主决策”切换为战时的“权威决策”。突发事件来临时给予领导者们的决策时间往往十分有限，任何犹豫不决、举棋不定拖延决策都有可能给组织带来致命的伤害。平时为了达成共识，在决策时可以多方酝酿，反复协商，并且要以理服人，少数服从多数，危机时则必须由最高决策者在信息共享、专家咨询的基础上“乾纲独断”，迅速拍板，并且是谁决策谁承担责任。二是决策目标必须从维护“利益共同体”切换为拯救“命运共同体”。平时，维系一个组织（国家、企业或家庭）靠的是共同利益；然而危机来临之时，命运胜于利益。在应对危机之时，各级领导需要马上去做的事情必定会成倍增长，千头万绪常常令人不知从何下手。然而大难临头，必须抓住主要矛盾，以公众为中心，以公众的切身利益为中心，以公众关注的事件为中心来分清轻重缓急和优先级，才有可能使得本部门、本企业乃至领导者个人的损害降低至最小。因此，在进行危机管理时，必须集中精力抓好当务之急，切忌三心二意，左顾右盼。从国内外经验来看，只要危机不解决，危机所带来的负面影响就无法根除，试图抵消这种影响的任何努力都只能是事倍功半。

3.4　生命第一原则

在危机事件的应对中，抢救生命与保障民众的基本安全，是处理危机和开展救援工作的首要任务。因此，必须以确保受害和受灾人员的安全为基本前提。同时，还应该最大限度地保护参与处置突发事件的应急人员包括士兵和警察等的生命安全。2007年7月22日傍晚，8名工人在台湾嘉义县番咯乡八掌溪下游进行河床固体工程时，突遇山洪暴发，其中三男一女走避不及，受困于湍急溪流中，在洪水中四人相依为命紧紧地拥抱在一起，苦撑了两个多小时，但求援的直升机却迟迟未到，直至被洪流冲走溺死。由于当时电视媒体在场，整个不幸事件"现场直播"至全岛各地，前往救援的空军海鸥部队和空中警察队却互踢皮球，一个说低空非自己责任区；一个说天候不佳，无法起飞，因而延误了救援时间。在电视画面的强烈冲击下，台湾整个社会对当局的不满和愤怒终于爆发出来，纷纷痛斥当局官僚无能，要求有关官员辞职，使一场突发事件迅速升级为一场政治危机。

3.5　及时沟通原则

危机改变了组织的运行轨迹，同时也改变了组织与社会公众、利益相关者、组织内人员之间的关系，他们有权知道究竟"发生了什么"，畅通的沟通渠道，高明的公关政策对于维护组织的形象、阻止危机的扩散、降低危机的损失具有十分重要的作用。与公众沟通的关键在于及时把公众须知、欲知、应知的全部信息通过最容易让公众接受的方式发布出去，在公众中树立诚实守信、敢于负责也能够负责的形象。在2003年"非典"危机中，北京市政府在4月20日以后的危机应对是一个非常典型的成功范例。面对北京防治"非典"的严峻形势和国内外的观望、怀疑态度，作为北京指挥抗"非"的核心决策人物之一，4月30日，一向低调的王岐山在一次规模庞大的记者招待会上主动亮相，并爽快地接受了中央电视台名牌记者王志的采访，在《面对面》节目与公众做了整整45分钟的"面对面"交流，不仅回答了王志以"质疑"方式提出的所有尖锐问题，而且主动解答了他"最怕回答"而记者也没有提出的热点问题，其自信、坦诚、务实、亲民的形象，坚定的神情，睿智的谈吐，特别是那句掷地有声的古语"人不自信，谁人信之"，扫清了笼罩在北京市政府头上的疑云，扫荡了北京市民心中的阴云，给北京以信心，给市民以力量。

3.6　效率优先、精良专业原则

危机发生后，往往会波及比较大的社会范围，这就需要我们集中救助力量，利用短小精悍的精锐部队快速实现有效救助的目标。在政策选择上，平时在日常工作中，为了让下属和公众容易接受某项政策措施，通常会采用比较温和的办法，细水长流逐步深化，逐渐加以完善。然而在危机时刻则绝不能采取拖泥带水的“渐进式增兵”办法，必须采取高压强势政策，抓住主要矛盾、集中优势兵力首先将事态中的关键因素迅速控制住，否则就有可能势如决堤，一溃千里；在具体救助中救援员不宜过多，以免造成协调困难，忙中出乱。世界各国在应对危机时都非常重视精干高效的原则，特别是在面对恐怖活动之类的危机事件时，许多国家都建立特种部队专门应对。这些队伍一般都是人员精干、通信手段先进、武器装备精良和专业化、高效能的特殊部队。这些部队在执行应对危机事件的任务时，常常各自为战、组自为战，而绝不搞人海战术。

3.7　协调一致原则

由于参与危机应对的人员和力量来自各个方面，包括交通、通信、消防、信息、搜救、食品、公共设施、公共救护、物资支持、医疗服务和政府其他部门的人员，以及军队、武装警察官兵等，有的时候还有志愿人员参加，因此，危机应对中的协同一致动作特别重要。突发事件的不可回避性以及突发事件应急管理的紧迫性，要求政府在事件发生后，不同职能管理部门之间实现协同动作，明晰政府职能部门与机构的相关职能，优化整合各种社会资源，发挥整体功效，最大可能减少事故损失。目前在许多国家，通常由警察治安当局负责事发现场的组织协同工作，如美国法律规定，紧急事务事发现场的组织协同的牵头机构为联邦调查局，危机处理后期协同工作则由联邦紧急事务管理署牵头负责。在一些危急的、大规模的、与国家利益密切相关的涉外危机事件中，有时需要政府首脑直接负责组织协调，统一调度，以保证权威地调度应对高度危机所需的各种资源并及时做出决策。

3.8　科学有序原则

政府危机应对中所谓的“科学原则”，主要是针对那些因工业技术而引起的灾害以及由自然灾害而造成的危机事件。其中，前者包括：危机物品、辐射事故、水坝决堤、大面积建筑物着火等；后者包括：干旱、海啸、森林大火、山崩、泥石流、雪崩、暴风雪、飓风、龙卷风、洪水和火山爆发等。对于这些危机事件，应对中一定要注意科学性、技术性，多征求特定技术领域专家的意见，不能盲目蛮干。危机管理行为的实施，必须依据一定的评估标准和程序，确定现场控制及处理的工作程序。如果在法律上有明确的规定，则要遵照法律的规定实施；对于社会性危机，迅速有力地恢复政党秩序是首要目标。要善于甄别主要危害物，采取有效措施，对于一些群体突发事件，应对时要把握争取多数、孤立少数的原则，区分不同情况，严格把握政策界限。特别是在处理一些典型的突发事件过程中，火力的使用要把握火候，掌握尺度，一般以制服对方、解除其抵抗能力为限度。

4 结语：城市安全的第一责任人是城市政府

城市安全是公共产品。作为公共服务的提供者和公共事务的管理者，政府在城市安全管理的全部过程中担负着规划、组织、教育、动员、指导、协调、督察以及投资建设公共安全设施等责任，处于核心领导地位，是城市安全的“第一责任人”。强调这一点有两层意思：

第一，由于现代城市人口、财富的高度集中和整个城市社会各方面高度紧密的联系，在安全问题上已经很难区分哪些是属于私人领域或公共领域的安全事件。发生在一个私营企业的似乎很小的一个生产故事，很可能引发一场涉及较大范围的公共危机。政府绝不能因为事故发生在私人领域而放弃管理。

第二，“第一责任”并不意味着政府可以不需要其他社会组织和全体市民的支持和配合，在安全问题上独家经营、包打天下。事实上，在目前这种利益多元、权力相对分散的格局下，继续以“全能政府”的理念来管理城市安全，只能把事情搞糟。

总之，在全球化、城市化和我国经济社会大转型的大背景下，我国城市特别是大城市从整体上已经进入一个典型的危机高发期。危机由个别的独立事件变成普遍现象，由偶发事件变成频发现象，由主要是单一因素事件变成复合型事件，局部危机往往会迅速蔓延，酿成全局性危机，随时可能转化为跨国危机，甚至造成全球性危机。严峻的安全形势对城市安全的底线构成了严重挑战，引起了全社会的广泛关注。我们必须加强学习，早做应对，有备而无患。

（原载于《云南城市规划》2008年第4期）

现在规划师预测未来城市的一种类型：空中城市，就是城市向空中发展，在立体的城市中具有居住、生活、工作、交际、娱乐等所有城市功能。这座在香港的巨型综合住宅，就是这种未来城市的雏形

香港城市用地虽然狭小，但规划师们设计的街道，还是步行者的天堂

城市规划实施的制度保障

——新加坡城市规划的启示

> 2008年的秋天，昆明市委组织部选派了一批城建口的干部赴新加坡进行为期20天的城市规划建设管理培训。这似乎是那个时代提高“营国”水平的一种途径。我有幸成为这个30人班的班长，带头认真完成了作业。我的作业就是针对如何实现昆明城市规划的目标，借鉴新加坡的成就与经验，对城市规划实施的制度保障进行了对比性研究。

针对如何实现昆明城市规划的目标，借鉴新加坡的成就与经验，我们对城市规划实施的制度保障进行了对比性研究。

一、新加坡经济和城市的崛起与持续发展道路

（一）新加坡概况

新加坡位于马来西亚半岛的南端，处于赤道附近，为热带岛国，北与马来西亚一水相隔，东、西两面分别与菲律宾和印度尼西亚相毗邻，位居国际黄金水道——马六甲海峡东端，1959年内部自治，1963年并入马来西亚，1965年8月9日脱离马来西亚成为独立国家。2007年末其国土面积约为707平方公里，实际居住人口约450万人，其中，外来人口近100万，人均GDP约3.5万美元，城市、交通、绿化、生态等基础建设已覆盖全境。

新加坡建国43年来，在人民行动党的长期执政治理下，努力克服城市国家地缘环境、资源、市场、人才等众多限制条件，经济和城市迅速崛起并持续发展，取得了举世瞩目的成就。从2000年起，发展水平

迈入发达国家行列，竞争力多年位居世界前列，被誉为花园城市和亚洲最适宜人居住的城市。

（二）新加坡经济和城市崛起与持续发展的主要特点

1. 在英殖民时期留下的法律、政治制度、语言环境基础上，新加坡结合自身的实际，构建了保持新加坡政治、社会长期稳定的政治与法律制度和与世界经济接轨融合的经济制度及语言环境，强化经济利益、淡化国家政治意识形态，在大国地缘政治的包围中实现了长期安全的持续发展。

2. 强势政府主导发展经济和城市规划建设。包括统筹规划、建立法制环境、组织全球招商、广泛宣传、推动教育、对外开放、重要产业培育国企、主导城市公共基础设施、住房和城市绿化建设等。政府管理绝不可缺位，也不可越位。在国内外树立了强势政府、有能力政府和好政府的形象。

3. 适时前瞻地调整经济发展战略。根据世界经济发展的趋势，立足自身实际，不断制定、调整经济政策和策略。从国家独立后开始经济起步实施的劳动密集型产业到推进资本密集、技术密集和知识经济产业的不断成功转型和产业升级，无不体现新加坡政府在经济战略和国家政策上的高度智慧与能力。

同时相应地提出城市规划建设的目标：如1960年代，解决基本需求，积极发展经济；1970年代，加强经济发展；1980年代，提高生活质量、加强竞争力；1990年代，实现多中心区域发展；2000年代，建设高质量生态和发展环境，不断迎接和适应新的国际挑战。

4. 构建廉洁、高效政府，高薪引才，培育高素质政府机构人才，着力打造“精英”式的公务员队伍。大力推行电子政务，极大提高政府服务效率和执行力。政府高度重视创新，以此建设了创新型国家。

5. 行政和执法中的重罚与疏导相结合、管制与全民宣传教育群众运动相结合，塑造了新加坡国民遵纪守法的习惯和文化，奠定了政府强势推动法律和政策实施的良好社会基础和社会环境。

6. 从建国之初就建立的根深蒂固的国家危机意识，到社会保障制度中体现出来的国家低福利、倡导个人积极进取，再到创新型国家的建设，新加坡保持了在全球居前列的国家竞争能力。

二、新加坡城市规划实施的制度与启示

新加坡政府除国防、外交、移民、央行等国家事务外，大多数职能和事务都与城市政府相似。从地理特征来看，新加坡基本上就是一个城市地区，没有新加坡城市的现代化，就不可能有高度发达的新加坡国家。

独立43年来，新加坡经济和城市的崛起与持续发展，得到了城市规划实施的有力保证。城市规划高度运筹了新加坡城市建设，是其经济发展战略能够取得巨大成功的空间载体和政府贯彻与调控经济、社会政策的重要手段之一。

(一) 新加坡城市规划体系概况

1. 规划法规体系

(1) 规划基本法

新加坡规划法规体系的核心是1959年的规划法令及其各项修正案，包括规划机构、发展规划和开发控制等方面的条款。基本框架和内容与我国2008年施行的《城乡规划法》相似。

新加坡现行1990年规划法经过了两次大的修正，包括四个部分。第一部分是名词解释以及规划机构的设置。第二部分是关于总体规划的编制和报批程序；规定每隔五年要重新编制总体规划，可在任何时候进行必要的调整和修改。在重新编制和修改调整的总体规划被采纳之前，必须进行公开展示，并且针对反对意见举行公众听证会。另外还授权规划当局编制局部地区的详细规划，以具体落实总体规划的基本原则，这些详细规划只需要得到规划当局的批准即可以实施。第三部分是关于开发控制。从1960年2月1日起，所有的开发活动都要得到相应的开发许可。开发定义是参照英国的城乡规划法，不但指建造、工程和采掘等物质性开发，还包括建筑物和土地的用途变更，土地和建筑物的细划也要申请规划许可。第三部分还明确规定了规划当局和土地业主/开发者的权利和义务，以及规划执法和历史保护的条款。规划法的第四部分是关于开发费的核定和征收。

1964年的规划法令修正案增加了有关开发费和规划许可有效期限的条款；凡经规划当局允许，可以变更总体规划规定的开发强度和用途区划，但须交纳开发费，目的是将由此带来的土地增值收归国有。为了防止开发者/土地业主利用规划许可进行土地投机，修正案规定

规划许可的有效期限为两年，没有完成建设的开发项目要重新审核规划许可。1989年的规划法修正案规定，规划局并入市区重建局(URA)，在国家发展部领导下开展工作。合并后规划机构的职能包括发展规划、开发控制、旧区改造和历史保护。

(2) 从属法规

从属法规包括各种条例和通告，是规划法各项条款的实施细则。规划法授权内阁国家发展部制定这些细则。

如1962年关于总体规划的条例规定了总体规划的编制内容和报批程序；1981年关于开发的规划条例及1981年关于用途分类的规划条例，将土地和建筑物用途分为6个类别；1963年关于土地开发授权的规划通告授权特定的开发活动可以免予规划许可。新加坡共有58个外岛。随着国家发展，这些岛屿逐渐用作旅游或工业，规划控制已经成为必要。1984年关于豁免的规划通告将其中38个外岛列入开发控制的范围。1989年关于开发费的规划条例规定了开发费的核算和支付的细则以及申诉的程序。

2. 规划行政体系

(1) 国家发展部

新加坡作为一个城市国家，中央政府在公共管理事务中起着主导作用。国家发展部主管形态发展和规划，具体的职能部门是市区重建局，地区政府不具有规划职能。规划法授权国家发展部部长行使与规划有关的各种职责，包括制定规划法的实施条例和细则、任命规划机构的主管官员、审批总体规划、受理规划上诉，并可直接审批开发申请。

(2) 市区重建局

从1989年11月1日开始，原来的规划局并入城市重建局，形成统一负责发展规划、开发控制、旧区改造和历史保护的规划机构。城市重建局的最高行政主管是总规划师。除了各个职能部门以外，还设置两个委员会，分别是总体规划委员会和开发控制委员会，由总规划师兼任主席，成员则由部长任命。总体规划委员会的作用是协调各项公共建设计划的用地要求，使之尽快得以落实。总体规划委员会的成员包括主要公共建设部门的代表，每隔两周召开例会，讨论政府部门的公共建设项目，提交部长决策。开发控制委员会的成员包括有关专业组织(新加坡的规划师协会和建筑师协会)和政府部门(公用事业局和环境部)的代表，同样每隔两周召开例会，讨论非公共部门的重大开发项目。开发控制委员会可以修改市区重建局的开发控制建议，参与制定或修改与私人部门开发活动有关的规划标准、政策和规定。

（3）其他相关的政府机构

与形态发展规划有关的其他政府部门包括建屋发展局、裕廊工业区管理局、公用事业局和陆路交通局，分别负责居住新镇、工业园区和公共道路的规划、建设和管理，因而与市区重建局的形态发展规划有着密切的关系，总体规划委员会的设立就是为了协调和落实这些公共建设计划的用地需求。

3. 规划运作体系

（1）新加坡的规划编制

新加坡的规划编制采取二级体系，分别是战略性的概念规划和实施性的总体规划。

① 概念规划。新加坡概念规划是长期性、战略性和指导性及覆盖全地域的。概念规划主要作为协调和指导总体规划及重大公共建设并提供指导依据，不是法定规划。在联合国专家组帮助下，1967—1971年期间，新加坡编制了第一个概念规划。

为适应经济、社会发展战略的需要，新加坡分别在1981年、1991年和2001年对概念规划进行了相应的修编，分别形成了三个阶段的形态发展框架。新一轮概念规划的重点目标是建设一个具有国际水准的城市中心，并形成四个地区中心，完善快速交通体系，在交通节点和地区中心周围发展由科学园区和商务园区构成的“高科技走廊”，提升居住环境品质，提供更多的低层和多层住宅，并将更多的绿地和水体融入城市空间体系。

② 开发指导规划/总体规划。总体规划曾是新加坡的法定规划，作为开发控制的法定依据。20世纪80年代以来，按照2001年概念规划，在5个规划区域、55个规划分区基础上，开发指导规划逐步取代了总体规划，成为开发控制的法定依据。

到1997年底，每个分区的开发指导规划都已完成。每个分区的开发指导规划以土地使用和交通规划为核心，根据概念规划的原则和政策，针对分区的特定发展条件，制定用途区划、交通组织环境改善、步行和开敞空间体系、历史保护和旧区改造等方面的开发指导细则。分区的开发指导规划比全岛的总体规划更为详细和更有针对性，因而对于具体的开发活动更具有控制作用，为有效的规划管制提供了科学依据。

对于具有重要和特殊意义的地区，在编制开发指导规划中，还要编制城市设计导则和有关项目规划。

（2）新加坡的建设项目开发控制

① 开发定义。新加坡规划法的开发定义与英国相同，不但指建造、工程和采掘等物质性开发，还包括建筑物和土地的用途变更。1981年的用途分类条例划分了6类土地用途，每个类别之内的用途变更不构成开发。

② 授权和豁免。国家发展部有权制定各种开发授权通告，在授权范围内的开发活动不再需要规划申请。这些被授权的开发活动往往是政府部门为执行法定职能而进行的建设活动。比如，1987年的规划通告授权新加坡港务局在其用地范围内，进行与法定职能（如与航运和装卸有关的开发活动），因而这些开发活动不需要规划申请。1964年的规划通告曾把新加坡的外岛列入开发控制的豁免范围，在1984年又取消了其中38个外岛的豁免地位。

③ 规划许可。新加坡政府授权市区重建局依据各分区的开发指导规划，对除开发授权外的一切建设项目，施行规划许可制度。

④ 开发费。根据1964年规划法令的修正案，凡经规划部门允许，可以变更原来的规划条件（包括开发强度和区划用途），但必须支付相应的开发费，目的是将由此带来的土地增值收归国有，又使开发控制具有较强的适应性和针对性。

⑤ 强制征地。新加坡是一个土地资源极其匮乏的岛国，为了加强政府对于土地资源的有效控制，除了法定的开发控制，政府还通过强制征地的手段，把大部分土地收归国有。除了用于公共建设，其余土地按照规划意图，制定合约条款，批租给开发商。新加坡国家土地局组织市区重建局及裕廊工业区管理局代表政府，分别行使非工业用地和工业用地的批租职能。

（3）公众参与和规划上诉

为了确保规划作为一项政府职能的民主性和公正性，规划法明确了公众参与和规划上诉的法定程序。无论是编制战略性的概念规划还是实施性的开发指导规划，都要通过公众评议，并将公众意见呈报国家发展部部长，作出妥善处理。如果对于开发控制（包括征收开发费的审理结果）不满，可以向国家发展部部长提出上诉，由其进行最终裁决。

（4）大力运用计算机和信息技术

在编制开发指导规划和施行规划许可工作中，市区重建局广泛运用电子政务系统和与业主的网上互动办公，极大提高工作效率与规划信息的互通，提高了政府规划部门的服务质量与执行力。

（二）新加坡城市建设和管理的机制

1. 公共设施与政府组屋建设

按照概念规划提出的规划框架和法定总体规划（开发指导控制规划）确定的土地利用和空间布局规划，由国家发展部、环境及水源部和贸工部委托陆路交通局、国家公园局、建屋发展局、公用事业局、环境发展署、小贩管理局、能源局等法定机构，分别负责进一步制定整个辖区的高速公路、快速路、道路、地铁、轻轨、巴士、公园绿地、电力电信、给水、雨水、排污、污水处理厂、新生水厂、垃圾焚烧厂、垃圾填埋场、小贩中心、市镇中心、邻里中心和政府组屋（住宅）等专项的实施规划、详细规划。

根据专项实施规划，在国家财政部拨款、向相关融资机构和市民购买政府组屋筹措的较为充裕的建设资金保证下，由各法定机构直接或通过招标方式外包给私营企业超前组织建设各项国家、城市、市镇中心、邻里中心公共设施、市政设施、公园绿地和全新加坡80%以上的居民住宅（组屋），由此构成在政府主导下城市建设的主要部分。

在这些公共和市政设施及公园绿地建成后的使用、维护、折旧和更新中，各法定机构同样发挥了主要作用。例如新加坡地铁线路建成后，不考虑设施折旧和收回投资成本，陆路交通局委托管理的有关企业，已经实现地铁运营上的盈余。垃圾焚烧厂、污水处理厂、新生水厂等设施也大多如此。

2. 私人房地产建设

在新加坡旧城改造地区、东南部中心区和市镇中心等区位优良的地段，依据概念规划提出的规划框架和法定总体规划（开发指导控制规划）确定的土地利用和空间布局规划，为满足市场需求，由市区重建局的规划署按国家土地管理局根据供地计划提出的开发地块，通过规划开发控制机制给出规划条件，由土地管理局组织公开拍卖后，由中标的私人公司组织建设。

土地拍卖为政府筹措了部分城市建设资金。私人房地产项目的建设,满足了市场高端的需求,丰富了新加坡城市建筑风貌景观。

3. 园区和工业建设

按照概念规划提出的规划框架和法定总体规划(开发指导控制规划)确定的土地利用和空间布局规划,由国家贸工部委托裕廊镇管理局统一组织各类产业园区的详细规划,按规划超前投入资金,组织公共与市政基础设施和各类工业厂房的建设。

在园区建设中,前期以"筑巢引凤",统一建设多层、高层标准厂房为主。

为适应产业不断升级和招商的需要,1990年代以后,新加坡根据产业发展规划,在经济发展局统一组织招商基本落实项目的基础上,裕廊镇管理局主要组织园区道路、各类公共设施和市政管线的建设,高科技的专业厂房、石化生产设施等类生产设施则由入区企业按裕廊镇管理局在园区提出的规划要求自行建设。

4. 历史建筑和历史街区的维修与整治和更新

自19世纪新加坡由英国人建立殖民地以来,由于英国、中国和印度等文化的引入,新加坡独立前原有建成区遗留有大量西式、中式、中西融合等文化特征的历史建筑及其街区。在原有人口大量向郊区和新市镇迁移后,为历史建筑和历史街区的维修与整治和更新创造了条件。

根据概念规划和中心地区发展(控制)规划,凡市区重建局规划署鉴定为历史建筑的,只要不妨碍重大公共和基础设施建设,业主一律不得拆除或简单改造。

市区重建局主要采用以下方法维修与整治和更新历史建筑和历史街区: ① 组织历史街区原住居民整体搬迁、转让使用权、改住宅为商业餐饮等功能,整体维修,大幅提升商业价值; ② 提供优惠政策,让居民自愿维修整治等。目前,具有历史价值的建筑和街区基本维修与整治和更新已完毕,保护了丰富的城市多元文化风貌和景观,提供了厚实的旅游资源。

5. 法定机构

陆路交通局、国家公园局、建屋发展局、公用事业局、环境发展署、小贩管理局、能源局等在政府财政支持下,通过投资、建设和运作,为政府各项规划的落实提供了根本保证。这些机构,忠实地履行政府的法定职能,类似企业组织经济运作。同时,在保证国家经济战略、城市规划的实现和公众利益得到满足的前提下，由国家财政和有关融资机构对经营上的资金盈亏进行平衡，确保国家和城市各项事业维持运转和持续发展。

（三）新加坡城市规划实施制度给我们的重要启示

新加坡的经验证明，能够被实施的规划从理论和原理来看，不一定是最佳的，但一定是好的规划；好的规划，必然体现最基本的规划原理，体现合理的时间空间运筹，体现与政府规划实施机制、城市建设机制、城市管理体制的无缝衔接。

1. 城市发展目标得以实现、城市规划能够整体上得到实施，前提是规划编制的制度得到了贯彻，建立了包括概念规划、总体规划、开发控制规划、专项规划的严密规划运作体系。由国家法制确保了法定规划的权威性和非人为性，这就保证了不可能以领导人的变更为转移的体系。

由于客观需要的规划调整，应严格依程序进行，并以国家和城市长远利益为重。城市领导者为维护城市长远利益和大多数公众利益，应有对短期和暂时的得失及少数人的利益不予考虑的勇气。

2. 科学而适宜的规划才是好的规划，也才能在整体上被实施。新加坡的概念规划充分体现了覆盖全境、建设生态城市、科学布局、疏密有秩、高度集约留有余地、沿轴多中心组团展开、近远统筹持续发展、保护历史遗产的基本规划原理和新加坡自身的客观实际。

3. 建立严格的城市规划管理（开发控制）制度，比规划编制制度更为重要。在没有建立完善规划编制运作体系之前，新加坡依靠英式的法制，通过城市规划开发控制制度，保证了城市局部建设的相对统一有序。建立完善规划编制运作体系之后，新加坡依靠规划开发控制的制度，即法则式的集中统一的建设项目规划审批、强制执行的制度、增值交纳发展费的规定、违法重罚的惩戒原则等，实现规划编制提出的整体和各分项目标。

4. 政府主导的城市、园区开发建设模式和制度，即在政府财政全力支持下，由政府控制的各法定机构的强力运作，是保障规划得以实施的主要成功经验。

政府主导式的城市基础开发建设确保了政府运作城市土地资产的最大收益化。虽然前期政府要垫资建设大量基础设施，但有效的土地运作创造了后期更大的收益，从而步入了“投入—建设—收益—再投入—再建设”的良性循环。随着新加坡步入发达国家行列、财力极大增强后,基础建设和城市开发的规模也得到了不断的扩大。

5. 在规划编制、开发控制等工作中,充分征求公众的意见,对优化决策、化解社会矛盾、促进规划的实施具有重要意义。

三、比较昆明城市规划和规划实施的问题与挑战

(一) 依据我国2008年1月1日起施行的《城乡规划法》,对照新加坡的成功经验,昆明的操作性的地方法规体系缺位较多,亟待完善。

(二) 对照新加坡的成功经验,昆明的城乡规划行政体系应尽快完善,包括经费保障制度、规划管制人员专业水平的提高与准入制度、乡镇基层规划协管机构的建立等。

(三) 昆明规划运作体系缺项较多、不够有效,规划编制的制度亟待完善。结合新加坡的成功经验和我国2006年4月1日起施行的《城市规划编制办法》,昆明城市规划还未覆盖全市城乡辖区,城市远近发展目标在规划编制中还未很好衔接;远景战略规划前瞻性、科学性不够,近期建设规划仍然不能很好做到与远景战略规划和近期重大建设的有机衔接和适应。虽然主城等城市总体规划和控制性详细规划已编制完成,但面对城市快速发展建设的需要,专项规划质量不高,目前仍缺项较多。

(四) 对照新加坡组织城市规划实施制度中最为成功的政府主导城市建设的经验,目前,我国只在城市的开发区等局部建设范围作了试验。面对昆明在城市与园区存在多元化建设主体和资金来源渠道有限以及资金不足、政府各级财政负债较多的现实,暂时不可能推广到全市。这是近期加强城市规划实施、实现有序建设的难题。

四、新加坡的启示对昆明城市规划与实施的引领

(一) 城市规划与实施的核心在于有一个好的规划和完善的实施规划的制度,这个制度涵盖规划编制、规划审批和按规划组织建设与营运管理。

(二) 建立城市规划的法制依赖于国家法制从上至下的贯彻;依赖于立法的权威、执法的严厉、初期广泛开展的群众运动和贯穿始终

的宣传运动；依赖于将法制从不知变为知道，将被动服从变为习惯主动。

（三）针对我国及昆明的实际，应深入研究学习和运用新加坡经验的精髓。近期行动计划主要是：

1. 调整完善昆明城乡规划地方立法，并持续和有针对性地扩大宣传。

2. 结合我国体制，优化昆明城乡规划行政体系，优化有昆明特色的从编制、审批到监督管理的城乡规划制度。

3. 更加关注规划管理，提高规划控制与管制的水平，强化规划管理业务岗位人员的水平提高与资格准入制度；图则制与判则制有机结合。

4. 合理整合园区的资源，园区建设模式与制度应在城市新区建设和老区改建中不断扩大与积极推行。

5. 在规划控制与管制过程中，应有效地推行电子政务建设和政府各部门局域网范围的扩大与业务的协作，扩大政府有关部门与市民和业主的网上互动。

五、结束语

新加坡的花园城市建设已经取得了有目共睹的成就，但我们在学习它规划成功的同时，应透过表面的成果看到其注重制度建设、注重管制、注重实施、务实执行的优秀特征。

新加坡第一张总体规划图在1958年完成。随着社会经济发展，该规划图经过了八次修订。最近的一次是在2008年。

所谓总体规划，只是城市发展建设的总体概念图，如1971年、1981年、1991年、2001年的概念图等。然而这些概念规划总图却对新加坡的建设有很强的指导性和执行的刚性，所有在新加坡的建设活动的业主方都遵守之。

在总体的概念结构布局确定之后，新加坡政府极为重视其实施，严格按照总规所确定的土地用途及容积率，组织建筑设计并实施。这与我国国内多数业主经常性向政府反映要修改容积率、土地用途等诉求形成鲜明对比。因此，要使新昆明建设步入有序轨道，首要之务是必须做到规划实施的刚性。这可以从两个方面进行改进：首先确定保证规划实施的监督机制。在新加坡，政府部门职责清楚，公务员中没有两个人做同一件事的。目前，我市已逐步建成综合执法体制队伍。因此，要使规划管理到位，就一定要明确职责。综合执法队伍要负责对没有任何规划许可的违法建设行为进行处罚，只要无手续，属于违法建筑，一经发现坚决拆除。而对于进行过规划委员会审批，经规划局行政许可的项目建设，则明确由各区、开发区规划分局负责全过程监督业主按规划建设、实施，形成“市规划，区实施”的分级管理模式，职责到人。

另一方面，各级领导干部都要排除“磨规划，泡规划”的业主反映与干扰，树立省、市、区政府与社会各方面上下一致遵守规划、支持规划的氛围，以更广泛地建立政府的公信力，树立全社会的公信力。

从新加坡看新昆明，虽然我们还有许多不是，但我们充满信心；通过制度的创新与实施来引领新昆明建设立意高远、有序推进。

（原载于《云南城市规划》2008年第5期）

昆明呈贡新区新建的彩云大道是连接昆明新城与老城的主要交通干道

为了新昆明更加美好的明天

本文是学习浙江杭州规划与建设经验的启示。

昆明市委组织部于2004年11月23日至12月8日组派县处级党政领导干部赴浙江培训。由于浙江的杭州与云南的昆明都属于风景秀丽的省会城市，在城市发展中所面临的问题有许多相似之处，因此，杭州的成功经验，对新昆明的发展与建设更具有借鉴的现实性与可比性。我有幸作为学员，参加了全部的培训，深受启发。比照昆明市城市规划工作，有如下的收获与思考。

一、重视城市宏观发展战略的研究，为城市的发展规划纲领打下牢固的理论基础

城市规划从本质上讲，就是一座城市战略意义上的资源配置。在制定规划时，要着重于抓住事关城市未来发展的主要问题进行研究。按照浙江杭州的经验，首先将城市发展战略规划放在前位。2001年3月，经国务院批准，萧山、余杭撤市设区，从而使杭州迈上了构筑大都市、建设新天堂的新征程。如同昆明提出"一湖四片"城市格局一样，杭州市亦提出了"一主三副"的城市新格局，为此，从2001年始，在杭州市委、市政府的部署下，该市规划局委托北京大学、南京大学、同济大学、华东师大和浙江大学等国内知名高校进行了6项专题研究，从城市功能定位、城市空间组织结构、城市产业发展布局、城市人口发展与环境容量、城市自然与历史文化资源保护等方面，全面分析了杭州城市发展的背景条件，指出了未来发展的基本趋势和方向，在此基础上，又委托知名设计单位，编制完成了注重实效的发展战略概念性规划，为高起点编制好新一轮城市总体规划拓宽了视野，理清了思路，提供

了理论依据。

比较我市的规划工作，我们从事编制规划的同志往往习惯于搞具体的设计方案，习惯于摆具体项目，这其实是把规划的程序颠倒了。通过比较学习，我认为今后我市规划在编制城市总规、控规、详规之前，一定要有城市的战略规划，就是要把城市的定位、产业布局与创新、生态保护、交通组织等重大问题，放到经济全球化和大区域发展的时代背景中去研究分析，寻求发展思路上的突破。只有把这些重大问题研究透了，才能使下一层次的城市规划更具有科学性、合理性。

二、对于一个城市的快速发展，城市CI战略研究十分重要

研究昆明市的CI战略，就是研究使昆明市“脱颖而出”的城市发展战略。当前昆明市的民族特色、历史特色、区域特色正在消亡。所以必须建立一种有效的机制和采取有效的手段，使昆明城市的聚集性与多样性达到合理的平衡。此次浙江培训中，安排了“城市CI战略研究”的专题讲座。通过学习，受益匪浅。城市CI是一座城市的内在历史和外在特征的综合表现，是城市总体的特征和风格的再创手段。

近年来，杭州市加强了对城市CI的研究，这使得杭州的知名度与被关注程度不断提高，使得杭州的传统旅游业保持稳定增长，传统工业、特色产品优势与地位依旧坚实。良好的自然环境与人文环境塑造了“人间天堂”的新城市形象。杭州市CI战略充分发挥其历史悠久、人文荟萃、历史文化深厚的特点，以浙江人特有的勇于进取、勤于思变的文化特征，使杭州在全国众多城市中处于领先地位，目前杭州市已成为大量优秀人才就业创业的首选城市之一。

城市CI战略是一个新概念，我在本书中《西部大开发与玉溪市城市CI战略》一文里，有过专门的讨论。可见不同的城市的宣传方法是相通的。CI在这里是City Identity的缩写，可译为城市形象、城市特征、城市身份等。我们通过城市CI的设计，产生出城市与城市之间的差别，达到城市识别的目的，使城市形象脱颖而出。因此，城市的CI设计，在某种意义上可以说就是一种城市的发展战略。

90年代中期至末期，张家港市的创文明城市活动，大连市推倒

围墙建立花园城市都是我国城市CI建设典范。珠海市于1997年初宣称导入城市CI，邀请海内外CI专家集合珠海，共商对策。深圳市在90年代末期组织有关专家，积极导入城市CI。昆明市在“世博会”准备期间亦对昆明城市CI进行了初步的探索，使昆明市在很短时间内，城市地位、城市知名度大大提高，并跃入当年我国城市综合环境优良的行列。但是我们绝不能浅尝辄止，就此止步；面对越来越激烈的城市竞争，我们要迎头赶上，按照新昆明的发展建设要求，需要对昆明市的城市CI战略进行全新的、全方位的、更深入的研究与挖掘。

三、重新认识城市道路交通问题

近年来，随着城市化进程的加快和人民生活水平的提高，在不断发展扩张的城市里，越来越多的家庭拥有了家用小汽车。昆明目前全市机动车保有量已突破59万辆，同时又由于昆明是全省的政治、经济、文化中心，大量外地车辆和过境车辆也不断涌入和通过，从而使城市巨大的交通需求与有限的交通空间供给之间出现了严重失衡。

过去一段时间里，我们曾将城市道路交通问题仅仅当作一种技术性问题，然而我国城市化进程20多年来的经验与教训，让我们对其技术决策有了更深刻的理解。如果在城市高速发展扩张过程中，不重视相关的城市协调发展的技术决策，其后果将会影响到城市的健康发展，会大大降低城市的运行效率。城市交通规划的决策失误，将会给城市带来社会、经济、环境乃至政治方面的多重负面影响。

如同昆明市一样，杭州市的“行路难、停车难”亦成了其城市发展面临的一个突出问题。对此，杭州市提出解决“两难”要“规划—建设—管理—教育”四管齐下并构筑杭州市的公交优先体系。在杭州培训期间，正值杭州市对该市的八个重要交通规划项目进行公展，其中包括：《杭州市城市综合交通规划》《杭州市轨道交通线网规划》《杭州市主城中心区近期停车场布局规划》《杭州市绕城公路入城口货运停车场布点规划》《杭州城市大容量快速公交专项规划》《杭州城市中心区交通综合改善规划》《杭州市城市快速路系统规划》《杭州市西湖景区路网完善及换乘系统规划》。

在科学规划决策前提下，除了有效的管理之外，教育与宣传也是解决交通问题的手段之一。在我国城市就是要推广“公交优先”政策，要让每一个市民都知道，如果将公共汽车、自行车、行人、小汽车、街头小贩同时放在我们城市有限的道路路面上，就构成了对城市道路使用的低效率，因为公共汽车使用相同道路面积所运送的乘客要比其他交通工具多得多。

通过学习，我深深感到，城市道路交通问题不仅仅是“交通”的技术问题，而是众多社会、经济、政治因素在城市交通层面上的各种具体表象。因此只有明确了问题层次的范围与深度，才能寻找出理性的解决方法。当前昆明的城市道路拥堵已是我们无法回避的现实，解决交通拥堵问题是一项复杂的系统工程，涉及城市的政策、管理、规划、实施等各方面，我们只有提高城市管理水平、科学决策水平，才能逐步使交通问题得到有效解决。

四、城市规划与年度建设用地计划相结合，合理经营城市土地

在快速城市化进程10多年来，昆明、杭州如同我国其他大中城市一样，在土地转征用过程中，政府财政没有拿到应得的城市土地开发收益，城建资金亦得不到有力的补充。失地农民的利益应当合理保护，但不排除部分城郊接合部的农民以卖地获利、占地搭建发财致富，唯一受到损失的是政府所代表的公共利益。因而，政府亟须树立“经营城市”的理念和建立经营城市的强有力机构。杭州市建立了我国首家城市土地储备中心，并通过这个机构，在杭州城市化进程中很好地盘活了土地这项最大的国家资产。

在城市建设以及旧城改造过程中，通过发布信息、公开招标、拍卖来实现“经营城市”的目标。在这一阶段应注意加强与规划、土地、城建、房管等部门的衔接和沟通，提前落实储备土地的规划指标等各项前期工作，使地块拆迁有充分的时间保证。同时规范和明确土地招标、拍卖、出让工作的程序和相应职责，使土地出让工作程序化、公开化、规范化；积极盘活储备土地，尽快回笼资金，降低土地储备成本。杭州市土地储备置换的经营方式有：以地聚资，促进城镇建设发展；以租活资，盘活闲置存量土地资产；以地融资，优化城镇用地布局；以地引资，推动企业生产结构调整；以地筹资，帮助企业解困；以地贷款，支

持企业盘活。

在20世纪90年代，杭州首先实行土地储备制度，全国各城市都进行了学习和实践，昆明市也有了广泛的运作。21世纪初，杭州市进一步将城市规划与用地计划紧密结合起来，这是我市在开拓城市规划方法上要学习的。

在土地储备制度运作的基础上，要将城市规划与年度建设用地计划相结合，城市建设用地管理中，年度建设用地计划是直接指导实施的部分。在昆明市，以往出现的城市规划与其实施结果脱节现象，原因之一是对规划实施的研究不够深入，原因之二是未根据城市规划很好地制订年度建设用地计划。学习杭州经验，将城市规划与年度建设用地计划相结合，进行综合研究，有利于提高城市规划的科学合理性，提高城市建设用地的管理水平。建设部颁发的《城市规划编制办法实施细则》中强调要制订规划实施和实施部署，规定对3—5年内的近期建设规划，要根据基础设施建设和住宅建设等需求量预测，提出开发建设程序和相应的土地投放量。这就更明确地要求城市规划与年度建设用地计划紧密衔接。

五、城市规划的实现需在“经营城市”的理念下完成，而“经营城市”绝不能狭义地理解为“经营土地”

从前，规划管理的内容注重规划目标与蓝图的制定，而目标实施与否却与规划管理无关。然而，真正有效的规划管理不仅要制定好目标，而且还要制定实现目标的方法与途径。因为，政府从经营企业到经营城市是政府行为方式的一次变革。杭州的城市规划在编制时就充分考虑了其实施的方法与手段，甚至对旧城区中的村民搬迁补偿方式都提前作了考虑，提出了每户村民补偿两套单元房的新补偿方式和规划改造方式。

城市规划管理要与“经营城市”紧密联系。“经营城市”已成为社会和城市的共识，是城市政府集聚资本以及新一轮城市化的重要手段和推动力。一些城市讲到经营城市就狭义地理解为经营土地，把拍卖土地、筹集资金作为经营城市的唯一手段，这是失之偏颇的。杭州市政府对于杭州西湖及周边地区的综合整治，四年来共投资了约30亿元，如果仅从局部利益上来说，是不能够平衡其投入与产出的，但从城市整体利益上来看是盈利的，由于营造了良好的城市环境，杭州市每年GDP都以两位数增长。

在杭州，经营城市是政府以运用市场机制为主来调整城市发展目标与有限资源之间矛盾的一种经济活动，是对城市的各类资源、资产进行资本化的运作与管理。杭州市对城市的“三资”（资本、资产和资源）“四权”（股权、债权、产权和经营权）进行了较充分的发掘和总体综合经营，使城市资源通过经营手段变为资本、资产，并使其发挥最大效益，从而加快了杭州市的发展和建设，提高了杭州市的实力和形象。

城市规划管理要综合运用行政手段配置资源、整体经营。城市政府既有公共管理职能，又有城市资产管理职能，在城市扮演着两种角色：一方面，政府要用行政手段规划、建设、管理城市，提升城市价值；另一方面，政府又如一个大企业，浙江的市长们都将自己比作城市的CEO。结合昆明的情况，开展新昆明的建设，就是要高度重视城市规划的整体经营管理。新昆明既是昆明市民未来生活的载体，又是一个经济、社会发展的有机体。城市价值通过规划城市可以升值，通过建设城市可以升值；再通过经营，可以在更大范围、更高的层面上实现总体上的升值和城市品质的提高。

六、如何使我们常说的“规划滞后”现象得到改善

从实际情况来看，我国许多城市包括昆明的总体规划编制因受规划法规的“有效期”限制，往往使编制满足于近期目标的现实性选择，缺少对长远目标的导向性选择，以至“规划滞后”已成为地方政府的头条“罪状”。原杭州市市长、现任建设部副部长仇保兴说，没有一个城市地方政府敢在人民代表面前表态，说我们这个城市总体规划是不落后的，是恰到好处的或者是略有超前的。规划本身就要求具有前瞻性，如果规划没有未来导向，就失去了规划的本意。

那么，如何使这样的现象得到改善呢？按照市委要求，我们要解放思想，大胆实践，在具体工作中就是要大胆突破。按照杭州的经验，要使规划具有前瞻性和实效性，就要实现以下几个突破：

一是要突破计划经济规划模式的限制。为什么近十年来广泛出现城市规划滞后的现象？正是由于我们沿用了计划经济测算工具，从

而导致我们在市场经济时代对环境容量、人口规模、土地开发强度等方面的测算都落后于实践。杭州的战略规划，对这些指标的测算，运用了当今国际上市场化程度比较高的国家所采用的一些科学方法，与市场经济的发展较适应。

二是要突破单一部门编制规划的限制。一个设计单位一般只能做一个规划，不可能把几个规划都交给一个单位去做。不同设计单位的资源禀赋和实践积累不同，只有引入不同的人才、经验、知识结构，才能做出多样化的规划。这样，我们对规划方案就有多种选择，才有可能通过竞争优选来组合各方案的优点。

三是要突破规划可批性编制方式的限制。过去的城市规划往往以能够批准为目标来编制，这其实是一种本末倒置的错误做法。杭州市市长认为，现在建设部对城市总体规划的审批已逐步明确，大大简化审批程序，而且只审批纲要，不死扣具体的细节问题。他大力在杭州推行概念性规划的编制，由于这一层次的规划不属于"法定的审批规划"，因此较少受现有规划法框框的影响，而且具有竞争性与创造性。这就为我们在规划编制中增加把握城市问题的精确性和规划自身的操作性方面创造了条件。

四是为规划的可操作性提供法律和行政的保障。城市规划不仅仅是一项专门技术，同时更是一项政府行为，此外，城市规划除了得到立法和执法的保障外，还需要有政府政策的配套。对此，昆明市规划局明年准备上报三个地方性的规划条例和行政法规，包括：《昆明市城市规划管理条例》《昆明市城市地下空间管理办法》《昆明市城市规划技术管理规定》。

七、直面昆明市区里的"城中村"问题

近年来，随着昆明城市化速度的加快，城市建成区面积的迅速扩张，城市包围村庄的现象愈来愈突出，而进入城市的村庄依然在现代城市中我行我素地建盖农房，大量"一线天""握手楼""接吻楼"式的建筑，堂而皇之地出现在市区的"城中村"里。

昆明城市建成区从1995年的160平方公里到今天的230平方公里，许多"城中村"变为了城市中心的"黄金地带"。农村集体有了政府建设项目的征地补偿费后，就组织农民按80—120平方米/户的

占地来建房。由于农民建房不存在地价问题，建造成本较低，结果大量的劣质农房又出现在昆明的新市区中。目前，昆明主城区有“城中村”228个、7.75万户，建筑面积2 267万平方米，基本上是每平方公里城区就有1.6个“城中村”。

昆明目前这种落后的城区农房建设管理方式，早已被浙江发达城市所摒弃。在杭州，城郊接合部的农民建房以建盖单元楼为主，由政府统建后分配给农民，分配标准为每人50平方米，独生子女另奖励80平方米。建设面积以每人定量来分配，而不是像昆明现行政策以每户分配100平方米的土地作为建房宅基地，却不管一户人家中究竟有多少人。

今后20年，昆明城市继续、迅速地扩大是必然的，如不解决以上城市建设的症结，昆明市的景观、环境品质的优化与提升等，都将受到严重影响。“城中村”的大多数房屋无规划建设、无报建审核，自请无资质的人员设计，自雇无资质的泥瓦匠施工，无事中工程质量监理，无事后质量验收，是典型的“六无”工程。尤其昆明是地震多发地区，“六无”工程的隐患，其后果不堪预料。

“城中村”问题不仅事关昆明城市建设的有序发展，而且事关昆明的城市安全、城市治安，以及经济和社会发展的全局。对该问题早认识、早出手，则早主动，否则等到“城中村”成为污秽满身的都市垃圾桶时才处理，则会更加被动，代价也将更加高昂。

目前杭州等地都在进行新一轮“城中村”整治工作。杭州整治“城中村”的经验与对策有：

1. 引导农民按城市居民生活方式建设居住用房，一律采用单元楼住房以节约利用土地。规划建设旧村改造试点，加以推行。

2. 审批市区中农民建房，不再以每户占用土地量来分配给农户，而是以每户中每人占用实际建筑面积量来审批。同时每年限量审批改造，控制建房速度，以免造成因建设管理水平较低所引起的建设混乱。

3. 由政府下决心出台市区旧村改造的新的地方性法规，并由市、区政府监督、指导，由规划、土地、建设、公安、各街道办事处人员联合行动，统一严格地执行。农村建房审批一定要符合国家新颁布的建筑规划强制性技术规范。

八、城市竞争的新法则——城市以文化论输赢

文化是城市的底蕴，一个没有文化底蕴的城市是不可能具有持久吸引力的。未来国家、地区、城市间的竞争越来越体现为创新能力的竞争，这种竞争，实质上就是包括创新意识、制度环境在内的广义的文化竞争。因此，衡量一个城市是否有吸引力，最重要的是看它的文化资源、文化氛围、文化品位和文化发展水平，浙江的城市领导者得出了这样的结论：城市以文化论输赢。

按照这一理念，杭州提出深入挖掘和全面整合历史文化资源，建设富有特色的文化名城；同时以现代精神对传统文化进行扬弃、改造和更新，努力实现传统文化向现代文化的转换。

每一个成功的城市都有各自的文化特色。说到巴黎，大家都会想到浪漫之都；说到纽约，会想到华尔街的金融大厅；提到周庄，会想到其传统的水乡建筑；提到香格里拉，会想到人与自然的和谐相处。旅游城市，如果失去了文化特色，就失去了吸引力；一般城市，如果缺乏优秀的城市文化，就会大大降低其居住的效用。如果说一个城市的硬件设施和经济发展水平犹如一个人的身体和外貌，那么其城市文化就犹如这个人的风度和修养。一个人的外形无论如何悦目，如果谈吐粗鄙，行为粗鲁，是不会有吸引力的。

总的说来，城市的文化建设和城市的经济状况、历史传统是息息相关的。同时，舆论的影响，市民文化生活的条件，乃至政府官员的示范效应，都对一个城市的文化有较大的影响。我们今天提出重塑与发扬昆明精神，就是提升城市文化、推动城市发展的强有力举措。的确，新昆明不能仅有蓝天和白云；新昆明的建设不仅意味着城市空间建设重点的转移，更意味着现代昆明城市文化精神的张扬和提升。

（原载于《云南城市规划》2004年第4期）

城市规划中，如何保护历史遗存并且将其与城市的现代、低碳、绿色和市民生活融为一体，成为新城市中最有特色的文化命脉，是一个重要课题。在呈贡新城建设中，要把这个课题做好。图为作者和呈贡新区的四班子领导视察呈贡孔庙，谋划呈贡文化产业新发展

人行道和自行车道，在汽车时代，代表着关心人的低碳文明。图为奥克兰海岸边的自行车道和人行道

香港城市公园的人行道导牌

从美国“精明增长”看新昆明的走向

现代新昆明建设，自2003年5月提出之后，社会各界都十分关注，同时也争论颇多；就在这数年纷纷攘攘的争论之中，新昆明建设已悄然走上了加速度发展的轨道。我们一定要克服“非此即彼”的习惯思维方式，在新昆明建设之中“大胆假设、小心求证”，使新昆明的城市化道路，更加科学有序、更加符合城市客观发展的规律。美国的城市化有200年的历史，积累了很多经验，城市虽然很发达，然而现在还在反思，我们就是要学习这种符合科学发展观的态度。

在我国城市发展过程中，肯定需要适量的新增建设用地，但不能以当前的经济利益为唯一导向，哪里的土地开发成本低就占用哪里，走向外延扩张的城市发展之路，而是应该综合考虑经济效益、社会效益和生态环境效益，集约高效利用现在的建设用地。在经济、社会、环境等多方面可行性研究的基础上，对现有的建设用地区，确定最低和最高土地利用强度，只有达到最低土地利用强度后，才能供给新开发用地；对拟供给的新开发用地，确定其开发时限和基础设施条件开发标准，防止随意的“摊大饼”和闲置土地。在发展的同时保护城镇外缘的农用地和生态用地，实现城市与乡村、社会与经济、人与自然的协调发展。当然，合理发展城市，还要合理确定城市的主导发展产业。

一、近10年，美国规划学者提出了“精明增长”（Smart Growth）的理论

20世纪90年代末，美国学者意识到本国“郊区化”发展带来的问

美国硅谷轻轨交通系统

题：低密度的城市无序蔓延，人口涌向郊区建房，“吃”掉大量农田，城市越“跑”越远，导致能耗过多、上班路程太长等城市病接踵而来。而欧洲的“紧凑发展”却令许多历史悠久的城镇保持了其紧凑而高密度的形态，并被普遍认为是居住和工作的理想环境。美国学者因此取法欧洲，总结德国、荷兰经验提出了“精明增长”(Smart Growth)概念。该理论是针对美国城市化高速发展所带来的城市蔓延，导致经济成本、社会成本、环境成本非常高昂，城市景观非常单调而提出的，认为城市规划建设应该相对地集中，就是密集型的组团，但组团与组团之间应该有较开阔的绿地相隔离，一个组团里生活和就业单元应该适当地混合，混合的过程中应该注意到生态平衡和生活的舒适度。

现在“精明增长”已成为美国现代城市规划的法则。在某些问题上，过去美国学者与我国某些大城市优先发展论学者的观点似乎是一样的，如城市发展先以摊大饼式扩展，然后再治理，走的是先发展后治理的路子。但摊大饼式扩展所带来的损失和浪费(所有基础设施重新布局)是巨大的，特别是对生态的破坏，需要几百年才能恢复。现在美国规划师终于从德国、荷兰的城镇化模式看到，人类应如何与自然和谐相存，借鉴人家的经验，总结自己的错误。

二、“精明增长”的核心内容和主要原则

2000年，美国规划协会联合60家公共团体组成了“美国精明增长联盟”，确定精明增长的核心内容是：用足城市存量空间，减少盲目扩张；加强对现有社区的重建，重新开发废弃、污染工业用地，以节约基础设施和公共服务成本；城市建设相对集中，密集组团，生活和就业单元尽量拉近距离，减少基础设施、房屋建设和使用成本。

建设一个“精明增长”的城市的主要原则是：

——土地的混合利用，在城市中，通过自己行车或步行能够便捷地到达任何商业、居住、娱乐、教育场所等；

——建筑设计遵循紧凑原理；

——各社区应适合于步行；

——提供多样化的交通选择，保证步行、自行车和公共交通间的连通性，把这些方式融合在一起，形成一种新的交通方式；

——保护公共空间、农业用地、自然景观等；

——引导和增强现有社区的发展与效用，提高已开发土地和基础设施的利用率，能降低城市边缘地区的发展压力。

三、新昆明建设是云南省城市化的重中之重

城市是现代经济的主要载体，经济的综合竞争力主要体现在城市的竞争力上。国内外城市发展的经验表明，城市化率每增加1个百分点，就可以拉动GDP增长1—2个百分点。昆明是云南省的省会，全省政治、经济、文化中心和交通通信枢纽，全省唯一人口上百万的特大城市和生产力最集中的地区。目前，昆明市的GDP占全省的1/3，财政收入占全省的1/3，昆明市的工业产值、社会消费商品零售总额、固定资产投资都占全省的40%，三资企业户数和实际利用外资额占全省的70%。昆明集中了省内绝大部分的科研技术力量、金融机构、大型工业企业和高等院校，在全省经济社会发展全局中占有举足轻重的地位。因此昆明应该为带动全省的发展起好龙头作用。昆明的发展不仅仅是昆明市的问题，而且是全省的一个大问题。但是，由于城市规模严重不适应，城市的集聚效应和规模效应得不到充分发挥，对全省

的带动力、辐射力没有起到应有的作用。通过推进现代新昆明建设，优化城市空间布局，加强城市基础设施建设，提升产业优势，提高城市的职能层次和辐射效应，增加城市的生产、服务、流通、管理、创新和开放等功能，将大幅度地增强昆明在区域经济中的带动和辐射作用，为全省经济社会发展作出新的更大的贡献。

现代新昆明的建设内涵已经十分丰富，现代新昆明的内涵不仅包括昆明市域21 000平方公里的五区八县一市，还包括对滇中城市群的辐射与带动。“一湖四片”“一湖四环”的城市建设内容随着新昆明的建设步伐进一步细化。“一湖四片”又加上了“两城”。“两城”即昆明国际“航”和安宁重工业基地，目前该项目也在加速启动。目前，环滇池沿岸的近期建设占地已大大减小了规模，更加符合实际。市委、市政府已明确提出新昆明建设聚焦呈贡新城、提升老城的城市环境与品位。呈贡新城的近期建设目标已集中在30平方公里之内，与原先远期的160平方公里的发展范围相比，已明显缩小，更加具有可操作性和可持续性。

应该看到，新昆明建设正在又好又快地稳步发展，新昆明的城市化正在“精明地增长”。

四、新昆明的“精明增长”要明确城市战略发展方向

1. 国际大环境。作为一个经济大国，中国的成长令世人瞩目，形成了国际性的影响，但也面临资源短缺、生态环境短缺和市场短缺等方面的制约。这些制约对昆明而言，则带来了新的发展机遇，构造了昆明新的优势：一是循环经济，二是生态经济，三是体验经济。可以说，三个短缺培育了昆明的三个优势，创造了抓住机遇的前提条件。

2. 国际大通道。国际大通道不仅是一个交通概念，也是一个物流的概念、商流的概念、信息流的概念，是一系列经济元素的组合概念。泛亚铁路、国际公路、国际航空口岸以及大湄公河次区域的发展，使昆明成为国际大通道的核心枢纽。

3. 区域大中心。昆明国际化的发展方向就是国际中心城市。中国和东南亚、南亚区域一体化的背景决定了昆明应该成为区域性国际中心城市，且这种态势是必然的。

在此背景下，昆明有可能发展成为“五个中心”：金融中心、贸易

新昆明建设不断提升了昆明的城市品位。图为昆明老城区核心地段的翠湖公园

中心、物流中心、营运中心。从旅游的角度来看，也就意味着昆明必然会是一个商务旅游中心，而且是国际商务旅游中心。

五、新昆明的“精明增长”首先是治理好滇池

近来，省、市领导已高屋建瓴地指出：滇池流域是云南省经济最发达、人口最集中、城市化水平最高的区域，治理好滇池，事关全省经济社会可持续发展，事关“富裕、民主、文明、开放、和谐”云南建设，事关云南对外开放形象，事关现代新昆明建设。

滇池治理工作应在以下六个方面展开：一是加快推进环湖公路建设；二是实施环湖截污工程；三是大力推进环湖生态修复和建设；四是加快入湖河道整治；五是开展湖泊底泥疏浚，逐步减少滇池水体中的内源污染；六是实施外流域饮水，缩短滇池水循环周期。

过去，我们没有把滇池污染治理与昆明城市发展结合起来，而是走了一条避开滇池污染治理的道路，这是不利于昆明城市发展的。远离滇池发展城市，就会使滇池对昆明城市的烘托和支撑作用得不到完美

体现，昆明美丽的山水优势得不到充分发挥，城市的特色逐渐散失。滇池是昆明的一个重要品牌，我们要充分利用这个品牌来发展昆明，同时也要利用昆明城市的发展来加快滇池的治理，两者一定要很好统一起来。因此，我们必须改变固有的思维定式，与时俱进，思考和探索更符合客观规律、更符合发展需要、更能体现昆明特色的城市发展思路。

六、打造宜居城市、发展都市旅游是新昆明又一条“精明增长”路径

1. 都市旅游的必然。

作为一个省会城市，从功能职责分工上讲，昆明有义务利用其省会城市的优势地位，发挥对周边城市的带动辐射作用，即发挥好其集散地的功能，但不能因此而忽略了城市自身的建设和旅游的发展，从而失去其原有的优势地位。

从目前观光旅游占主体的情势来看，昆明需要强化对回头客的产品开发和营销，重点是都市旅游的开展。靠单一的景区资源，发展观光旅游是难以培育竞争力和吸引力的，必须充分发挥昆明作为省会城市和多元中心的作用，稳定存量，发展增量，打造昆明的整体形象，发展以城市综合体为吸引物的城市旅游。

都市旅游的发展与区域国际中心城市地位的形成会相互促进，最终可能将昆明培育成为在金融中心、贸易中心、物流中心、营运中心基础上的商务旅游中心。

2. 打造宜居城市。

昆明的房地产有三大优势：第一有好的环境，第二价格不算贵，第三有好的发展前景。随着昆明国际化、城市化的发展，这些优势越来越凸显，将来就会形成市民置换。昆明新城区本身已经创造了一个转换，老城区随即也会产生转换，形成外地人进老城区，在老城区创业，发展第三产业，促进城市提升。这是昆明城市发展的一个重要动力。

利用昆明四季如春的气候优势和鲜花植物种类丰富的资源，充分发挥绿色植物在广场上的遮阳蔽日的作用，营造一个好的绿化环境，使短期内难以“亲水”的昆明人和昆明游客能够随时随处“亲绿”。广场公园的区位要方便，距离市民的日常生活要近，而且应该有很多娱乐休闲的项目和活动。最终使昆明成为一个适宜人居的城市。

七、充分提升昆明城市特色，实现旅游产业转型

众所周知，新昆明的建设离不开产业的发展与支撑，其中，旅游业的转型与发展则是新昆明产业发展中的“精明增长”。既要发展经济，又要使产业减少对环境的污染；既要发展产业规模，又要控制一定的城市规模，减少城市建设用地，改善城市环境。那么新昆明较为可行的出路就是重点发展现代商贸业，发展现代商务、度假旅游业。

昆明有三个不可替代的优势：一是气候宜人，“天气常如二三月，花枝不断四时春”，是名副其实的“春城”；二是文化多元，最突出的就是多元的民族文化；三是区位优势，具有面向东南亚、南亚开放的区位优势。

结合以上优势，昆明的旅游资源特点主要是两个：一是都市型资源，二是复合资源。全国有特色的城市很多，但气候如此宜人的屈指可数。结合区位优势，还能在民族文化多元的基础上衍生出国际文化的多元。这两个资源特点从根本上决定了昆明旅游的发展模式，即昆明不能走单一观光旅游的这条老路。

应当清醒地认识到，从历史上看，昆明旅游成在观光，但从发展看，将来可能败也在观光。这是因为如果固守以观光为主导的发展模式，一是昆明的优势不能全面发挥，二是不能对应市场的深度需求，三是难以适应变化，四是不符合昆明长远发展的方向，五是附加值低。面对全球化的挑战，对应昆明城市化、现代化、国际化的发展，旅游产品需要在传统的运行轨迹上转型，才能顺应发展的需要。

目前，传统的“昆明模式”已经出现变化，商务旅游已经起步，都市休闲产品正在产生，乡村旅游产品也摆脱了传统观光模式，文化旅游产品创新之风也已开始。

观光产品在昆明会长期存在，但它应该是一个过渡型产品，即从主体地位过渡到附属地位。下一步昆明的旅游发展，城市里是商务主体，但要搞“商务加休闲”的模式，同时以度假为主导。

结束语

建设一座最适合人类居住与发展的城市，就是新昆明的发展建

设目标，这样的城市同时也是环境宜人、文明时尚的国际化一流旅游城市。

新昆明建设，无论从哪一个方面提出发展策略，都不可以忽视的是：要充分地考略新昆明的城市发展容量，尤其是2 700多平方公里滇池流域的水资源的总量。

科学合理地测量城市人口承载能力，在1 300平方公里的滇池盆地内，严格控制建设用地在460平方公里以内。

“精明增长”强调环境、社会和经济可持续的共同发展，强调对现有社区的改建和对现有设施的利用，强调减少交通、能源需求以及环境污染来保证生活品质，是一种较为紧凑、集中、高效的发展模式。值得注意的是，美国对城市发展的引导中，有意识地运用城市规划这一重要工具达到节约城市资源的目的。也许这样的城市形态并不完全适合我国所有城市的发展，但我国节约型城市的建设，首先也需要一个合理的城市化模式，从而有利于城市从根本上实现集约型的增长。我们的新昆明建设，一定要充分吸收国际上最先进的城市规划理念，结合昆明的实际，在中国百年城市化的大潮中，留下现代新昆明的历史篇章。

（原载于《云南城市规划》2007年第1期）

呈贡新区实力心城效果图

一个理想：
昆明城市“新客厅”与“高原西湖”

本文是对昆明滇池草海生态区规划与建设的探讨。众所周知，西湖水面约6.7平方公里，是杭州城市的明珠，世界非物质遗产；而昆明滇池的城市内湖——草海水面12平方公里，为昆明老城区围绕，完全有可能打造成一个“高原西湖”，成为昆明城市的“新客厅”。

云南省地域面积虽大，但由于山多、平地少，自昆明建城一千多年来，滇池盆地一直就是全省最理想的建城地区。究其根本原因，除空间规模较大，能满足建设要求外，昆明历史上一直就是一座著名的山水城市。1984年，昆明首部历史文化名城保护规划对此概括为“城在山水中，山水在城中”。

山水城市湖滨环境与群山环抱，造就了突出的差异性景观，加之被喻为“春城”的优异气候，多年来，昆明一直都被称为国内著名的风景旅游城市。

但在过去数十年中尤其是20世纪80年代以来，在快速城市化过程中，昆明的建设一定程度上忽视了对昆明山水城市景观与水体环境的保护与发扬。自1982年以来，草海地区虽历经多轮概念规划，但一直处于无序建设状态。

《滇池国家风景名胜区总体规划》(附图一)提出保护和建设滇池西北岸风景名胜区。

《昆明主城核心区概念规划国际招标》(附图二)提出了在主城西南部，打造“池”，即水城的概念

附图一

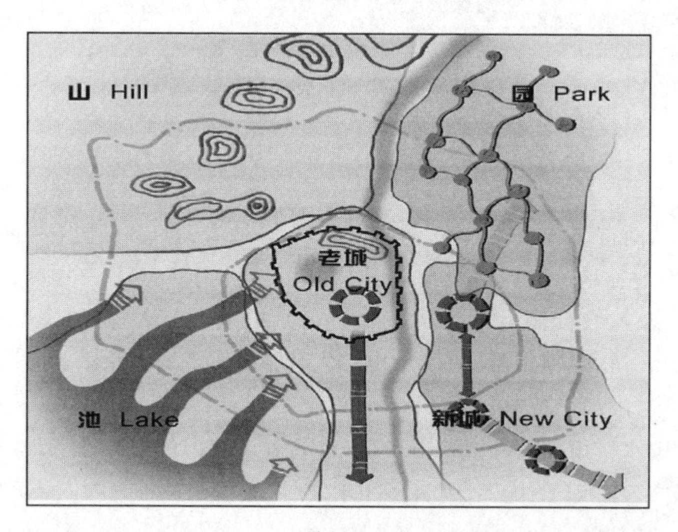

附图二

历史进入21世纪，新昆明战略规划的实施，大幅提升了草海生态区的保护与建设在昆明城市发展中的重要性。

2004年下半年，省委领导在纵观草海生态区众多发展概念基础上，高瞻远瞩，提出了打造昆明城市“新客厅”的概念和目标(附图三)，帮助规划师们迅速厘清了规划目标。

建设昆明城市新客厅的目标，既是推动新昆明环滇池发展战略的重要起点和示范，又是昆明经济进入中等发达行列、城市生活休憩体

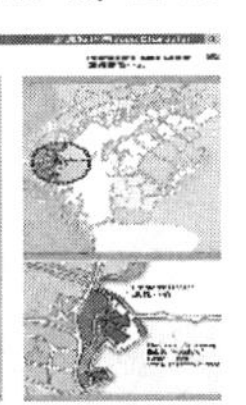

附图三

系发展并在近期内大幅提升昆明城市特色的客观需要。

城市规划是理想与现实交织的工作，好的规划师是带着自己的理想去规划城市的未来的。本篇即介绍我们昆明近期城市规划众多理想目标中的一个。

草海生态区概况

草海生态区位于昆明主城西南部，西南接西山风景区，西北靠马街地区，北接西苑综合区，东邻滇池度假区和滇池路沿线地区，中间为草海水面。

由于自元代以来，为拓展农业及城市发展空间，滇池北部水线不断地向西南方向退却，到20世纪50年代，草海逐步成为滇池进入昆明主城的唯一范围，同时也是主城主要的临水空间区。

按《昆明城市总体规划调整（2003—2010）》所确定的主城规划分区，规划范围28.3平方公里，其中，草海水面12平方公里。在16.3平方公里用地中，已建成7.98平方公里，约占49%；在建成用地中，农村及低质建筑区约占58%，即4.63平方公里，一般可保留的占42%，即3.35平方公里。

未用地（含现状河道）和应改造用地合计约12.95平方公里。

现状人口5.7万人，其中，东区3.4万人，西区2.3万人。总人口中，

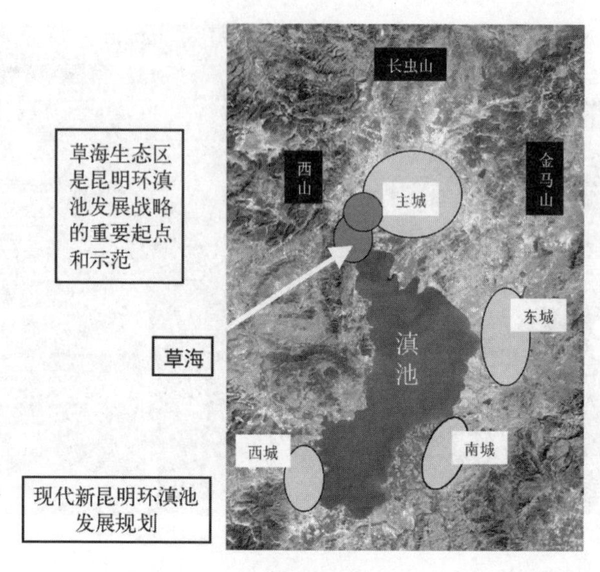

附图四

农村人口约1.6万。主要入草海河道有：东区，船房河、西坝河；西区，乌龙河、老运粮河、新运粮河。目前，除部分污水经一污厂、三污厂处理外，大部分排入草海。

发展机遇

新昆明环滇池发展战略的实施，必须将草海生态区作为起步区和示范区。

昆明四区行政区划的调整，草海生态区完整地划入了西山区辖区范围，有利于统一组织规划、建设和管理。

国家和省市对滇池治理的大力支持及资金投入，可望实现政府引导下的开发、建设和保护。

城市休憩活动体系的迅速发展，是草海生态区开发、建设和保护的根本动力。

草海生态区规划功能、性质定位

在充分研究草海地区以往规划和今后昆明城市休憩活动体系与

产业发展的基础上，依据"新昆明战略"、《昆明城市总体规划调整（2003—2010）》和打造城市新客厅的目标，规划功能、性质如下：

草海生态区是"昆明城市环滇池发展的重要组成部分，为主城主要的临水自然生态恢复区，以发展湿地、城市公共绿地和城市文化旅游娱乐为主的城市公共休憩活动区"。

按以上功能组织保护和建设，可以极大地提高昆明的城市品质，使昆明迅速成为中国面向东南亚的国际性明星城市，将极大增强各级政府和社会各界治理滇池、推进新昆明建设的信心。不仅对于昆明市的发展，而且对于整个云南省的发展都具有极为重要的意义。

功能布局与用地规划

1. 功能布局。

北部，以大观楼为中心，发展文化、娱乐、旅游为主要功能的大观时尚区；草海东西两翼发展旅游、娱乐和综合社区；在湖滨路以内，恢复建设具有生物多样性的湿地和公园。

东风坝以北水面，通过底泥疏挖，堆建部分湖心岛；东风坝以南水面，以水上观光活动为主。

2. 用地规划。

针对现状低质存量用地较多的实际，规划按功能规划要求，大幅调整优化了用地结构；增加了公共绿地、湿地、道路、公共设施和水面用地；调整了住宅用地的内涵。

按国内外生态城市的标准，布局和控制绿地规模。规划绿地总规模达到670.62公顷，占规划用地41.4%，其中湿地203.0公顷，绿地466.38公顷。

以现主城实际居住人口245万计算，人均增加公共绿地2.73平方米，将对昆明创建国家园林城市起到重大推进和不可替代的作用。

以线、面形式和不同性质（绿地、湿地）组织规划公共绿地系统；绿带自然向地块内部渗透。

可开发用地（公建、住宅）：约175.2公顷（2 628亩）。

通过调整用地性质，对重要功能区范围的农村进行搬迁，实现居住人口规模由5.7万人减至4.88万人。

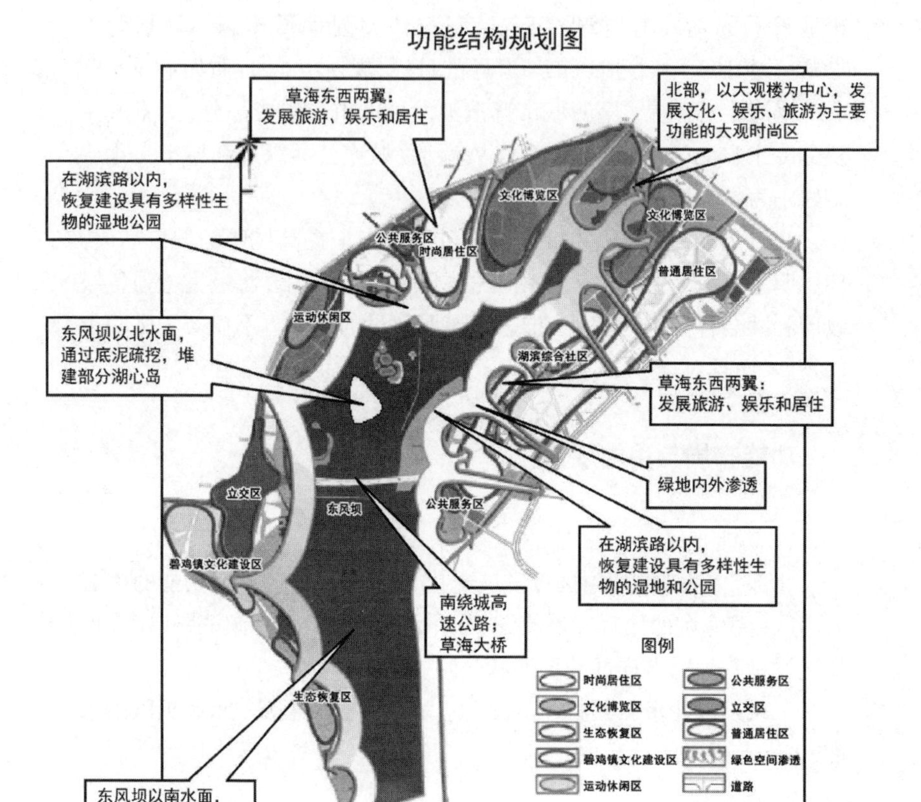

附图五

道路交通体系

按三层次控制，里圈，靠湿地为湖滨路，控制红线20米，其中车行道控制9米，其他空间布置绿化和路边停车，组织旅游交通，创造城市休憩空间。

中间，为环湖路，控制红线30米，其中车行道控制16米，组织环湖交通。

外圈，生态区边缘由城市快速干道围合，组织生态区对外交通和与主城各功能区的交通联系。

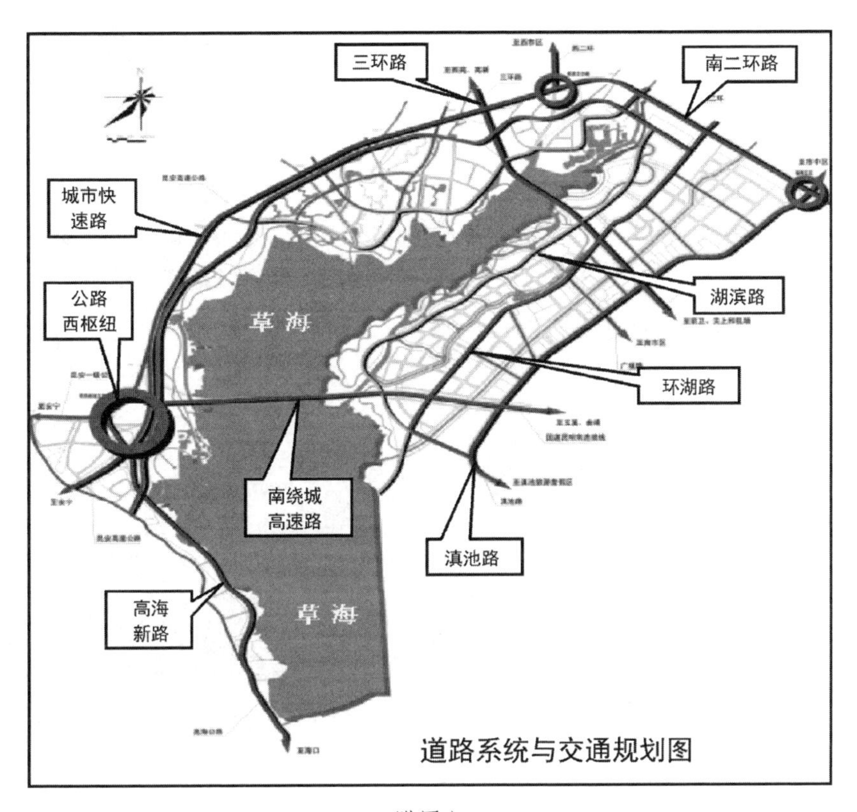

附图六

环境与空间景观控制

把草海生态区置于西山风景区景观控制之下，总体以低密度控制建设。

湖滨路以内，为建筑禁建区；湖滨路至环湖路间，为生态控制低密度区，建筑高度≤12米，容积率＜1.0；环湖路以外，建筑以多层为主，容积率＜1.4。

规划保护和控制五华山和大观楼至西山睡美人的景观视廊。

以线、面形式组织空间丰富、规模宏大的绿化景观，并突出绿化景观从区外向草海内的引入以及草海风景向两翼地块内部的渗透。

昆明南绕城高速公路跨草海大桥形式应服从西山风景区和西山睡美人景观的控制要求，拟采用多孔、上部无结构塔形式。

附图七

竖向体系规划

由于现状和规划的草海水位均高于生态区南部地块现状标高，为恢复和建设人工湿地，必须利用草海与滇池水坝和西园隧道，调节草海常年水位至1 887.0—1 887.5米；

附图八

通过调整竖向体系后，拆除部分草海现用防浪堤，建设人工湿地系统。

主要竖向调整控制如下：

现状地面标高1 886.50—1 887.0米；规划湖滨路标高1 888.0—1 888.5米；规划环湖路标高1 888.5—1 889.2米（附图八）。

排水和截污规划

新昆明环滇池发展战略，核心内容是治理滇池，其首要条件是改善与治理草海的水环境。主要包括：

1. 雨水规划。

雨水经河道、管道收集后，经草海湿地过滤、处理，再排入草海。

2. 污水及截污规划。

东区，按两区二横三纵布置截污系统，三环路以北进入一污厂系统；三环路以南，进入七污厂系统；

西区，按两区布置截污系统，即：三污厂系统和西园隧道系统。

3. 对草海现有污水和底泥的处理。

由于云龙水库等水资源条件的具备，在截污工程基本完成后，可研究组织置换污染水体和进一步疏挖底泥，彻底解决草海多年积累的污染问题。

但组织草海疏干排水，应认真研究湖岸周边工程地质、水文地质的环境影响，务必保证草海两岸地基的稳定。

建设组织

总结多年来城市成片开发建设的经验教训，结合现行国家土地政策，必须坚持四统一原则：政府统一组织规划；统一组织土地一级开发，垄断土地一级市场；对开发性土地统一组织公开交易；统一控制和监督商业性开发建设。

由于区内农村较多，对农村的改造应适当扩大整合范围，从规划上可扩出草海生态区进行用地与经济平衡。

在建设草海生态区的过程中，同步实现农村城市化。为推进滇池沿岸约40万农村人口城市化，根治滇池面源污染提供示范。

结束语

昆明市在城市高速扩张之中，忽略了大面积集中绿地园林的规划建设与扩建。在过去由于昆明建成区较小，自古形成的山水城市的大环境受到的影响还较小，但新中国成立以来至今，昆明建成区面积几十倍地扩张，使原有的山水城市之脉的保持受到严峻的挑战。尤其目前建成区的扩张已迫近草海、“西山睡美人”。因此，草海地区的规划控制已成为保护与发扬昆明历史上形成的山水城市之脉的最后一道防线。

如果说打造昆明城市“新客厅”、建设“高原西湖”是当代政府与规划师的一个理想的话，那么其背后所隐含的深远意义则远远不止于此。这是因为草海的治理与改造是我们的“母亲湖”滇池水体整治的前奏。市委、市政府已将治理疏挖草海的号角吹响，届时要动员每一个市民参与这个活动。试想，全市的市民都到草海去挖一锹污泥，这本身就意味着当代昆明人对滇池污染的深刻认识，仿佛每一个昆明人都在默默地说：滇池是在我们这一代人的时候被污染的，我们有责任、有义务，更有能力在我们的手上还滇池以清澈的碧波、蔚蓝的水岸。

参考文献

1. 吴承照：《现代城市游憩规划设计理论与方法》，中国建筑工业出版社，1998年。

2. 刘学：《春城昆明——历史、现代、未来》，云南美术出版社，2003年。

3. 张荣明：《坚定不移推进现代新昆明建设》，云南人民出版社，2004年。

4. 昆明市规划局：《昆明城市总体规划调整（2003—2010）》，2003年。

5. 昆明市规划局：《滇池风景名胜区总体规划修编》，2003年。

6. 杭州市规划局、杭州市城市规划编制中心：《迈向钱塘江时代——战略规划》，同济大学出版社，2002年。

（原载于《云南城市规划》2005年第3期）

昆明呈贡新城区的历史必然性

2005年5月16日，呈贡新城建设随着市级行政机构搬迁项目的启动正式全面开展了。经过近2年时间的准备，现代新昆明的建设，从呈贡新城开始突破。现代新昆明的建设范围很大，为什么是呈贡新城成为建设突破口？这是由呈贡新城所具有的综合发展优势条件决定的，具有其历史的必然性。

一、建设呈贡新城　重塑春城丽景

昆明是建城历史逾千年的名城，优越的自然条件、优美的湖光山色和优良的气候条件，造就出昆明特色鲜明的城市风貌。20世纪80年代以来，随着城市人口的高速增长和大规模的城市现代化改造，滇池污染了，老城消失了，交通拥挤了……各种与现代化伴随的城市病一一出现，我们在获得现代城市文明的同时，丧失了城市曾有的魅力。建设现代新昆明，就是发扬昆明优势，做强做大中心城市，向世人展现一个名副其实的现代化的春城面貌。这是昆明城市化进程的必由之路，同时亦对云南省的城市化进程产生深远的影响。那么建设现代新昆明战略的机遇与挑战，现实与未来又是怎样一种背景？

1. 昆明城市的基本情况。

昆明地处中国西南边陲，云贵高原中部。面积21 111平方公里，属低纬高原山地季风气候，冬无严寒，夏无酷暑，平均气温15.1℃，全年日照时数2 250小时，是全国闻名的“春城”。全市人口578万人，少数民族众多，民风淳朴。

昆明是云南省省会，国家首批历史文化名城，中国重要的旅游商贸城市和西南地区的中心城市之一，又是云南省唯一的特大城市，在本区域内城市首位度极高，同时也是全省的交通中枢。

昆明由于优越的地理区位和自然条件，城市发展很快，继20世纪80年代以来城市人口突破百万成为特大城市之后，2000年“五普”城市人口又达到245万，城市规模迅速扩大的同时，城市建设、经济总量等城市经济社会发展指标也得到了调整增长。

2. 区域与城市竞争的白热化。

要看到的是现在区域与城市竞争异常激烈，横向比较的话就会看到其他城市的发展一点也不比昆明慢，就连在西部城市中，昆明的发展地位也面临挑战（见表1）：

表1　西部城市前五名经济发展比较

项目 / 城市 / 年份	国内生产总值（亿元）		增长率（%）	
	2000	2003	1999—2000	2002—2003
成都	1 315	1 870.8	10.7	13
西安	689	940.35	13.1	13.5
昆明	625	812	8.4	10.3
兰州	309.4	—	8.8	—
南宁	294.1	501.75	9.3	10.7

从表1中可以看出，昆明不但没能缩小与前两名的差距，增长速度也低于它们。昆明如不能加快发展，在发展中解决制约城市快速、健康发展的各种问题的话，将在城市竞争中处于下风，在人才、资金、技术和项目的引进中处于劣势，并因此影响全省区域的发展。

3. 城市化发展的压力。

云南是内陆山地省份，山地面积占到全省土地的93%，适合人类聚集发展并形成城市的地区非常稀少，这也是造成云南省城市化水平低下的主要原因（仅26%，远远低于全国平均的38%）。城市经济在全省GDP总量中的比例仅为55.5%，低于全国平均水平的82.4%，城市化进程滞后是我省发展的一大突出矛盾。

而目前昆明市GDP总量占全省总量的近1/3，人均GDP 14 800元，是全省人均水平的一倍以上，昆明市人口约占全省的1/7，财政收入约占1/4，是全省的文化、教育、科技、金融的主要密集地区。云南城市化步伐的加快，需要昆明市做好“龙头”，强力拉动和推进。作为云南城市首位度最高的昆明，必然要发挥特大城市对生产要素聚集和扩散的功能，带动周边、影响滇中、辐射全省，大大推进全省的城市化进程。

4. 国家战略的机遇。

随着中国-东盟自由贸易区的推进，改革开放以来在太平洋对外开放战略格局中处于全国对外末梢的云南，一跃成为全国在印度洋开放战略格局的最前沿，从一个边远落后的内陆省份变成了全国对外经贸的重要区域。而作为云南省中心城市的昆明，也因为独特的区位交通优势，成为中国与东盟“10＋1”合作的桥头堡，迎来了良好的发展机遇，在云南省发展战略中，昆明将逐步形成中国面向东南亚、南亚的贸易、旅游、金融、进出口加工中心和交通信息枢纽。

5. “春城”优势的发挥。

昆明最大的优势之一是气候，滇池是昆明最好的资源，四季如春的气候和高原明珠的滇池，使得昆明有可能建设成为中国乃至世界上

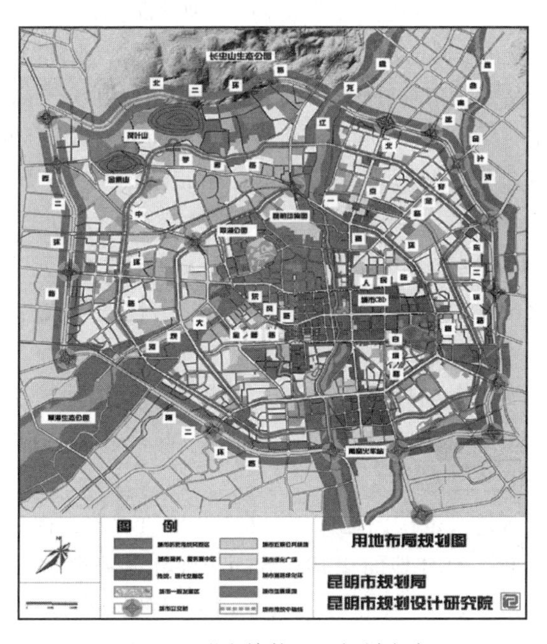

图1　昆明主城核心区规划方案

气候最宜人、风光最美丽的著名城市。只要充分展示和发挥“春城”优势，真正实现四季如春的气候与高原湖泊、山地风光的完美结合，就一定能把昆明建成世界上人居环境最佳的湖滨城市之一，大幅度提升昆明城市的核心竞争力。

以上几个方面的分析表明，现代新昆明的建设有利于突出昆明城市特色，加速城镇化和工业化进程，加快滇池污染治理的步伐，增强城市辐射功能，从而带动滇东城市群的崛起，实现云南经济的大发展。

二、呈贡新城成为突破口

1. 呈贡新城基本情况。

呈贡新城位于滇池盆地的东岸，昆明主城东南部，距东二环路15公里。东与宜良、澄江两县接壤，南与晋宁县交界，西临滇池与西山相望，北与官渡区相邻，总面积469.1平方公里。由于其独特的区位优势，和昆明主城的紧密关系，在昆明未来的城市发展中起着举足轻重的作用。

呈贡是昆明市传统的花卉、蔬菜、果园基地。2000年全县蔬菜种植面积为13万亩，果园面积8万亩，花卉种植面积2万亩，菜花果总产值达到2.77亿元，贸工农、产加销一体化的农业产业化经营格局初步形成。农产品批发市场建设卓有成效，斗南花卉市场已成为云南省最大的鲜切花交易市场；龙城蔬菜批发市场成为云南省最大的蔬菜批发市场和冬早蔬菜集散地。“斗南花卉”“呈贡蔬菜”已成为具有较高价值和影响力的农产品知名品牌。2000年，全县GDP达到13.56亿元，人均GDP达到8 900元。农民人均纯收入达到3 241元。1996年，全县各乡镇及65个行政村（原办事处）全部进入昆明市农村奔小康先进行列。

境内滇池湖岸线长21.634公里，县域内汇入滇池的径流面积441平方公里，占全县总面积的94.2%，有马料河、瑶冲河、洛龙河、捞渔河等较大的河流经过 。

呈贡新城建设范围内地质情况良好，地质承载力都在一至二级，建设条件优越。有林地面积191 253亩，森林覆盖率达42.7%。呈贡山清水秀，风光秀美。位于县城东南18公里的梁王山，登峰鸟瞰“一览众山小”，滇池、抚仙湖、阳宗海三湖风光尽收眼底，春城景致历历在目。

呈贡新城距离昆明主城最近，处于主城东南部的交通枢纽，对外交通方便，道路有昆玉高速公路、昆石高速公路、安石公路和昆洛公路，铁路线主要有南昆线和昆河线，王家营火车南站是目前昆明市重要的货运站，未来将建成全国十八个集装箱节点站之一。

2. 呈贡新城在现代新昆明建设中的作用。

呈贡新城是环滇池城镇体系中的东部新城，面向东南亚的物流中心，中国花卉交易中心及研发中心，大昆明城市区重要的行政、文教及新兴工业中心之一。

在现代新昆明"一城六片"的格局中，呈贡新城的建设至关重要，从现代新昆明规划图（见图2）上可以看出，呈贡新城位于现代新昆明向东发展的要冲，由呈贡新城再向北发展可延续到新国际机场和航空城，向南可带动晋宁新城发展并延伸到海口新城。因此呈贡新城的建设成败将直接影响着现代新昆明建设的顺利推进。

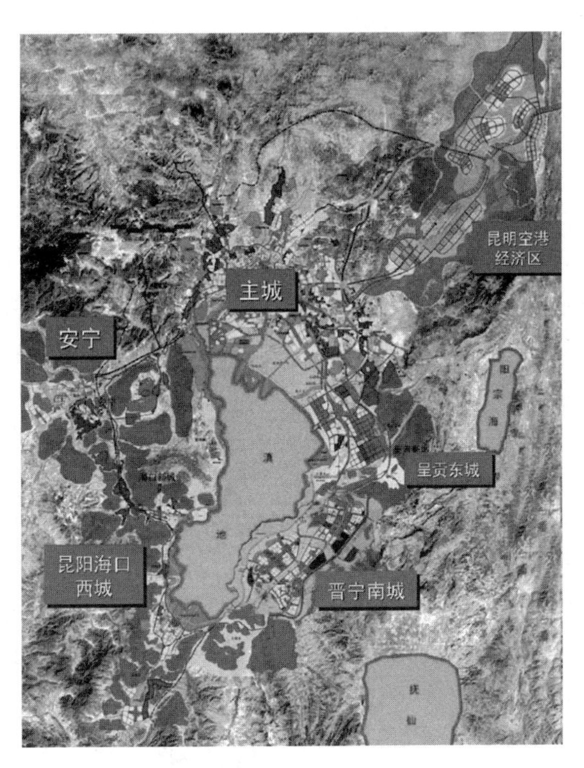

图2　现代新昆明规划——总体布局图

此外，呈贡新城的建设将与主城更新改造联动，成为主城人口和产业疏导的重要空间，同时呈贡新城的建设也将为新城建设积累经验和人才，新城的建设成功也将促进昆明城市综合实力的提升，为现代新昆明的发展奠定坚实基础。

3. 呈贡新城能够成为突破口。

从呈贡新城的基本情况可以看出，呈贡新城在产业基础、交通区位、用地情况、景观环境、建设条件等方面都具有特别突出的优势，加上省委、省政府，市委、市政府的全力支持和强力推进，呈贡新城能够成为现代新昆明的发展突破口。

呈贡新城的建设将利用呈贡现有的自然优势和产业优势，发挥呈贡新城距离主城最近的区位优势，依托呈贡新城四通八达的交通条件，超常规快速发展，尽快形成一个城市建设用地为107平方公里、拥有95万城市人口的“主导产业独具特色、经济实力雄厚、人民生活富裕、生态环境良好、功能结构完善”的昆明环滇城镇体系中重要的生态园林城市。

三、高标准建设呈贡新城

1. 呈贡新城的定位。

呈贡新城的建设定位基于我们是要一个什么样的新城，这个新城可不是一个普通的、仅仅是为了安置一些居民和产业的城镇，而是一个未来之城、文化之城、山水之城。这样一个城市，除了市级行政机关的带动之外，更多的是要能满足人们未来的各种不同类型的需要，用山水园林城市来要求，成为吸引人们前来创业生活的，环境优美、和谐自然、山水生态的魅力十足的理想春城（见图3）。

2. 呈贡新城建设的高标准。

呈贡新城的建设一定要是高标准的，在呈贡新城的专业规划和各个分区的控制性详细规划中都加以贯彻和坚决执行，高标准从以下几个方面加以体现：

（1）高环境质量标准：走城市可持续发展道路，以高标准、高质量的城市绿化环境为目标，充分利用山体、河流等现状自然绿化，划定保护区，恢复和强化森林及沿河绿化。结合环境保护，合理布局各类防护绿地和永久性生态绿地，强化主要交通干道与景观道路的绿化建

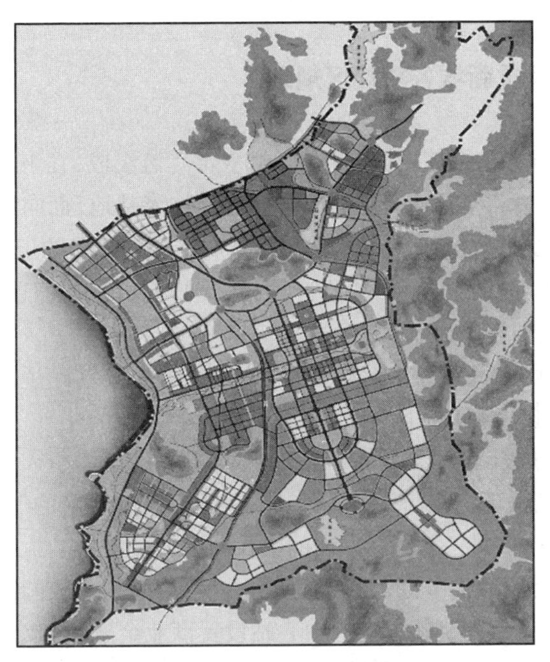

图3 呈贡新城规划总平面图

设,保护和改善城市生态环境。规划期末,城市绿地率达到50%以上,人均绿地50平方米以上,其中人均公共绿地15平方米以上。

(2) 高景观质量标准:与滇池风景名胜区紧密结合,创造出具有时代特色的城市人文景观,利用呈贡新城优美的自然风光,结合山、水自然要素和绿化系统,依托两条相互垂直的“十”字形景观轴线,组织层次分明、显山露水、既有城市现代风貌、又有自然生态环境的“新春城”景观形象。

(3) 高标准市政设施:呈贡新城的市政设施配套采用国际上先进的技术和标准,如分质供水技术、初期雨水收集及生态化处理利用技术、大系统中水回用技术、大容量室内变电站技术、市政综合管沟技术等,并实行与道路建设同步完成的政策规定,避免今后反复开挖。

3. 联动主城,重塑春城。

建设呈贡新城要与昆明主城联动,除搬迁一部分政府机构和教育文化设施之外,疏导昆明主城的部分功能和人口,要在新城加以安置解决,同步建设。经过现代新昆明大系统的规划协调,要让主城的人出来,让外地的项目和人进来,既建设了新城,又完善改建了主城。

四、呈贡新城各功能区规划

1. 物流中心及工业区：由洛羊和大冲片区组成，在王家营火车南站，形成以集装箱运输为主的综合性现代物流基地，面向东南亚的国际物流中心；围绕货运中心，分别在其周围规划配套的工业区；具备仓储、运输、加工、贸易、海关监管、配套工业等功能，是信息交汇、物流服务、产业及国际交流的中心。

2. 国际花卉交易及研发区：斗南片区将充分发挥斗南花卉交易中心职能，扩大交易范围，配套相应功能。

3. 大学校园区：设置在新城东南部的雨花片区，引入省内省外和国际上知名大学，实现产、学、研一体化；利用昆明独特的气候条件，扩大园区内容，安排一些国际国内的中长期培训。

4. 国际行政商务区：吴家营中心片区，位于大学校园区与城市生活区的交接处，围绕轨道交通中心站设置商业金融、行政办公及配套生活居住设施。

5. 体育运动休闲区：乌龙片区，利用呈贡国家级体育训练基地的良好条件，扩大规模，配套完善相应设施，建成国际知名的高原体育训练基地。

6. 云药港：大渔片区，利用区内优良的自然环境，发展云南药业的科研、实验、参观教育基地。

7. 环湖湿地生态区：沿湖滨在环湖路与滇池之间恢复湿地生态，建成过滤流向滇池水体的、具有景观价值的生态区，建构保护滇池的湿地防线。并沿滇池湖岸布置大型城市公园，与生态湿地保护区一起维护城市的生物圈，达到可持续发展要求。

8. 城市生活区：在各片区最适于居住的部分布局不同档次的住宅区，为环境一流的居住社区。

五、呈贡新城区的近期建设项目

规划近、远期结合，既有可操作性强的近期实施规划及措施，又能远期宏观控制，随城市滚动发展，分期、分重点实施，逐步完善。为保证呈贡新城的快速发展，现已启动如下项目（见图4）。

图4 昆明呈贡新区——滇池东岸的最后460平方公里平原

吴家营片区：昆明市行政中心、昆明医学院附一院二部、新城商业中心、县园丁小区；

大渔片区：云药港；

雨花片区：云南师范大学、云南民族大学、云南中医学院、云南医学院、云南医学高等专科学校、昆明理工大学、村庄搬迁(柏枝营)；

大冲片区：新加坡工业园；

洛羊片区：物流中心。

实现现代新昆明的战略目标，呈贡新城的建设即将打开一个突破口，随着建设的不断顺利推进，作为全省的中心城市，昆明，将向世人展现一个名副其实的现代化的春城面貌！

参考文献

1.《再造昆明——现代新昆明发展创意》，云南人民出版社、德宏民族出版社。

2.《昆明经济工作手册》，2001、2004。

3.《呈贡县城总体规划》及相关专业规划和控制性详细规划。

(原载于《云南城市规划》2005年第3期)

呈贡新区东盟商贸港效果图

从美国中西部的开发看云南城市化进程

> 城市化不仅是一个国家、一个地区发展水平的尺度，而且也是走向现代化的带规律性的选择。17世纪，欧洲的崛起，得力于其城市化，托起了欧洲工业革命的成果，城市经济取代了传统农村经济的主导地位，欧洲成为世界上最富裕的地区。这被今人赞誉为全球力量的第一次巨变。19世纪末，美国的崛起，得力于其产业特色突出、具有难以匹敌的竞争优势的城市经济的突飞猛进。一座座城市就是一条条产业带，城市化带来教育、科技、人才、资金的集聚效益充分发挥。美国成为当时世界上唯一的最强大的国家，对世界经济和政治事务开始发挥决定性作用。这被今人赞誉为全球力量的第二次巨变。中国的崛起、印度的崛起和日本持续的影响力，标志着亚洲正在崛起。这被人们赞誉为全球力量的第三次巨变。（美国《新闻周刊》2005年5月9日）

2001年诺贝尔经济学奖获得者、美国经济学家斯蒂格利茨（Joseph E.Stiglitz）曾经有一个观点被中国国内广泛接受。他说，21世纪影响世界上人类社会最大的两件事，其一是以美国宇宙航天和生命科学为首的新技术革命；其二就是以中国为首的发展中国家的城市化。城市化问题是近年来我国人们关注较多的问题，特别是我国实施西部大开发战略以来，中国西部地区的所有省、市、自治区都明确地把推进城市化作为推动当地经济社会发展的重要战略。由于历史的原因，美国的城市化道路早于我国一百多年，美国走过的路，无论是成功的经验，还是失败的教训，对我国今后的城市化道路都有很强的借鉴作用。在经济飞速发展的时期，作为中国西部欠发达地区，同时是天然条件良好、资源丰富、未开发的宝地的云南省，在推进城市化进程时，对于美国西部的开发与城市化的道路进行参考借鉴，无疑具有特别重要的实践意义。

一、美国中西部地区城市化进程

从19世纪起，美国移民大举西移，当时流行的口号是：到西部去，和国家共同发展成长。与开发较早的东北部地区相比，美国欠发达地区的城市化有以下这样一些特点：

1. 移民西进建立大批城市。

1790年，全美国人口为390多万，94%集中在东部沿海。以后的几十年，是美国城市化的高潮时期，东部的城市数量和人口数量一直占全国的多数。随着西部开发和工业的发展，大批移民涌向中西部，在中西部发展起一批新兴城市，如芝加哥、辛辛那提、密尔沃基、底特律、洛杉矶等。在1860—1910年50年间，美国10万人以上的城市由9个增至50个。虽然东西部的城市数量都在增加，但是西部增加的数量大于东部，发展速度更快。如19世纪初，芝加哥还是人迹罕至之处。1837年芝加哥建市，50年代成为中西部重镇。1871年因火灾使全市2/3化为灰烬，余燃未尽就开始重建，1880年芝加哥市人口达50万，1890年达100万，1900年增至200万，一跃成为美国第二大城市。中西部城市经济的发展，促成美国经济重心西移，为农业提供了物质和技术条件，带动了整个远西部的开发，同时中西部人口持续增长，至1870年超过东部。

2. 资源开发、工业化和城市化相互促进。

19世纪中期，美国进入工业化、城市化的迅速发展时期，美国经济发展的热点地区转向中西部。西进运动和工业革命吸引了大批移民涌向中西部地区开矿建厂，在中西部地区发展起城市。19世纪发明用无烟煤炼铁以后，在距原煤产地较近的宾夕法尼亚州西部、俄亥俄州、肯塔基州、田纳西州、密歇根州炼铁业迅速发展起来，出现了像匹兹堡、辛辛那提、底特律等重要的钢铁工业中心。西部也是石油最早的产地，克利夫兰、塔尔萨等城市的发展都受惠于石油工业。19世纪40年代末，加利福尼亚州出现淘金热，人们蜂拥而来，旧金山、奥克兰随之发展起来。1859年，科罗拉多州的格里利发现金矿，格里利城从此发展迅速。1859年，内华达州由于发现金矿和银矿，人口在1860年至1870年间增加了7倍，弗吉尼亚城拔地而起。中西部的工业企业90%以上都集中在城市，工业化与城市化同步发展、互相促进。

3. 交通条件改善对城市化促进巨大。

美国西部城市化的发展，与交通条件改善关系密切。James F.Willis认为，"西进运动很大程度上是由交通的进步推动的，开始是轮船，然后是运河和铁路。交通的进步降低了西部产品的运费，这不仅给本国带来利益，也有助于开辟外国市场"。随着美国铁路由东向西的修建，一批沿线城市迅速出现。John Reps指出："早期西部铁路的创办人很快意识到，城镇发展和铁路公司的利润能够相辅相成、互相促进。" Wallace Famham指出，"美国西部发展是由铁路打先锋，然后开发了城镇，最后发展出农场"。到1860年中西部铁路已经成网，横贯全国的4条大铁路的修建，更带动了西部的一批城市迅速发展。奥马哈、堪萨斯城、丹佛、西雅图、波特兰、旧金山、洛杉矶等城市原都是铁路重要站点，对此，Jonathan Hughes指出，"铁路在世界历史上书写了一页新篇章"。

4. 大城市在区域经济社会发展中居主导地位。

19世纪末，以芝加哥为中心，中西部很快形成了有机联系的城市体系，构成了一个工业区，即美国人所说的制造业带，中西部成为美国的又一大经济核心区域。进入20世纪以后，随着汽车的逐渐普及，城市的地域范围不断扩展，在城市郊区形成很多分散的居民点，美国西部大城市开始出现"郊区化"。这些郊区不是独立的社区，而是大城市的有机组成部分，是一种全新的城市景观。这一现象首先出现于洛杉矶，旧金山、西雅图、波特兰等紧随其后。这表明西海岸城市的空间结构和城市功能与原来的城市化模式有了很大变化。1920年美国联邦人口统计署为了反映这个现象，提出了"大都市区"的概念，其标准为人口在20万以上的城市及其周围郊区或中心城市人口10万以上及其周边10英里范围内人口密度每平方英里150人以上的地区，后来于1950年更名为"标准大都市统计区"。在美国的区域经济中，大城市发展迅速，并一直居主导地位，其主导地位随区域开发水平的提高而有不同的表现形式。从城市体系到大都市区再到大都市连绵区的一系列变化，大城市在区域经济社会发展中的地位与作用不断巩固和上升。

美国欠发达地区的城市化进程与其他国家相比有一个与众不同之处：美国的城市化进程较少受像战争和灾害等外来偶然的或不确定的因素的干扰，城市化进程自东向西推进，在发展上有明显的阶段性特征；美国政府在19世纪以前实行自由放任政策，对城市化进程不加干预，以后对城市化有所干预也较其他国家少而轻。这一切使得市场经济对城市化的影响直接而强烈。城市化的发展阶段及其典型特征明显而清晰。从总体上说，美国欠发达地区的城市化进程，是典型的市场经济和政府不干预的发展过程。

美国加利福尼亚州某城市的市政厅（city hall）

二、云南省城市化概况

1. 城市化历程简要回顾。

1949年，云南全省总人口为1 594万人，其中城镇人口77.517万人，城市化水平仅4.8%，许多边远地区仍处于原始和落后的社会状态。全省设市城市仅有昆明市，城市人口约28万人。1957年，增设了个旧、下关、东川三个城市，其中昆明市和东川市为省辖市。20世纪80年代至90年代，先后设立了昭通、开远、曲靖、玉溪、保山、楚雄、畹町七市。90年代初到2002年，又增设了思茅、景洪、瑞丽、宣威、安宁、潞西六个市，完成了曲靖、玉溪、保山、昭通、丽江撤地设市；撤消东川、畹町市，完成调整部分行政区划的工作。

据第五次人口普查资料，2000年云南城市化水平为23.38%，比全国平均水平低13.54个百分点，处于全国倒数第3位，仅高于西藏和河南，比贵州低0.49个百分点。与世界上同等收入水平的发展中国家相比，中国城市化水平至少低了10多个百分点；与全国平均水平相比，云南又低了10多个百分点。

到2002年底，全省共有2个地区、8个自治州、6个省辖市、10个县级市、109个县、10个区和599个建制镇（包括县市政府所在地的122个城关镇）。初步形成了大城市—中等城市—小城市—县城—乡镇四个层次的规模结构。城镇在全省国民经济和社会发展中的地位和作用日益明显，以仅占全省2%的国土面积和26.1%的人口，创造出占全省69%的地区生产总值，促进了全省城乡经济社会不断向前发展。全省县城以上城市建成区面积达1 034.76平方公里。全省总人口达到约4 333万人，其中，城镇人口1 127.2万人，城镇化率达26.1%，比1997年底的20.5%提高5.4个百分点。形成了"一个特大城市"（昆明市）、"四个中等城市"（曲靖市、个旧市、大理市、玉溪市）、"十一个小城市"（保山市、昭通市、楚雄币、丽江市、潞西市、瑞丽市、宣威市、思茅市、景洪市、安宁市、开远市）和477个建制镇的全省城镇体系结构。

昆明呈贡新区园林化住宅小区远眺

随着大力实施城市化战略，云南城乡建设步伐明显加快。按照新的规划，积极推进现代新昆明建设，累计完成投资113.5亿元，其中2004年完成投资51.11亿元。大理、玉溪、曲靖、蒙自等4个区域中心城市建设各显特色、稳步推进。一批中小城市和重点集镇建设取得新进展。历史文化名城（镇、村）保护工作明显加强。顺利完成思茅、临沧撤地设市工作。全省完成城建固定资产投资90亿元，比2003年增长23.97%；城市化水平达到28.1%，比上年提高了1.5个百分点。

目前，云南的城市化率与全国平均水平还相差五六个百分点。为加快城市化进程，云南省提出到2010年，全省城市化率达到35%以上，到2020年全省城市化率达到50%以上的目标。目前云南城市化率正以每年1%的速度递增，云南与全国的差距正逐渐缩小。

2. 制约云南城市化发展的主要因素。

客观地说，云南城市化进程目前无论在国际上，还是在国内范围比较，都是处于非常落后的地位。然而也应该看到，云南城市化的落后是由多种制约因素在长期的历史中造成的。要加快云南城市化进程，就要对这些制约因素进行了解与分析。总体上归纳，制约云南城市化发展的主要因素有以下九个方面：

（1）地理因素。

云南山地面积高达84%，高原占地10%，坝盆地、河谷面积仅为6%，客观上制约了城市发展。

（2）资源因素。

人均占有的土地资源尤其是条件较好的耕地低于全国平均水平；水资源分布不均，主要城市都分布在缺水地区，水资源开发利用率仅为5.8%，低于全国水平14个百分点。

（3）历史因素。

古代的云南一直游离于全国发展的边缘，历代中央政府对云南的经营统治，大都只是“安边”，较少考虑云南的发展，云南城市的发展因而受到较大限制。新中国成立后，中央对云南工作的要求在相当长时间内也是稳定高于一切，其他方面则考虑不够。

（4）民族文化因素。

在长期的历史进程中，云南形成了绚丽多彩的多元民族文化。同时，各民族文化的相对独立性和封闭性，在某种程度上对城市化发展造成障碍。

城市化进程中如何保护和开发旧城的文化历史遗存，始终是城市规划与建设的重要课题。图为昆明老城东寺塔片区

(5) 制度因素。

主要是户籍管理体制僵化；农村土地政策不完善；土地使用政策不灵活；社会保障制度不健全。

(6) 心理因素。

云南农民"家乡宝"的心理负担较重，对进入城市存在诸多恐惧，不愿到外地"闯世界"，制约了山区人口向城市的集中和人口城市化的发展。

(7) 投入因素。

历史欠账较多，投资渠道不宽，城市化发展所需的多元筹资体系尚未有效建立。

(8) 就业因素。

云南城市发展所依托的支柱产业和优势产业发育不充分，城市产业结构不尽合理，城市经济活力不强，有限的就业空间极大地制约着人口向城市的迁移和集中。

(9) 素质因素。

落后的教育水平导致云南人口总体素质不高，农民不仅缺少外出谋生的技能和胆略，而且缺乏适应城市生活环境的能力和信心。

三、美国西部开发对云南城市化的借鉴意义

1. 云南城市化进程应重点突出县城战略。

美国随着西部开发和工业的发展，大批移民涌向中西部，在中西部发展起一批新兴城市，如芝加哥、辛辛那提、密尔沃基、底特律、洛杉矶等。在1860—1910年50年间，美国10万人以上的城市由9个增至50个。早期美国西部开发首先在城市数量上快速增长。目前美国大约有35 000多个城市，大小各异，当然绝大多数是小城市，居住在城市中的人口已超过80%。在美国大都市区、城市连绵区，中小城市星罗棋布。

在美国，城镇的最低人口限度为2 500人，而设市的最低人口限度为25 000人。1910年，美国人口普查局认识到大都市区的存在，定义了城市化的都市地区。1960年，美国人口普查局将标准大都市统计区（Standard Metroplitan Statistical Area, SMSA）定义为50 000人以上的中心城市和周围与中心城市有密切功能联系的县（county），以县的边

城市化进程造福人民的重要特征之一，就是为人民生活的幸福和谐打造优美的人居环境。昆明呈贡新区有108个人工湖，图为昆明呈贡新城居民在洛龙湖边喂海鸥

界为标准大都市统计区的边界，县的人口密度必须超过规定的最低限度。

云南省共有129个县、区、市，其中县城有108个，县城的规模与美国小城市的规模相似。在云南全省目前的7个区域中心城市与1 388个乡镇中，县城处于承上启下的地位，对县域经济的发展能够起到集聚、协调、带动和辐射的作用。因此，云南省城市化重点应是发展108个县城，将108个县城建设成108个各具特色的小城市，云南的城市化总目标50%基本可以实现了。

截至2005年，云南县城的市政公用设施建设欠债约为35.23亿元。可见县城建设的资金短缺问题已很严重。所以在城市基础设施资金投入上，要集中力量提高县城的城市公交、供热、污水和垃圾处理等市政公用设施水平。县城的建设和管理与人民生活密切相关，是区域城镇化体系建设的重要环节，落后于县域经济发展要求的县城建设已成为制约云南地方经济发展的主要瓶颈，因此加快县城建设是“抓中间带两头”的具体城市化战略。

以美国西海岸加利福尼亚州为例，虽然洛杉矶与旧金山之间分布的小城市也有许多城市人口在2 500—10 000之间，但实际上这些城镇是一个与一个相连的，基础建设配套的规模还是按10万人口以上统一规划的。由于美国城市的设置是地方自治，只要地方投票同意成立，地方税收养得起就成立。结果城市大小不一，有些城市只相隔一条路，但许多大型基础建设配套建设是在县(county)这一层次规划的。在美国，常常县比市所管辖的地域要大得多。

如前所述，云南县域工业企业的投资选点也要围绕县城展开。只有投资在县城一级的城镇，才能体现出城市基础设施的积聚效益。在土地资源日益紧张，且云南地处山地的情况下，云南省县城以下的乡镇在城市化进程中，应以保护耕地、保护环境及保护旅游资源为主。这同时也是云南城市化可持续发展的客观要求。

2. 新昆明建设是云南城市化的重要部分，同时也要警惕城市蔓延。

虽然美国欠发达地区的城市化进程，市场经济对城市化的影响直接而强烈，是典型的市场经济和政府不干预的发展过程，但在其过程中有许多方面的规律可循。比较明显的特征是美国中西部城市化并没有均衡分布遍地开花。优先快速发展起来的是西海岸的城市和早期铁路交通枢纽沿线的城市。

云南城市化必须考虑到地理基础的差异、发展阶段的差异和生态条件的差异。这是因为城市化是必须支付成本的。预测到2050年,中国城市人口总量将达到10亿—11亿,依照城市化“成本-收益”模型分析,每进入城市1个人,需要“个人支付成本”1.45万元/人,“公共支付成本”1.05万元/人,总计每转变一个农民成为城市居民平均需支付社会总成本2.5万元/人(2000年不变价格)。城市发展成本的高低与城市的经济实力之间具有明显的相关性。城市经济实力越强,城市规模越大,城市财富集聚程度越高,城市发展成本也就越低。

因此,加速云南城市化步伐,就要充分发挥昆明市城市的带动、辐射功能,按市场经济规律推进城市化,降低城市化成本。积极推进现代新昆明建设是云南省城市化的重要部分。要按照新昆明建设的城市规划,发挥其对全省城乡建设的集聚和辐射效应,打响“住在昆明”品牌,把昆明建成我国乃至面向东南亚、南亚的区域性现代化大都市。这是提高社会经济发展效率,节约资源,保护生态环境,实现可持续发展的必由之路。

然而,在新昆明建设中,同时也要警惕城市蔓延问题。20世纪后期,美国开始面临城市蔓延问题。从1970年起,美国郊区人口就超过了中心城区的人口,逐步形成了多中心的大都市区。城市的不断发展和蔓延,使城市之间的联系更加密切,逐步形成了城市连绵区。美国比较著名的大城市连绵区有西部的洛杉矶、旧金山等。

城市的蔓延在促进城市间联动发展的同时,也带来了一些始料不及的后果。显而易见的弊端是低层低密度住宅沿公路向城区之外蔓延,大量森林、农田、空地被占用,既浪费了土地,又危害了环境;人们距市中心区越来越远,工作地与居住地的距离越来越远,对私家汽车的依赖性越来越强,在无端消耗时间的同时,也使能源消耗呈大幅增长的趋势;个人住宅和新居住区过于分散,加大了基础设施建设的成本,商业服务、文化教育等设施难以配套,居民彼此隔离,生活很不方便。

我们必须合理确定新昆明的发展规模,在主城和新建卫星城之间规划确定永久性的禁建区,借助“他山之石”遏制无序扩张。随着云南工业化、城市化进程不断加快,产业结构调整和人居环境建设对城市空间和土地资源管理提出新挑战。城市规划作为重要的调控手段将发挥日益重要的作用。在新的规划中,应积极汲取美国等发达国家在实践中总结的理性发展理念,如统筹新区开发和老区提升,合理确定经济发展、社会发展、人居环境的空间布局,控制城市向外扩张的规模、保护基本农田、合理高效持续利用土地。推进基础设施配套建设,积极发展公共交通,保护和发展历史文化,努力改善人居环境等。在云南城市化进程中大力发展滇中城市群。玉溪、曲靖和楚雄是上承昆明,下接滇中、滇东和滇南发展的城市。这三个城市资源丰富、基础较好、区域带动明显,对区域经济社会发展具有较强的辐射带动作用。要采取积极措施加快建设,促进其发展成为大城市,有效地缓解昆明市在环境容量上的压力,形成滇中经济区域一体化,一方面完善全省城市结构,另一方面形成面向东南亚、南亚的有强大竞争力的城市群。

3. 加快户籍制度改革,推进云南城市化。

美国中西部的开发过程中,人口迁移是自由的,农村向城市迁移的限制几乎不存在。往后的时期,西部城市逐渐变成都市区,郊区化开始。人口的重新分布有两种:都市区内人口向郊区分散,郊区化使得郊区在政治、经济上不断独立并同中心城市形成竞争;人口从核心地区东部和中西部向非核心地区西部和南部迁移。所谓的阳光地带(从洛杉矶到亚特兰大的西部和南部地区)吸引了越来越多的人口和就业。

由于城市化本质上是人口在城市空间积聚的过程,而对这种积聚过程影响较大的是就业制度与户籍制度。传统计划经济体制下的就业制度与户籍制度是服务于重工业超前发展战略的城乡分割制度。这种制度阻碍了农民向非农产业和城镇转移,从而阻碍了城市化的进程。为了加快城市化进程,就必须打破这种城乡分割的就业制度和户籍制度。为了改变云南省城市化滞后的状况,加快城市化进程,就要尽快构建相关的制度基础与物质基础。其中,破除造成城乡分割状况的就业制度和户籍制度,形成有利于加快城市化进程的制度基础是当务之急。

就就业制度而言,应无差别地对待农村居民和城镇居民,彻底消除对农村劳动力的歧视,建立统一的、开放的全国劳动力市场。尽管《劳动法》已经明确了这一点,但体现在地方政府政策条文中的地方性劳动力保护政策对农村劳动力的歧视及体现在企业招聘职工中的歧视还普遍存在,而且后者通常以前者为前提条件。要真正建立全省性劳动力市场,加快农村剩余劳动力转移速度和城市化进程。

就户籍制度而言，中国的户籍制度改革有两条途径：裂变式改革与渐进式改革。过去长时间里，有学者认为以身份证制度代替户籍管理一步到位的裂变式改革不符合中国国情。我国实际上选择了渐进式改革的方式，即户口管理制度仍然保留，但逐步淡化户口作用，并且使户口迁移变得容易，为农村居民进入城镇、在制度上真正成为城镇一分子创造条件。当户口迁移变得很容易时，户籍制度对人口流动限制所导致的对社会经济发展的限制作用也就自然消失了，户籍改革任务就彻底完成了。从云南的情况来看，要加快已经滞后于全国的城市化进程，就要大胆改革户籍制度，结束渐进式改革的方式，最大限度地解放生产力。

中国的城市化不单纯是城市建设问题，它还涉及农业剩余劳动力转移、"三农"、产业结构调整等其他方面的问题。云南城镇化的滞后，直接限制了农业剩余劳动力转移的途径，延缓了农业剩余劳动力转移的进程。进一步，使云南农业剩余劳动力转移的途径以乡镇企业粗放式的扩张为主，因而形成了工业乡土化特征，这也会影响到云南环境、资源的保护。

结束语

中国是一个历史悠久的文明古国，而美国是一个只有226年历史的年轻国家。两国间的城市化不仅有很大差距，而且有很大差别。中国没有经历美国一样的大规模工业革命，因此中国仍然是一个农村人口占总人口70%的大国。云南省作为中国西部欠发达地区，其城市化道路就更为艰巨。尽管如此，对美国城市化成功途径的借鉴，对其经验教训的总结，从云南实际需要出发，走云南城市化道路却还是很有必要的。

本文所提到的云南城市化进程应重点突出县城战略、新昆明建设要警惕城市蔓延、加快户籍制度改革以推进云南城市化等问题只是在美国学习期间的一些初步思考，欢迎批评指正。

（原载于《云南城市规划》2005年第6期）

昆明建城理念的演进

随着昆明社会经济的迅速发展，尤其是近十多年来的高速城市化，昆明这座数百万人口的大城市，其城市系统日益庞杂。而城市建设与规划不得不面对许多城市问题与困境。

那么，如何冲破种种困境，把握历史赋予的发展机遇，引导城市走向我们理想中的家园？这就需要我们一次又一次地排除经济社会的喧嚣，而沉下身心去温故而知新，认真思考我们城市的明日之路。

昆明是一座具有两千多年建设历史的城市，在其发展的历史长河中经历了不同的发展时期，也沉淀了人们建设这座春城的规划建设智慧。对昆明数千年来城市建设发展进行回顾，研究其城市规划建设理念的变迁与演进，应该说具有极其重要的现实意义。

一、古滇王国至唐宋时期的昆明城市建设理念

（一）城市发展概述

滇池地区的开发有着悠久的历史。早在约三万年前，就有古人类在这一带生息繁衍。

楚顷襄王时期（前298—前262年），楚将庄蹻率兵进入滇池地区，打败了滇池一带的少数民族以回报楚王。后因秦国夺取黔中，断了归路，只好返回“肥饶数千里”的滇池“修池立国”。其所修的城池是滇池盆地可以考证的最早城池。

唐永泰元年（765年），云南地方势力南诏国的阁罗凤视察昆川，次年派其二子凤加仪在今昆明城区盘龙江与金汁河之间一带修建拓东城。公元937年，段思平建立大理国，辟南诏拓东城为别都。大理国时

期拓东城改称为鄯阐城。到大理国末期,鄯阐城已发展成滇中一座“商工颇众”的繁华城市。

（二）城市建设概况

这一时期的昆明城市建设可以划分为两个时间段：公元前280年—公元764年;公元765年—公元1254年。这两个时期中前一时期,由于受滇池水位的影响,昆明城址一直都呈北移趋势。到了第二个时期,昆明城址随着拓东城的建成而基本固定在今主城范围内。拓东城开昆明城市发展的先河,在云南城市史上占有重要位置。

南诏拓东城内建有官署、馆驿、寺庙、井池,还建起了规模宏大的王宫鄯阐台,拓东城因此又叫鄯阐城。后晋天福二年(937年),白蛮段思平联络滇东乌蛮三十七部灭杨氏,建大理国。大理国仍以鄯阐为东京。大理国王段素兴在鄯阐大规模建造宫殿,筑春登(金汁河)、云津(盘龙江)二堤,起到了抵御外敌、防御洪水、灌溉农田的作用,也是昆明见之史籍的最早水利工程。宋徽宗政和元年(1111年),滇东三十七部起事,高泰明平服,命子高明清镇守鄯阐。宣和元年(1119年)三十七部再度起事,攻克鄯阐,杀高明清。拓东城受到严重毁坏,几

理清城市的人文脉理,才可能有清晰的城市建设理念,也才可能在城市建设实践中对历史遗存充满敬意,并且把这种敬意贯穿于城市现代化进程的始终。图为晨光中的昆明同仁街

乎夷为平地，成为“废城”。高氏在鄯阐任职的第五代，于鄯阐重新筑土城，称新城，沿称鄯阐城。新筑的鄯阐城面积比拓东城大，越过盘龙江向西发展，城区约在盘龙江西岸，今文庙、长春路、东寺街一带。东临盘龙江，南靠玉带河，西界鸡鸣桥，北至五华山。“城际滇池，三面皆水，既险且坚。”

（三）城市建设理念

这一时期还没有现代意义上的城市规划，但城市建设还是受到一定的建设思想的影响，存在着左右城市建设的理念，可以总结如下：

1. “天人合一”的理念。“天人合一”的理念在昆明这一时期的城市建设中，主要体现在人的建设活动对自然的顺应上。从庄蹻“修池立国”选择在当时具有良好自然条件的晋城地带到拓东城的“城际滇池，三面皆水，既险且坚”，“夏潦瀑至，必冒城郭”，都体现了中国古代城池选址“非于大山之下，必于广川之上；高毋近旱而水用足，下毋近水而沟防省”这一充分利用自然条件的原则。

2. 文化融合的理念。主要体现在民族文化的融合以及宗教文化的发展。昆明建城史开始时，庄蹻以其众王滇，“变服，从其俗”，就是楚文化与滇池地区文化的交融。至南诏、大理时期，由于南诏、大理位于中原文化、吐蕃文化和南亚文化的交汇点，其文化呈现出多元性和开放性。拓东城作为南诏、大理的陪都，文化的融合也呈现多元化特征。

3. 区域发展理念雏形初现，主要体现在政治、军事方面。南诏时期的拓东城周围建有五个子城，以达到其“威慑步头，恩收曲靖，颁告所及，翕然俯从”的政治、军事目的。

二、元、明、清至民国时期的昆明城市规划理念

（一）城市发展概况

1254年（宋宝祐二年，元宪宗四年），蒙古灭大理国统治云南。1271年，忽必烈命赛典赤·赡思丁出任云南平章政事。1276年，正式建立云南行中书省，改鄯阐府为中庆路，鄯阐城为中庆城，昆明二千户为昆明县，并把云南的行政中心由大理迁至昆明。“昆明”二字正式成为滇池地区的称呼，并且自此昆明正式成为云南全省的政治、经济、文化活动中心。

1381年（明洪武十四年），傅有德、蓝玉率军攻占云南。1382年，

开始修筑昆明城池，用砖砌城，城设六门。明代的昆明一改过去的土城为砖城，规模扩大，向盘龙江以西发展，整座城池约3平方公里。其后，清政府对云南等地采取抑制的政策，导致清代昆明城市没有太大的发展。

1905年，昆明自辟商埠，1910年，滇越铁路全线开通，打开了昆明对外联系的通路，工业文明对昆明的城市发展起到了极大的促进作用，同时昆明也成了东西方文化碰撞、冲突和交汇的前沿和桥头堡。

抗日战争全面爆发后，昆明作为抗战的大后方和交通转运枢纽，沿海地区的许多工厂、学校、银行、商号等迁来昆明，促进了昆明的发展，丰富了昆明城市建设的内涵。同时，昆明是二战后期远东地区重要的战略中心，这一事件丰富了昆明城市的文化内涵。

（二）城市建设概况

这一时期昆明的城市建设包括三个重要的阶段：

第一阶段是赛典赤治滇。最值得称道的就是兴修水利。当时，雨季来时，中庆城内外经常受灾。赛典赤委任张立道修治滇池，疏挖滇池出海口，整治浅滩，使滇池水下泄顺畅，螳螂川畔数百顷农田得到灌溉。而且，赛典赤、张立道带领治水大军，把来自东北部群山的"邵甸九十九泉"引入盘龙江，从而消除了滇池上游的水患。接着在金马山下建造了松华坝闸，用以截流分洪。同时开凿了金汁河，筑河堤，沿堤建造水闸、涵洞、水渠，自上而下轮流放水，灌溉东部地区的农田。

第二阶段是中庆城以后，城市空间格局的逐步形成。元代中庆城是赛典赤·赡思丁在云南行省平章政事任上，修浚滇池和修筑松华坝后修建的。中庆城是一座南北长、东西窄的土城。当意大利旅行家马可·波罗到来时，昆明已是一座万家灯火的"壮丽大城"了。明灭元后，明洪武十五年（1368年）改中庆城为云南府，重筑新城，这是云南建城史上的第一座砖城，也是最后的城墙。从此至民国末年，城市的空间布局基本上在这基础上发展，只是随着时间的推移，城市要素在不断引入，但并没有对原来已有的空间进行实质上的重新组织。

第三阶段是清末、民国期间，工业文明的引入、近现代城市要素的引入、重要设施的建设，使得昆明已经显现出现代城市的雏形。

（三）城市建设理念

这一时期的城市建设理念可以总结为：

1. 人与自然共生。这一时期，由于昆明基本处于农业文明时期，

城市的演变总是存在新与老的矛盾，如何在城市规划中正确处理两者关系，使得城市在建设中有传承，在传承中有创新，需要大智慧。图为昆明主城西南片区高层新住宅和老旧居民楼相互并存的独特景观

在当时的生产力状况下，水利灌溉决定着社会经济，所以昆明的重大水利工程较为突出，城市空间发展也随着城市的排水、泄洪建设而展开。人与自然互动共存。

2. 文化交融强化。元时可以说是昆明文化发展的一个高潮时期，中庆路建孔庙，兴儒学；佛教发展极快，并形成了玉案山、太华山、盘龙山、城区四大寺院群落；伊斯兰教传入昆明，一批清真寺在城区出现；基督教也在这一时期传入昆明。明朝时期，大量的汉族军、民、商以及流徙人口进入昆明，改变了昆明的人口结构，也对昆明的人文文化产生了重大的影响；同时，明朝时期，也是道教在昆明发展的繁荣时期。清朝，由于来自不同地区、不同民族的人们聚集昆明，形成了具有地方特色的建筑文化；也是在清朝，基督教正式在昆明传教，并出现了一大批教堂。到了民国时期，政治、军事事件丰富了昆明的文化内涵，爱国主义文化是这一时期的主线：护国运动是昆明近代文化的丰碑；抗战期间，前方教育机构后迁昆明，促进了昆明文化教育的空前发展；抗战后期，国际联盟以昆明为基地对抗法西斯，不但是军事事件，而且也是重要的文化事件。

3. 中国传统城市建设理念在昆明城市建设中得到体现。1386年，明朝将昆明城池北移筑龟形砖城，反映了“天象、形胜、布局”统一协调的传统建城理念。

4. 城市建设服从于当时年代的政治、军事需要。昆河铁路、巫家坝机场、滇缅公路都是政治、军事需要的产物。

三、解放初期至1978年时期的昆明城市规划理念

（一）城市社会经济发展概况

1949年12月9日昆明和平起义。1950年2月20日，中国人民解放军二野四兵团在陈赓、宋任穷两将军率领下进入昆明。同年3月4日，昆明军管会接管旧政权，昆明全面解放。

1950年的昆明是一座半封建半殖民地的消费城市。1950年，昆明城区面积仅7.8平方公里，人口26.7万人。市政设施简陋，人民生活贫困。1950年至1952年的三年经济恢复，国民经济得到了极大发展，昆明的经济结构也由解放初期的单一农业结构逐步转变为以工业为主体，农业、建筑业、交通邮电业和商业综合发展的经济结构。“一五”

（1953—1957）期间，昆明加快了经济建设，实现了对农业、手工业和资本主义工商业所有制方面的社会主义改造。“二五”及三年调整时期（1958—1965），面对经济工作中“左”的错误思想指导和自然灾害造成的不利影响，逐步开展经济调整工作，经济得到恢复。

1966年“文化大革命”开始后，昆明的发展经历了最为曲折的阶段，至1976年，昆明的经济也只维持在1966年的水平。

（二）城市规划建设综述

这一时期昆明的城市规划经过了起步、调整发展、停滞的历程，城市建设从按规划建设走入了“文革”时期的建设混乱状态。

1950年刚解放时的昆明，满目疮痍，交通闭塞，地域狭窄，经济文化落后，市政设施落后。从1950年到1952年，由于当时经济、社会、政治的需要，昆明的工作主要重点是恢复经济。随着经济的恢复和发展，城市面貌有了一定的改观。1952年10月26日，昆明—南宁—广州航线通航，实现了昆明与中国沿海地区的现代交通联系。至此，昆明城市的对外交通已初现雏形。

1953年是昆明城市规划事业具有划时代意义的一年。1953年9月，中央发出了《关于城市建设中几个问题的批示》。1953年，昆明开始城市规划的编制工作。同时，1953年是中华人民共和国历史上第一个五年计划的起始年，而且“一五”时期也是昆明走向工业化城市的新起点。在这种背景下，1953年，昆明市建成局编制了《昆明市城市初步规划设计（草案）》。《昆明市城市初步规划设计（草案）》提出，昆明是一座历史悠久的城市，城市布局不能避开旧市区另辟新市区，应在原有城市基础上向外扩展。1957年形成了《昆明市城市初步规划设计》。1957年所编昆明城市初步规划认为：城市主要往北扩展，控制向南发展，城市干道为蛛网、棋盘型格局，铁路枢纽设在东郊，准轨客站建于南窑，从而基本奠定了未来城市结构形态布局的基础。

在整个“一五”期间，城市建设随着规划的编制逐步进行。参照规划，拓宽、改建和新建了城市东西、南北干道和环城路，形成了环形、方格的城市道路网骨架雏形。在对外道路交通方面，分别改建、新建东、西、北方向的城市出入口道路，开始出现城市放射形路网结构。结合城市主干道的修筑，按规划建起了市工人文化宫、省体育馆、市中医院、省艺术剧院、省博物馆、昆明百货大楼、昆明邮电大楼、昆明饭店等大型建筑，并在翠湖旁建起了省农业展览馆、翠湖宾馆。

“一五”期间，为适应国家建设计划的需要，做到合理地配置生产力，充分利用资源，有序地组织城市各物质要素，以及配套建设给水、排水、道路交通等各项基础设施，昆明从1957年1月开始编制昆明地区区域规划，于1958年3月最后完成了《昆明地区区域规划草案说明书》。区域规划在国家“一五”“二五”期间，对中央以及云南省安排在昆明地区的数十个新建、扩建的大中型工业项目和铁路建设项目的分布和定点起了重要的指导作用。昆明地区重要工业及工矿集镇的布局，基本上是在实施上述规划的基础上而逐步形成的。

1958年，昆明进入了“二五”计划时期（1958—1962年）。1958年至1959年，在“鼓足干劲，力争上游，多快好省地建设社会主义”总路线的引导下，昆明在郊区铺开摊子大搞工业基本建设。在这样的形势下，原来的《昆明市城市初步规划设计》已不能适应需要。为配合建设，1958年，以现场规划、快速规划的应急办法，做出了三个卫星城（海口、茨坝、安宁）、两个工业区（小坝、马街）的规划方案，安排了一批中央、省、市大中型工业项目。1959年9月初，昆明市人民委员会主任邀请国家建筑工程部国家城市设计院组建的一个工作组来昆，帮助编制昆明市城市总体规划。同年11月，在工作组与省、市规划部门共同努力下完成编制工作。1959年编制的总体规划是内容比较完整的规划，首次界定了昆明城市性质和发展规模，指出城市发展形态为同心圆式（即摊大饼），规划通过功能分区，确定了大部分延续至今的主干道路系统和良好的工业布局，确定了城市结构的框架。《总体规划》适应了当时发展的需要，指导了城市建设，并初步形成“方格、环形、放射”相结合的路网结构。参照规划，在城区进行了初步工业调整，关闭了工厂20家，停办7家，合办30家。在近郊区新建、扩建了一批大中型工厂，初步形成了茨坝、上庄、普吉、马街等7个工业区（点）。在城市东南部羊方凹，建设了铁路转运仓库区，在城区东南边缘建设了吴井桥日用品生活仓库区。在城区东风西路建设了云南饭店、东风大楼等大型公共建筑，逐步形成城市新街景，改善了城市面貌。至1961年底，城市建成区面积达52.8平方公里，其中郊区建成面积为32.5平方公里，城区建成面积为20.3平方公里；城市人口规模为64.3万，其中郊区人口23.5万人，城区人口40.8万人。同时，在远郊，初步形成了以钢铁为主的安宁，以仪器、仪表为主的海口和以磷矿为主的昆阳三个工矿区。

受“大跃进”的影响，1959年编制的总体规划存在规模过大、占地过多、标准过高、求新过急等问题。1962年，为贯彻中央“调整、巩固、充实、提高”的八字方针，编制了以近期为主的《昆明市城市十年（1962—1972年）建设规划》，针对1959年城市总体规划中存在“规模过大、占地过多、标准过高、求新过急”的“四过”问题，调整压缩了城市人口、用地规模和人均用地面积指标等。

1962年的《十年建设规划》所确定的城市性质按1959年的总体规划不变，对城市规模进行了压缩。对于城区工业要贯彻“留、迁、并、改，调整充实”的原则，即对环境污染严重，又难以治理和用地狭窄、交通量较大的工厂，要逐步迁往小坝、北教场等扩建发展；对干扰少、占地小、厂区分散、性质相似的工厂，要适当调整合并；对现有厂区用地条件较宽，厂房条件较好，而“三废”难以处理的工厂，应转产合理发展。这一《十年建设规划》在1965—1975年间得到了较好的实施。按照规划，外迁了城区内的皮革厂、猪鬃厂、木器厂、马钢厂、风动工具厂等一批对环境有害的工厂。在近郊初步形成了小坝、茨坝、普吉、马街等工业区。在城区和郊区，安排建设了一批住宅，使职工居住条件有所改善。安排了松华坝水库配套工程，建成了以松华坝为水源的第二自来水厂，解决了供水问题。开展了盘龙江整治工程，通过截弯改直、加大河床断面等措施，提高了城市防洪能力，改善了市民的文化休息条件和城市环境。按照路网规划，新建和改建了吴双路、和平路（今北京路）、穿金路、龙泉路、海埂路和人民西路等，使城市路网逐步形成系统。

1966年“文化大革命”开始后，城市规划遭到废止，城市建设受到政治运动的极大影响。1969年1月20日，云南省革委会、昆明市革委会举行敬建毛主席巨型雕像和“毛泽东思想胜利万岁展览馆”（又称“红太阳”广场）大会，会后炸毁原工人文化宫，建“红太阳”广场。1970年元旦，“围海造田”正式开工，历时8个月，滇池面积缩减了3.5万亩（23.33平方公里），其中草海2万亩（13.33平方公里），外海1.5万亩（10平方公里）。但是有些重大建设工程，仍然按照规划实施：1970年7月1日，1958年动工建设的成昆铁路建成通车；1973年，按城市防洪规划于1966年动工的盘龙江全面整治工程基本完成；一批工厂相继建成。

1950—1978年时期，昆明的城市规划和城市建设经历了起伏变化。但昆明的城市建设的大框架与规划结构基本是一致的。

城市发展与自然环境的和谐，是城市规划不变的主题。图为绿树与梨花环抱的昆明呈贡新区居民区

（三）城市规划建设理念

这一时期的城市规划建设理念可以总结为：

1. 综合规划的理念的引入。1959年的《昆明城市总体规划》反映出了综合规划的三大特点：一是物质规划的特点，二是综合性特点，三是长期性特点。但是，在当时的社会背景下，综合规划的“理性”思想没有得到最好的反映。

2. 城市性质的界定。1959年的城市总体规划，首次界定了昆明城市性质。这次规划所界定的城市性质为：云南省省会，全省政治、经济、文化中心；全省交通枢纽，国防重镇；以冶金、机械为主的综合性工业城市；全国性疗养地区。1952年的十年建设规划中的城市性质按1959年总体规划不变。城市性质是城市在一定地区、国家以至更大范围内的政治、经济与社会发展中所处的地位和所担负的主要职能。城市性质对城市发展起支配作用，在城市中具有举足轻重的地位。城市性质的界定，为城市规划建设提供了理性依据。

3. 区域协调发展的理念。1957年昆明开始制定区域规划，其地域范围远远超出了当时昆明的行政辖区范围，对1950年代后期以及1960年代初期的生产力起到了积极的作用，推动了区域社会经济的协调发展。

4. 务实的理念。这一时期，昆明的社会经济经历了经济恢复（1950—1952）、经济快速发展（1953—1957）、发展冒进（1958—1962）、调整（1963—1965）、停滞挫折（1966—1976）等阶段，昆明城市规划建设在中微观层面上在这不同的阶段体现出强烈的针对性，具有浓厚的务实色彩。

5. 环境保护理念开始萌芽。1959年的总体规划在工业布局中提出了环境保护的要求——为保持较好的城市环境，各工业区之间保持一定的距离。1962年的《十年建设规划》提出了城区环境污染严重工厂的改、迁原则。虽然在这一时期城市规划还没有对滇池生态环境保护提出要求，但在当时的社会背景和经济发展前提下，已经是一个很好的开端。

这一时期，是昆明社会经济发展、城市规划、城市建设发生重大变化的时期，以上城市规划建设理念对昆明的城市发展起到了不可磨灭的作用。也就是在这一时期，由于二战后重建，世界上许多国家和城市在重建、恢复过程中在城市规划和建设方面都在进行积极的探索和实践。但在昆明（乃至中国），由于受到国际政治环境、国家政策体制的影响，城市规划建设思想与理念并不全面，也不成熟，有些简单化、标语化、革命口号化的规划理念，根本不能科学地指导城市建设的可持续发展。如当时提出的“围海造田”，将滇池水面减少23个平方公里等重大错误。只是由于当时城市化进程缓慢，城市经济发展水平不高，机械化水平也较低，因此规划决策的错误没有在实际中造成巨大的、不可挽救的城市环境与风貌破坏。

随着昆明社会经济的迅速发展，尤其是近十年来的高速城市化，使得昆明这座数百万人口的大城市，其城市系统日益庞杂。而城市建设与规划不得不面对许多城市问题与困境。

那么，如何冲破种种困境，把握历史赋予的发展机遇，引导城市走向我们理想中的家园？这就需要我们一次又一次地排除经济社会的喧嚣，而沉下身心去认真思考我们城市的明日之路。

昆明是一座具有两千多年建设历史的城市，在其发展的历史长河中经历了不同的发展时期，也沉淀了人们建设这座春城的规划建设智慧。对昆明数千年来城市建设发展进行回顾，研究其城市规划建设理念的变迁及演进，应该说具有极其重要的现实意义。

四、1978—1992年时期的昆明城市规划理念

（一）城市社会经济发展综述

1978—1992年是昆明社会经济恢复增长的时期。1978年党的十一届三中全会以后，昆明经济开始全面复苏。1980年代中期，昆明第三产业开始加速发展，旅游、商贸逐步成为昆明经济发展的重要产业。随着经济的发展，昆明市域城镇化水平也逐步提高。至1992年，昆明市域非农业人口占总人口的比重已经重新回到1960年代初的历史最高水平。

这一时期，由于经济增长和人口压力的加大，滇池生态环境也在不断恶化，并且开始引起全社会的关注。

（二）城市规划建设综述

1978年后，昆明城市规划工作得到了复苏和发展。

1978年3月，昆明市建设局编制了《昆明市城市总体规划汇报提纲》，提出了城市性质和人口规模、工业布局、对外交通运输、城区建设与旧城改造、市政公用事业、城市副食品基地等与城市规划相关方面的设想。1980年，成立了昆明市城市总体规划领导小组，着手组织城市总体规划编制工作。1980年5月，省人大常委会五届三次会议审议原则通过了《昆明市城市总体规划要点》。后经修改，形成了《昆明市城市总体规划纲要》。后来在此《纲要》的基础上，编制了《昆明市城市总体规划（1981—2000）》。1984年1月10日，国务院以（84）国函字

12号文对昆明城市总体规划进行了批复。这一规划系统完整地提出了昆明城市性质、规模和发展方向，首次认定昆明是历史文化名城和旅游城市，城市布局形态特征与50—60年代规划基本相同。

1980年代中期，随着改革开放逐步展开，城市各项事业发展较快，城市人口增长迅速，原规划已不适应城市发展的需要，因此对总体规划进行了调整，1987年3月完成了《昆明市城市总体规划调整大纲（1981—2000年）》。《调整大纲》扩大了城市规模，提出市中心区与近郊八个片区组成昆明城市市区，形成放射形组团城市；市中心区以向北发展为主，兼向东西二面扩展，继续保持田园城市形态。

1982年2月，国务院公布了全国有重大历史价值和革命意义的第一批二十四个历史文化名城，昆明是其中之一。昆明市于1982年底着手调查研究，于1983年10月形成《昆明市历史文化名城保护规划》。《昆明市历史文化名城保护规划》作为《昆明市城市总体规划》的组成部分贯彻实施。

1986年，昆明市编制了《昆明市域规划》。该规划在1987年编制的《昆明市总体规划调整大纲》、昆明市四区八县经济社会发展战略、市计划生育办公室制定人口发展指标等工作中起到了一定的作用。

1988年底，昆明市政府决定编制旧城区改造规划，1989年12月，《昆明市旧城区改造规划》正式定稿，1991年1月市政府批复原则同意旧城区改造规划。旧城改造规划批准后已逐步实施。

（三）城市规划建设理念

这一时期的城市规划建设理念可以总结为：

1. 城镇体系理念的变化。1978—1982年这一时期，城镇体系规划发生了较大的变化。在这之前，城镇体系主要在政治、军事、工业上。在1982年编制的《昆明市城市总体规划》中，城市体系布局已向综合方向发展，包括市区、卫星城、小城镇、小集镇四个层次。在1986年编制的《昆明市域规划》提出了“三星座、六层次”空间结构形式。三星座是以“滇池经济区”昆明市中区为核心的主星座（包括安宁副中心，海口、昆阳卫星城，茨坝、关上、马街工矿区，龙城、嵩明县城镇，杨林、晋城、官渡小城镇以及众多的集镇）；以“宜路经济区”宜良县城为核心的东南副星座（包括鹿阜、石林、狗街、汤池、板桥、海邑、古城等小城镇和众多集镇）；以“富禄经济区”禄劝县城为核心的北部副星座（包括永定、马街、者北、撒营盘、转龙等小城镇和众多集镇）。六个层次是：

昆明市中区；市郊八个片区（茨坝、马街、普吉、关上、金马、羊方凹、海埂、石坝）；安宁-海口-昆阳工业卫星城镇群；滇池风景保护区；各县城城镇地区；乡镇和一般集镇地区。

2. 生态环境保护理念。生态环境保护理念在80年代的城市规划中得到了高度重视。1982年的《昆明市城市总体规划》包括了专门的环境保护篇章，涵盖了滇池周围环境的建设、城市园林绿化和风景区规划、环境保护和环境卫生等各个方面。1988年，随着《滇池保护条例》的实施，滇池生态环境保护走上了法制化的轨道。

3. 历史文化保护理念。1982年的《昆明市城市总体规划》包括了专门的历史文化保护篇章。于1983年10月形成的《昆明市历史文化名城保护规划》，丰富了历史文化保护的内容。历史文化保护是1980年代昆明城市规划的主线之一。

4. 区域中心城市发展理念。1984年，南宁、贵阳、重庆、成都、昆明五城市围绕城市改革开放和如何发挥中心城市作用等问题进行探讨，并协商建立了五市联系制度。

5. 软实力理念。软实力是一种靠着吸引而非强制与收买达到目标的能力。这一时期，软实力的理念在昆明的城市规划中已经体现出来了，主要反映在两个方面：一是历史文化的保护，二是城市性质的重新界定。1982年编制的《昆明城市总体规划》把昆明的城市性质界定为：省会；历史文化名城；发展中的旅游城市。新界定的城市性质反映出了软实力建设的地位。

五、1992年昆明全面开放至1999年昆明国际园艺博览会时期的昆明城市规划理念

（一）城市社会经济发展综述

1992年2月18日，第三届中国艺术节在昆明东风广场隆重开幕。1992年6月，国务院批准昆明实行沿海开放城市政策，昆明成为全面开放城市，由中国开放的末梢走向开放的前沿。而且1992年后，中国经济体制从计划经济向市场经济全面转轨，昆明城市第三产业高速发展，城市化进程加速。90年代末，昆明抓住'99中国昆明世界园艺博览会的举办机遇，实现了社会经济发展质的飞跃。1999年国际园艺博览会后，昆明已经发展成为一个现代化都市。

（二）城市规划建设综述

1992年，是昆明城市建设发生重大变化的一年。这一年，昆明经济技术开发区和昆明高新技术开发区的建设相继启动，中国昆明出口商品交易会主体工程也破土动工。1992年“三区两路”规划打破了1982年版《昆明市城市总体规划》的城市空间布局，标志着昆明城市建设将进入一个新的阶段，对城市规划提出了新的要求。1993年8月8日—18日，首届昆交会在昆明的成功举办，也是昆明城市产业结构发展变化、城市功能增加新的发展内容的一个里程碑。

为了适应新的发展形势，1993年10月昆明开展了新一轮总体规划修编工作。这一轮总体规划编制，是1990年4月1日施行《中华人民共和国城市规划法》以来昆明首次编制城市总体规划。1995年底，总体规划上报国务院审批。1996年5月8日，国务院发布了国发〔1996〕18号文件《国务院关于加强城市规划工作的通知》。根据18号文件的精神，国务院决定对已报批的几个城市的总体规划暂缓审批，退回各省、市，对照18号文件要求进行复核重新修订后再上报审批。根据18号文件的要求，昆明对总体规划进行了复核，并于1997年初将修订后的《昆明城市总体规划（1996—2010）》上报国务院。1999年7月10日，国务院正式批准了《昆明城市总体规划（1996—2010）》。

1992年至1999年，是昆明城市规划工作变化最大的一个时期。除了城市总体规划外，其他各项规划的编制也取得了很大的发展，诸如三个国家级开发区（昆明高新技术产业开发区、昆明滇池国家旅游度假区）的相关规划，中国昆明出口商品交易会场馆框架规划，’99昆明国际园艺博览会园区规划，我国第一条内侧式公交专用道规划设计，盘龙江沿岸绿化美化规划设计，各项片区规划，各项详细规划，道路、供水、排水、园林绿化等专业规划设计。随着昆明的全方位对外开放以及中国社会主义市场经济的建立，昆明城市领域与国外的交流也在不断地向前推进。1990年代初，美国城市规划及相关领域专家来昆对中国市场经济下的城市规划与昆明的规划同行们进行研讨。在1992—1999年期间，昆明在城市规划领域与国际合作交流最为引人注目的是昆明与友好城市瑞士苏黎世市的合作。1994年至1999年，先后完成了昆明城市公共交通、城市发展研究与区域规划、老城保护、城市设计等方面的规划与研究课题。以上规划对昆明的城市建设起到了积极的指导作用。由于三区两路建设、世博会筹备、大量的房地产建设，至1999年底，昆明建成区基本上已经连片，形成了块状的空间格局。

（三）城市规划建设理念

这一时期的城市规划建设理念可以总结为：

1. 可持续发展理念。在昆明市-苏黎世市合作项目中，分析了昆明具体情况，第一次在昆明城市规划正式成果中提出城市可持续发展，对蔓延方式进行了分析，提出了网络城市的发展模式，并用“加（positive）”“减（negative）”方法，对人居地规划提出了建议。其中的“减”法，与当前的“反规划”有异曲同工之处。

2. 人本理念。主要反映在从居民的要求出发，开展了多种形式的交通环境建设，使生活在城市的人们更加方便、舒适；加强景观等公共空间建设，改善市民日常生活的舒适度。

3. 公交优先理念。公交优先作为解决大城市交通问题的一种交通政策，在世界上许多大城市已经有许多成功的例证。1990年代，昆明通过研究提出了公交优先，并得到了昆明市政府的认可。1999年世博会前，中国大陆第一条内侧式公共汽车专用道（北京路公共汽车专用道）在昆明投入使用，标志着公交优先已经从理念走向了实践。这一实践在当时中国大陆尚处于领先水平，并在国内大陆城市产生了较大影响。

4. 历史文化保护理念仍在这一时期的城市规划工作中得到了贯彻，并扩大了其外延，丰富了其内涵。但由于这一时期城市发展极快，城市规划建设实践与规划理念有许多矛盾的地方。

5. 城市吸引力理念。这一时期，昆明举办了一系列大型活动。昆明城市规划工作积极配合这些活动的进行，把提高城市吸引力作为一种思维融入规划设计中。

6. 法制化理念。1990年4月1日开始实施《中华人民共和国城市规划法》。之后，许多与之配套的法规也相继出台，使得城市规划工作逐步走上了法制化的轨道。

六、2000—2005年时期的昆明城市规划理念

（一）城市社会经济发展综述

2000—2005年，在实施国家西部大开发战略、大湄公河次区域合

作、9＋2泛珠区域合作、中国–东盟自由贸易区启动的大背景下，昆明进行了经济结构战略性调整，社会主义市场经济体制不断完善，现代新昆明建设不断推进，极大地推进了昆明社会经济的发展。这一时期，昆明确立了建设现代新昆明发展战略，城市发展开始从单中心向组团式转变，城市建设和发展呈现新格局。对外贸易及国际合作进一步加强，经济发展呈现出全方位、多层次、宽领域的开放格局，开放型经济的新框架初步建立。至2005年，全市生产总值突破千亿元大关，达到了1 062.3亿元，经济发展跃上新台阶。

（二）城市规划建设综述

这一时期是昆明城市规划发生大转变的时期。1999年世博会在昆明的举行，加速了昆明城市建设的超常规发展，1999年批准的城市总体规划，已经在许多方面不能对城市建设起到有效的指导作用。进入新世纪，国际、国内形势的变化，昆明的发展势头未减，而且城市区域化已经成为昆明目前发展正在面对的严肃问题。在这样的环境中，2001年，在昆明市–苏黎世市合作成果的基础上开展《大昆明都市地区网络城市规划》，并于2002年1月形成了规划成果。2002年，为了提升主城功能，昆明开展了《昆明市主城核心区概念规划方案征集活动》。2002年，为了弥补已经批准的总体规划不能适应发展的问题，编制了《昆明城市总体规划调整（2002—2010年）》。2003年5月，云南省委、省政府作出了建设现代新昆明的重大战略决策。建设现代新昆明的战略决策，为昆明的长远发展提供了战略指南。在现代新昆明的战略框架指导下，逐步完善，形成了“一湖四片及二城”的昆明都市区城市布局，并全方位进行了各项规划工作，使得城市建设继续在城市规划的指导下进行。

（三）城市规划建设理念

这一时期的城市规划建设理念可以总结为：

1. 可持续发展理念。这一阶段是可持续发展理念在城市规划领域取得重大发展的时期。2003年，现代新昆明战略决策，为昆明的可持续发展起到了全社会动员的作用，推动了全社会对昆明可持续发展的全方位探讨。自那时起，现代新昆明的概念在不断地完善，外延在延伸，内涵在丰富，促使昆明的社会经济发展以及城市建设更具可持续性。“宜居城市”的建设，更加促进了可持续发展的理念落到实处。

2. 以人为本的理念。这一时期，昆明城市规划积极推进阳光规划，体现规划为民；公众参与城市规划力度加大，城市规划展览宣传让城市规划更加贴近广大公众及社会各利益团体；城市规划行政审批公示让全社会都有权利了解房地产开发项目规划审批情况并提出建议，体现了城市管理的公平、公正；步行街以及人行过街设施的建设，不但改善了城市交通环境，而且更体现了城市建设的人性化；昆明市委、市政府倡导公务员上下班乘坐公交车，更加体现了以人为本的交通政策。在这一时期，以人为本的理念的另一个反映是城市建设为居民服务，“住在昆明”也体现了城市建设更是以人为中心。

3. 生态环境保护理念。这一时期，城市环境保护与生态建设取得了一定的成绩。《中华人民共和国环境影响评价法》自2003年9月1日起实施。《中华人民共和国环境影响评价法》的实施，将环境影响评价纳入了城市规划编制，加强了城市生态环境的保护和改善。

4. 历史文化保护建设理念。这一时期，由于文化产业和文化事业的发展，历史文化保护建设的内容进一步扩展，使得历史文化保护更具多样化。

5. 公交优先理念。公交优先理念在这一时期得到了强化。“井”字形的公交专用道网络已经形成，并且完成了北京路BRT的建设。

6. 城乡一体化理念。2002年进行的城市总体规划调整、现代新昆明战略决策、城中村改造、城乡规划统一管理，促进了城市一体化的发展。

7. 经营城市理念。随着我国社会主义市场经济的继续向前发展和城市进程的不断加快，经营城市的思想作为市场经济条件下盘活城市资产的现实选择，正越来越受到人们的重视，成为各地自觉或不自觉地普遍推行的做法。城市规划工作者也在城市规划工作中对如何体现经营城市进行积极的探索。

七、结论：积极探讨昆明城市规划理念，促进社会和谐发展

城市规划理念的发展变化贯穿于城市规划建设过程中。理念的功能作用是巨大的，人们对理念完善的追求也是无止境的。任何一个正确的理念都有可能被更正确的理念所取代。在城市的演进和历史的洗涤中，规划的理念也得到了不断地完善，优秀的规划理念为城市的发展、城市问题的解决、城市美的形成做出了不可磨灭的贡献。昆

明城市规划理念在不同时期具有不同的特点，但有些理念具有明显的延续性，如多民族文化、昆明的发展与滇池的关系。而且昆明的城市规划理念基本上是呈现渐变性特征的，只是有时候会表现出一定的或然性。正是规划理念的贯穿，使得昆明城市建设更加完善，内涵更加丰富。

城市规划理念，如同城市本身，永远处在发展中。当前，昆明城市正面临着重大的发展机遇，城市规划对昆明如何发展也将起到举足轻重的作用。不断探索城市规划理念，有利于正确引导昆明城市走可持续发展之路。

参考文献

1. 韩延明.大学理念探析.2000届博士研究生论文集.厦门大学高教所

2. 昆明市地方志编纂委员会.昆明市志第一分册.北京：人民出版社，2003

3. 中共昆明市委宣传 昆明市文产办.昆明三万年.昆明：云南大学出版社，2004

4. 刘学.春城昆明.昆明：云南美术出版社，2002

5. 昆明市发展与改革委员会.昆明市“十一五”规划前期研究.2005

6. 昆明市人民政府.昆明城市总体规划(1996—2010)

(原载于《云南城市规划》2006年第1、2期)

一个傍晚，作者在香港中环的一个街角，看到工人正在修补一片人行步道，非常认真，工艺非常精细、精心。他们连夜施工，第二天，人行步道完好如初

香港大学倚山就势修建的内部大厅与走廊，配有电梯和超高的空间，是山地建筑设计的杰作！

西部大开发
与玉溪市城市CI战略

> 我们总在说：千城一面。其实，不同的城市是有其自己的文化个性的，是可识别的。但遗憾的是，现在的许多城市在低俗“匠人”的手中变得越来越雷同了。

城市CI战略是一个新概念，CI在这里是City Identity的缩写，可译为城市形象、城市特征、城市身份等。我们通过城市CI的设计，产生出城市与城市之间的差别，达到城市识别的目的，使城市形象脱颖而出。因此，城市的CI设计，在某种意义上可以说，就是一种城市的发展战略。

作为滇中名城的玉溪市，是云南省物质技术基础雄厚，社会经济发育较好的地区，应在我省的西部大开发中发挥重要的作用。与我国东部发达城市群相比，玉溪城市化水平明显偏低，极不适应社会经济发展的需要，所以，迎接西部大开发，玉溪市需要加快城市化进程，彻底改变城市化滞后的状况。而研究玉溪市的城市CI战略，就是研究使玉溪市“脱颖而出”的城市发展战略。

1　玉溪城市化进程中的CI战略导入

1.1　城市CI战略是一种城市发展战略

当前，我国的城市建设正处在传统城市模式向现代城市结构转轨的重要时期。根据城市风格、城市地位及特征和社会经济发展要求进行整体定位、系统策划，不仅可以提高城市的结构效益，增强城市的竞争力，繁荣城市经济，更重要的是可以为子孙后代创造良好的人居环境。一个成功的城市必然是一个主题明确、特征鲜明的现代城市，这就需要制订实施城市CI发展战略，营造城市美好的“个性”、良好的精神、优美的环境，创造“新的城市”。

1.2　玉溪市需及时进行城市CI的导入实施

玉溪市自1998年地改市以来，城市化进程有了明显成绩，但现还存在“一单、二不足、三低、四滞后”的制约玉溪城市发展的因素。“一单”就是玉溪市经济结构目前较为单一。“二不足”就是市、县城经济发展不足和非公有制经济发展不足。“三低”就是生产力发展总体水平低，经济效益低，对外开放水平低。“四滞后”就是思想观念滞后、改革滞后、城市化进程滞后、市场发育滞后。

而所有这些因素，都与城市化进程滞后这条因素有密切联系。为

绿，城市最宜人最知性的色彩。它往往以园林作为载体，带给市民对生活最惬意的感受。正因为如此，没有一位城市规划师不对城市绿色及其园林精心布局。图为云南滇中城市常见的园林一景

配合实施西部大开发，在玉溪市进行城市CI的导入实施，对于玉溪城市形象的塑造，增强知名度和竞争力，扩大对外开放，吸引投资，吸引人才，发展旅游业，促进高新产业，提高全市的综合实力，都具有重大的现实意义。

1.3 我国其他城市在城市CI实施方面的探索已取得一定经验

新中国成立50年来，城市化进程日益加快。但有些城市的发展是以城市形象的破坏作为代价的，忽视自身的特色，热衷于盖高楼大厦或造人工景点。城市的民族特色、历史特色、区域特色、乡土特色正在消亡。所以必须建立一种有效的机制和采取有效手段，使城市的聚集性与多样性达到合理的平衡。城市CI是一座城市的内在历史底蕴和外在特征的综合表现，是城市总体的特征和风格的再创手段。

改革开放以来，我国的许多城市都做过关于城市CI方面的事情，城市CI工程是一项牵动经济、社会文化诸因素的全方位的系统工程。北京市虽然未明确地宣布导入城市CI，但在城市形象设计与运作方面所做出的努力，实际上已实施了城市CI。90年代中后期，张家港的创文明城市活动，大连推倒围城建立花园城市，都是我国城市CI建设典范。珠海于1997年初宣称导入城市CI，4月邀请海内外CI专家集会珠海，共商对策。深圳保安区在90年代末期组织有关专家，积极导入城市CI。昆明市在迎“世博会”期间，亦对城市CI进行了较为有益和成功的探索，做了一批形象工程，使昆明在短时间内，城市地位、城市知名度大大提高，并跃入我国综合环境优良的城市行列。以上这些经验都是玉溪市在新世纪城市建设中所要借鉴的。

2 玉溪市的城市CI实施要利用自身优势条件

2.1 玉溪有得天独厚的自然环境

玉溪市域面积18 800多平方公里，境内山川如银链相连，湖泊如水晶镶嵌。宽广的土地，复杂的地形，多类型的气候，充沛的雨量，充足的日照，使玉溪成为“滇中粮仓”和“云烟之乡”。

2.2 玉溪是自古以来的交通枢纽

以滇池-抚仙湖-星云湖为主构成的滇中湖盆地区，比较富饶，开发较早，秦汉时期，便是云南政治、经济、文化的中心地域，通过“丝绸之路”“蜀身毒道”“马援古道”“茶马古道”及“步头路”等，与东南亚、南亚、中亚乃至西亚地区发生广泛的经济文化联系。

2.3 玉溪有云南国际大通道的独特区位

玉溪作为云南省重要的地市之一，具有离特大中心城市昆明最近的优势，有与楚雄、红河、思茅等较发达地州毗邻的特点，又是我国通往东南亚的213国道的重要路段。这为玉溪经济发展提供了宽阔的市场空间和人流物流余地。随着云南国际大通道建设的推进和双向开放的不断深化，玉溪中心城市的辐射带动作用、参与区域经济技术合作及国际竞争的能力，都将因其独特的区位而得到发挥。尤其是昆玉铁路、玉元高速公路向南延伸，玉溪的交通将进一步发展成为公路铁路上通下达，四面连接的省际、国际通道主干线。玉溪也将成为国内外颇具影响的重要城市。

2.4 玉溪经济实力较为雄厚

经过十多年"两烟"及配套产业的发展，玉溪市经济实力迅速上升，成为云南经济实力较为雄厚的地市。目前玉溪市生产总值和地方财政收入排序为全省第二位；人均生产总值、城镇居民人均可支配收入和农民人均纯收入排序均为全省第一，显示出较强的经济竞争力。此外，红塔集团积累了大量资金，为发展融资提供可能，为玉溪经济的持续发展奠定了坚实基础。

3 西部大开发与玉溪城市CI战略的实施

3.1 西部大开发是加快城市化进程的历史机遇

2000年元月19日至22日，国务院西部地区开发领导小组在京召开西部地区开发会议。会议指出：加快中西部地区发展的条件已经基本具备，时机已经成熟。新中国成立50年特别是改革开放20年来，我国综合国力显著增强，国家有能力加大对中西部地区的支持力度。

实施西部大开发的工作重点在以下五个方面：第一，加快基础设施建设；第二，切实加强生态环境保护和建设；第三，积极调整产业结构；第四，发展科技和教育，加快人才培训；第五，加大改革开放力度。玉溪市就是要抓住西部大开发的历史机遇，按以上五个方面进行城市建设，在加速城市化进程中，实施城市CI战略。

3.2 迎接西部大开发，玉溪市提出建成现代文化名城的目标

玉溪拥有悠久丰富的历史文化、民族文化和民间文化。要以保护

为主，合理开发澄江帽天山古生物化石群、江川李家山青铜文化。抢救、开发民族民间文化遗产。更要抓好城市精品工程，继续扩大云烟之乡、聂耳故乡、花灯之乡的对外知名度。利用红塔的品牌效应，发展现代企业文化。繁荣文艺创作，发展新闻出版、广播电视、体育等社会事业，加快公共图书馆、聂耳音乐厅、广播电视演播中心等文化设施和体育场馆建设。着力营造现代科学学术氛围和高雅、文明、宽松的文化环境，提高广大市民的文化素质和文明素质，繁荣文化娱乐市场，发展体育健身和体育表演业，充实和提高人民精神生活，把玉溪建成具有鲜明特色的现代文化名城。

3.3 启动玉溪城市森林计划

3.3.1 在玉溪建成城市森林符合西部大开发政策

"森林城市"的内涵是让森林包围城市，将森林引入城市。在玉溪中心地区四周农田和山地上大面积种植树木，形成玉溪市的城市森林，将会在短时间内使玉溪市的生态环境跃居国内城市前列。玉溪市中心城区面积仅20平方公里，处于群山、田园、村落包围之中，周围山光秀丽，田园优美，有绝好的自然山水条件，迅速启动玉溪城市森林计划，将会使玉溪市率先成为全省乃至全国第一批森林城市。

我国提出的西部大开发战略，其中包括有退耕还林的重要举措。现在我国已基本解决全国人民的吃饭问题，粮食出现了阶段性的供过于求，这是在生态脆弱地区有计划、分步骤退耕还林(草)，改善生态环境的大好时机。

3.3.2 玉溪市进行"城市森林"计划可分为三步走

第一步，先划定20平方公里中心城区周围的山地、农田和闲置地，500米宽为城市森林用地，进行建筑控制，逐步退耕还林，形成中心城区的城市森林控制带。

第二步，争取国外绿化环保项目借款，在城市森林控制带的农田中先期兴建1个10万平方米以上的苗圃基地，培育适合于玉溪本地生长的各类速生优质树苗，不断增加苗圃基地数量，成立在市政府直接领导下的玉溪市园林绿化总公司，使该计划具备有企业行为的执行主体。

第三步，力争在3年内，将在森林控制带中的各个大型树苗基地用植树绿化联系起来，初步形成玉溪城市森林规模。在10年内完成10平方公里城市森林带的树木栽种，并建设森林步行道、森林小公园，使玉溪市率先成为环境优美的现代生态森林城市。

3.3.3 玉溪实施城市森林计划在城市CI设计中的重要意义

其一,配合西部大开发,彻底改善玉溪市的城市生态环境,实现玉溪市"现代生态花园与森林城市"的目标。

其二,以争创国内一座"森林城市"为目标,扩大玉溪市在国内外的影响,在西部大开发中,创造一流的投资环境。

其三,在近5—10年内,为玉溪市创造数千个就业岗位,有效地缓解一部分农转非及下岗再就业的压力。

其四,控制玉溪市中心城区在城市发展和城市建设中的盲目扩张,避免走我国其他城市"摊大饼"式建设的老路,有效克服"摊大饼"带来的城市交通阻塞、环境恶化的弊端。

其五,为我国树立一个保护城市生态环境的合理城市模式和21世纪城市规划成功的学术典范。

3.4 实施建设玉溪大学城计划

3.4.1 建设大学城的必要性、可行性

为迎接西部大开发和我国加入WTO,必须加紧实施"科教兴玉"战略,把人力资源的开发放在十分重要的位置。高等院校是出科技和人才的重要基地,是技术创新的重要支撑点。因此,玉溪市委、市政府提出引进高等院校到玉溪办学,在玉溪建设5 000—6 000亩用地规模的大学城,引进5—6所大学,届时在校生人数可达5万人。在玉溪修建大学城,对于调整玉溪产业结构,提升传统产业,再创经济发展新优势,促进经济社会全面进步具有十分重要的意义。

3.4.2 建设大学城将给玉溪带来诸多益处

把玉溪建设成我省第二个高等教育基地,在玉溪市中心城区修建大学城,不仅有利于实现玉溪市高等教育发展目标,更重要的还将带来以下几方面的好处:一是可以借助高校的高智力密集优势不断推出科技成果,促进科技成果的转化和应用;二是可以借助高校的学科综合优势培养我市的高层次人才;三是加强高校与研究机构和研究开发实体的结合,实现产学研一体化,促进我市的经济结构调整,提升经济发展水平;四是通过高校所拥有的高层次人才群体,改善市区的人口结构,提高新兴城市的文明水准,丰富城市文体活动,刺激和带动城市消费。

4 玉溪市城市发展的形象定位

4.1 世界著名的烟草基地

以红塔集团为依托，调整优化烤烟种植结构和卷烟产品结构，进一步提高“两烟”的质量和水平，继续完善“两烟”配套产业，加大力度拓展国际国内市场，让“玉烟”续展雄风，再铸辉煌，使玉溪市成为亚洲规模最大、实力最强的世界著名烟草基地。

4.2 云南科技产业的示范中心

以科技成果的推广应用和实现产业化为核心，改善环境、创造条件，使玉溪市成为全省科技成果吸纳最广、推广应用启动最快、转化率最高、产业化基础最好的科技产业示范基地。

4.3 全省城市化发展的样板

以玉溪市中心区的建设为重点，发挥区位优势和后发优势，通过经济扩张和科技进步带动城市发展，使玉溪市成为城市化进程快、城市规划起点高、城镇体系优、城市功能全、城乡环境好的城市化建设样板，把玉溪中心城市建成我省重要的现代科技文化城。

4.4 最适宜居住与发展的城市、创业的乐园

以投资环境的改善和创业氛围的营造为基础，通过外引内联的方式，使玉溪市成为全省民营经济发展中政策最好、环境最优、机会最多、创业氛围最浓、效益最佳的地区，成为能够广泛集聚民间资本、大量吸引省内外创业人才的民营经济创业乐园，最适宜居住与发展的高品质城市。

5 玉溪市在西部大开发中将发展成为国内外颇具影响的重要城市

5.1 有准备地抓住西部大开发机遇

成功地运用CI战略，不仅要精心地策划和设计，而且要抓住有利的时机，适时导入CI战略，才会增强战略效果。玉溪的城市CI战略是玉溪市迎接西部大开发历史机遇的重要准备工作之一。只有做好充分准备的城市，才能充分抓住这一次新中国成立以来难得的历史机遇。

5.2　国家实施西部大开发是玉溪发展的新机遇

为了实施西部大开发战略，中央将加大对西部地区的扶持力度，在基础设施建设、产业结构调整、发展科技和教育等方面给予更多的优惠政策。这确实是玉溪发展的新机遇，应尽快制定玉溪参与西部大开发的规划，加快区域交通、城市路网改造等基础设施建设和环境整治，为新世纪的新发展打下坚实的基础。

5.3　云南省确立的三大目标是对玉溪发展的有力促进

玉溪的发展道路与全省的发展方向息息相关。云南省委、省政府提出的三大目标（绿色经济强省、民族文化大省、国际大通道），将对玉溪发展带来很大的推动作用。一是在建设绿色经济强省的重点内容中，生物资源开发创新、环境治理与保护、烟草产业创新和产业改造达标等都是玉溪今后工作重心之所在。二是玉溪除了具有悠久深厚的滇中历史文化遗产和丰富多彩的民族民间文化风情以及“聂耳故乡”“花灯之乡”的文化底蕴之外，还有发展现代科教文化的潜力。三是在建设国际大通道中，玉溪较为完善的交通基础设施和重要的区位优势，使之无论在省内交通，还是国际交通中都能够发挥重要作用。同时，国际大通道建设也将为玉溪对内对外开放提供重要的硬件准备。

总之，在西部大开发中，玉溪市将充分利用这一有利机遇，发展成为国内外颇具影响的重要城市，实现玉溪市城市发展的总目标：将玉溪建设成为经济科技强市，最适宜发展和居住的城市，综合型的园林式城市，现代文化名城。

（原载于《云南城市规划》2001 年第1期）

江苏水乡城镇的特征及演进

江南水乡物质空间形态，是中国近代城市形态中留给我们的宝贵文脉、历史遗产。本文是作者在江苏省工作期间发表的论文。

城镇的物质空间形态是人们在一定的经济、文化水平下把城镇各种物质要素在城镇的空间内组织起来并在其中进行各种社会活动的空间体系。江苏省位于长江下游、黄海之滨，京杭大运河纵贯南北，江、河、溪、淡纵横交错，湖泊星罗棋布，素有水乡之称。因而江苏省的水乡城镇在我国的小城镇类别中独树一帜，其物质空间布局形态的历史演进有一定的特征与规律。对其进行研究、归纳，有助于城市规划师们对我省同类城镇物质形态的理解与认同，更益于水乡城镇的特色在我省的规划与建设中得到保护与发扬。

一、传统水乡集镇的整体特征

我省的许多传统水乡集镇、县城、小城市，由于文化、交通、地理等条件相似，使城镇发展的空间布局形态诸要素表现出了相似的特色，具体呈以下几方面：

1. 位置选择与地形的关系。

水乡城镇系长期自然而成。由于交通和取水的便利使城镇多沿

河道发展,且大致分为如下几种:

① 集镇一侧临水。建筑沿河道扩展,在建筑与河道之间多有一条道路。一侧为建筑,另一侧临河道,通常设码头。

② 集镇双侧临水。一些集镇位于河道转弯处或两河垂直交汇处,则往往两侧临水。这时取水更为方便,同时也为集镇的对外水路交通提供了更为方便的条件。

③ 集镇多面临水。这种情况下集镇往往位于河道迂回处、交汇处或人工与天然河道的汇合点。通常能获得较好的景观、方便的用水及交通条件。集镇虽被河道分割成若干部分,但由多座桥梁联系,往往形成优美的水乡景色。

2. 建筑、道路、河流所形成的特有格局。

河道在江苏城镇中具有极为重要的地位,在传统集镇中河道对空间结构有着重大影响。同时,水、屋、路、桥构成了江苏水乡传统集镇极有特色的生活空间。建筑、道路、河流三者的关系有以下几种基本类型:

① 一街一水型。河道一侧是建筑,另一侧是道路。道路与河道之间设公用小码头,建筑与水之间设户用码头(如图1a)。

② 二街一水型。河道多为水运交通干线,码头较多(如图1b)。

③ 一街一水一廊型。与②相似,只是其中一条道路为一廊所代替(如图1c)。

④ 街、河分离型。街与河平行,两者之间布置有建筑。其优越性是每户尽可能享受水、陆交通方便,用户取水极方便(如图1d)。

传统水乡城镇中建筑多为1—2层,住宅连成片状,道路不宽(只供人行和人力车行)但功能良好,居住、商业、交通及文化中心的功能一般均能满足需要,并体现了水乡城镇的乡土文化。

3. 水乡城镇居住结构及其分布特征。

居住是小城镇最主要的功能之一,水乡城镇也不例外。居住结构及组合方式既是一个经济、技术问题,也是一个社会、文化问题。它往往涉及整个社会的经济、技术、政治、传统、气候、风俗、心理、行为及社会结构等众多的领域。

传统水乡城镇中居住区内住宅彼此之间紧邻、密集,非主要街道十分狭窄、多曲折,往往形成丰富的空间和变化的街景。居住区常被河道分割成若干组群,但通过空间上(桥梁)和形式上的联系,

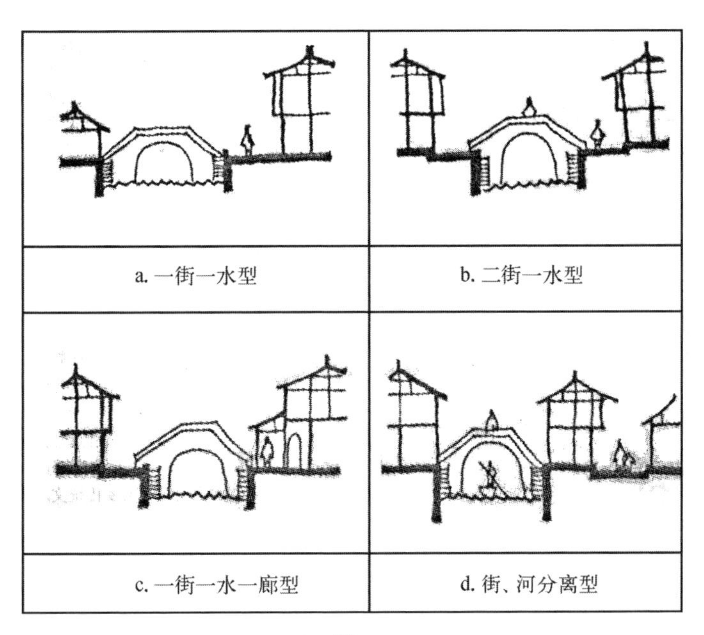

a. 一街一水型　b. 二街一水型
c. 一街一水一廊型　d. 街、河分离型

图1

使居住区本身结构较为完整，内部可进行多元化的交往。但与传统水乡集镇整体的空间结构相一致的是居住结构本身对外有一定的封闭性。

这种居住结构对外的封闭性是居住其中的人与外部世界关系的一种表现，是由生产力发展水平及相应的社会需求决定的。传统水乡城镇的居住结构是长期以来自然形成的。它与自然环境之间保持了一种密切的关系。从一些现存的传统居住片区中可以看出居住与河、路的关系：

① 沿河道走向形成的居住组群，为取水和交通的便利，居住组群内若干条与河道垂直的道路直通河岸（见图2①）。

② 与河道垂直的居住组群，这是以一种主要的通向河岸的道路展开的，这条主要的道路往往形成历史上知名的古街，成为历史文化保护地段。这种居住构成可以看做在第一种的基础上发展的结果（见图2②）。

③ 沿主要道路形成的居住组群，这是在公路交通发展之后，集镇由过去的沿河改为沿河、沿路多向发展的一种表现（见图2③）。

以上几种居住组群往往同时或者集中几类组群同时存在于水乡

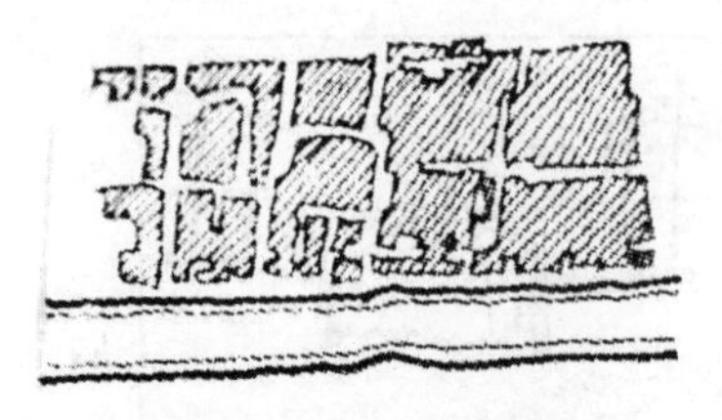

① 沿河道走向形成的居住组群

② 与河道垂直的居住组群，主要道路与河道垂直

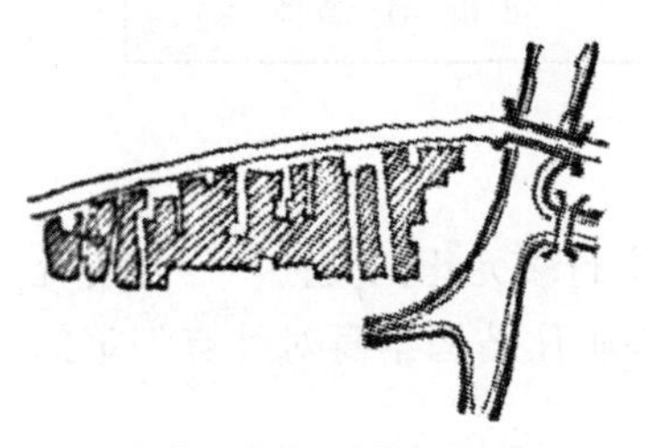

③ 沿主要道路形成的居住组群

图2

城镇的空间布局结构之中。由此可以看出，水乡城镇的最初形式往往与其居住结构有关，而该类用地的选择，又与自然、交通等条件有着最为直接的关系。

这种传统水乡集镇居住空间结构与本地区人们的传统思想、生活方式相适应。这种水乡居住结构的长久不变，除了经济、技术等原因之外，它所处社会的传统指向也是重要的原因之一；这种传统形式与在同时代占统治地位的传统文化之间有着密切的关系。这种在江苏水乡城镇中普遍“定型”的居住结构，是在调整中逐步满足相应的经济、文化要求之后慢慢形成的。它从未经任何专业的规划设计者操纵，而是水乡文化的杰出成果。目前，江苏水乡城镇中许多老年人往往都知道其他宅第的建造方法，说明了过去传统的居住建筑常常是在使用者的参与下建造起来的，这与目前城市中的情况显然不同。

传统的水乡居住结构也在发生着变化。这首先是由经济发展而引起的社会变革的结果，同时也表现了现代文化对水乡传统文化的渗透。

二、现代经济、文化的发展对传统水乡城镇的挑战

随着时代的发展，传统的水乡小城镇逐渐受到了挑战。1949年前，江苏地区传统集镇中，外来现代文化与其水乡文化在集镇空间结构上只是一种“点”与“面”的关系，那时的水乡城镇中虽有一些近现代文化的特征，但水乡传统的内部结构并未受到重大威胁，这种外来现代文化只不过是些点缀而已。而到了1949年之后，尤其是近十几年来，

随着现代工业引发的经济、信息的发达，情况就大不相同了。古老的水乡城镇功能格局发生转换，所处的区域物质空间结构更加开放，使得传统的水乡城镇内部空间结构已经难以适应高速发展的现代工业、信息化的融合。同时在文化上也表现出传统与现代的冲突。其结果是原有的秩序被打乱，新秩序开始形成。

这种新秩序的形成，在水乡城镇的物质空间布局上，主要表现为三个方面：

① 公路运输发展迅速，水运逐渐衰退，但目前仍占运量的部分，使得水乡城镇的发展呈现出沿水、路双向扩展的趋势，不再是传统上的完全依赖河流。

② 城镇土地利用方面，占地不断扩大，镇区为适应现代工业往往进行大规模的开发。这使一些传统的街、河、路、桥的结合方式发生了变化，一些窄路被拓宽，还出现了填河筑路的现象。

③ 与此同时，水乡城镇中均兴起一批“现代建筑”，表现出了一种新的面貌。但是，其中有些建筑缺乏细致的规划，从而破坏了水乡城镇的传统风貌、物质景观。

三、现代工业的发展对水乡城镇布局变迁的影响作用

江苏水乡小城镇中的工业从历史上的小手工业到今天的现代化工厂，每前进一步都可反映出经济的发展与社会的进步。在传统的手工业作坊兴盛的时代，工业规模小和对水源等无特殊要求，这使工业厂房多混杂于水乡的民居之中；窄小的作坊空间即能满足当时的生产要求。

随着农村经济的发展和大批乡镇企业的兴起，虽然目前无论是旧有的或是新建的工业中仍有一些小工厂存在，但更多的现代化新厂房正在彻底改变着人们对农村工业的成旧观念。这类新工厂一般需要较多的用地、较高的机械化程度、方便的运输条件、良好的基础设施和充足的劳动力。它们使水乡城镇空间布局产生了变化。

在江苏公路运输不够发达的时期，水乡城镇工业自然地采取了沿河道分布的形式；同时使水乡城镇本身在沿河道的方向找到了发展轴。近几十年来，由于公路运输的兴起，使水运的统治地位逐渐削弱，从而减少了对工业用地在布局上的束缚，使工业有了离开河岸而

多向发展的可能。现代水乡城镇工业的建设，提高了基础设施投资、建设及管理的规模效益，同时也解决了乡镇工业布局分散带来的环境污染等一系列问题，这对水乡城镇内部空间结构产生了十分突出的影响。

水乡城镇工业用地的分布，在不同的历史时期经历着从量变到质变的过程，是社会经济、文化发展和专业化分工日益深化过程在水乡城镇物质空间布局形态中的一种反映（见图3）。

阶段I：70年代以前，水乡城镇仍处于手工业时期，基本没有现代工业，社会分工不明确，加之手工业对用地要求不高，造成了工业用地与原有沿河岸布局的居住用地混杂在一起。手工作坊有时还与商业结合。

阶段Ⅱ：70年代末开始，随着经济的发展，水乡城镇中逐渐兴起了现代工业。许多旧有的手工业用地在空间上、功能上、环境上均不能满足专业化分工的要求。此阶段，社会经济、文化力量使集镇的工业用地在原有的基础上产生一种强大的游离趋势。但由于工业的交通还有一部分依靠水运，另一部分依靠公路运输，使水乡城镇的工业用地还不能完全脱离原有的沿河岸布局形式，形成部分沿河岸分布、部分沿公路交通走向分布的格局。

阶段Ⅲ：更高的专业化分工与经济、文化的发展在其他条件的配合下，必将产生一种工业用地与其他用地相分离的结果，一种更为集中的工业区在传统水乡城镇里出现。公路交通运输条件的充分发达，使得工业用地完全摆脱沿河岸布局的形式。良好的水乡岸地被用于绿化、公园和居住地，使水乡城镇重现原有的“小桥、流水、人家”景象成为可能。

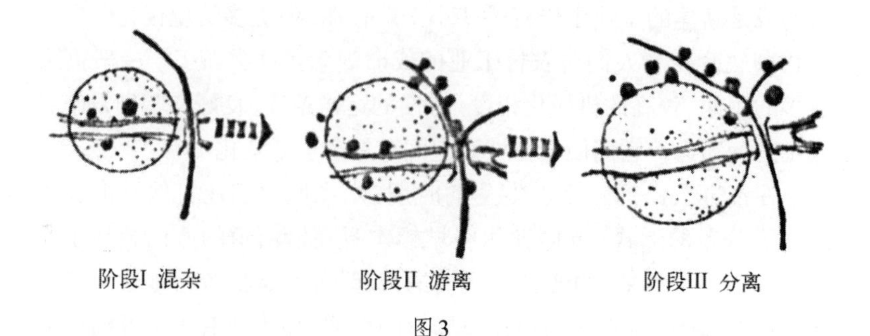

图3

四、结语

纵观江苏水乡城镇几十年的历史变迁，我们可以清楚地看到，在满足人们不断增长的需求的同时，乡镇企业为谋求发展付出了极大的环境代价；水乡水网系统日渐衰落造成空前的水涝灾害等等。这些不仅会遏止水乡城镇与乡镇工业的再发展，更为严重的是对自然生态以及传统文化这一不可再生资源的危机。1987年联合国在以环境与发展为主题的布伦德报告中写道："可持续发展就是指既满足当代人的需要，又不影响子孙后代满足他们自己需求的能力的发展。"在"可持续发展"的观点的基础上，探讨江苏水乡城镇两生之路，是一项势在必行的任务。

江苏水乡城镇在长期历史发展过程中形成了丰富的整体性形态环境。在当今经济高速发展的同时，许多水乡城镇都不同程度地丧失了其原有的物质空间形态特色，变得千镇一面，其原因就是对江苏传统的水乡文化不重视，而一味追求现代化大城市的模式。在这里，人们根本感受不到一点水乡城镇的生命力和人情味以及江苏水乡文化的物质，有的只是一种失落的茫然。

应该说小城镇的现代化并不是大城市化，不是大马路，不是灰色大方块楼房。在水乡城镇的基础设施、住房条件等硬件环境走向现代化的同时，如何在新环境中保留其原有特色，如亲切、融合的邻里气氛以及传统的建筑文脉的继承与发扬等等，这是时代赋予江苏广大规划师、建筑师的使命。

参考文献

1. 宗林："江南城镇化必由之路"，《城市规划汇刊》，1987 Ⅱ
2. 陈秉钊："我国城镇化道路初探"，《城市规划汇刊》，1987.2
3. 肖郭余、胡德瑞：《小城镇规划与景观构成》，天津出版社，1992年
4. [法]弗朗索瓦·佩鲁：《新发展观》，华夏出版社，1996年

（原载于《江苏城市规划》1998年第4期）

论我国大城市中高校校园建设的走向

近三十年的城市化大潮，我国大城市新区的建设启动，主要依靠以下四种方式：一、搬迁大学，新建大学城；二、党委和政府行政中心从老城区搬迁到城市新区；三、修建地铁等大运量城市公共交通到新城区；四、在新城区建设新的火车站，形成新的铁路或港口枢纽。

昆明呈贡新区的启动，包括了以上四种方式，是四种要素的聚焦。当然，一座新城市的诞生，要靠城市产业的培育，要有就业岗位，还要有适宜人们生活的医院、学校、商业配套。

本文即是描述我国城市化最早启动的因素之一——大城市中高校的搬迁与扩建。

一、高等学府建设是提高城市品质、发扬城市文脉的焦点

在我国，省会以上的大城市中都有着一些在本省或者全国闻名的高等院校，它们成为本地区乃至本国文化及高等教育发展演变历史的物质载体。在大城市中的大学校园，就是该座城市文化脉络、历史沿革的集中体现。

从历史上看，我国传统的高等教育，从官学的太学、国子监到私学的书院，校园规划和校舍建筑一律采取了轴对称布局和木结构大屋顶形式。这样的校园布局与建设形式历代沿袭。一直到清朝晚期学习西方文明，开始出现了现代高等学校的校园形式。如20世纪初建设的东吴大学、清华大学等仿西方古典建筑群布局的大学校园，都是城市教育史文脉例证。

在我国城市化进程加快，城市建设量日益庞大的形势下，如何提

高城市品质、发扬城市文脉就成为一项重要课题。一座城市的品质包括有：① 城市历史文化的文明含量；② 城市环境及建筑物质空间艺术；③ 城市的运行效率。这三大因素都与大城市中高等院校的建设有关。前两个因素与高校建设的关系是明显的；关于第三个因素，由于当前各大城市运行效率的竞争也就是各大城市人才资源的竞争，而高等院校又是培养人才的主要资源地，所以加强高校建设同样是提高城市的运行效率的手段之一。

因此，跨世纪高等院校的建设，已成为我国各大城市发扬文脉、提高品质的建设焦点。

二、世纪之交，我国高校大规模改建、扩建形成趋势的原因

我国早期的大学校园一般占地较大，建筑层数较低，在校学生数很少，建筑密度一般仅为20%左右，环境恬静而空旷。

然而时过境迁，自我国1978年正式恢复高考制度以来，普通高校的数量以及年度招生规模都在逐年稳步增长。20年来，国家经济和社会的发展对人才需求也呈逐年增长趋势。如表1所示，1990年我国高校总数已达1 075所，在校学生数达206.27万人，分别是1949年的5倍和19倍。万人大学生在全国已不属罕见，如同济大学1978年仅有3 000名在校学生，而今已达2.5万名，可以预料今后高校的规模还会进一步扩大。

表1

年代	高校数量（所）	在校学生人数（万人）
1949	205	11.65
1978	598	85.63
1985	1 016	170.31
1990	1 075	206.27

面对20年来高校在校生人数成倍增长趋势，比照之下，高校用地的增长却很缓慢，一些大学用地甚至是零增长。为满足改革开放对人才资源培养的大量需求，势必重建和改扩建现有的高校。

以南京市为例，1988年经国家教委批准，东南大学征用土地近千

亩，新建东南大学浦口校区。目前已建成各类校舍10万平方米和配套的水电、交通、通信等基础设施，有功能完备、外观新颖的教学大楼、实验楼、图书馆和大学生活动中心等，可供4 000名大学生在此学习、生活。年轻的浦口校区，已成为东南大学重要的本专科培养基地和科研生产开发基地。

同样，南京大学、南京师范大学、河海大学也都在近十年之中建成或拟建自己学校的新校区，同时也都在加强原有校区的建设。

源于1902年创办的三江师范学堂，演变至今的南京师范大学已成为文、史、哲、理、工、教、经、法、艺、体学科齐全、体系完整的综合性高等师范大学。1997年1月通过了“211”工程立项审核。根据学校“211”工程整体建设规划目标，目前正在规划建设新的校区。新校区位于南京市东郊的仙林农牧场，距现有本部校区14公里，占地1平方公里，在校学生规模为1万人。

上述种种迹象表明，我国各大城市已形成一个大规模重建、扩建高等院校校园的建设浪潮。之所以形成这样的浪潮是因为：

作者在昆明呈贡大学城建筑工地现场办公

① 当一个国家的高等教育规模尚未达到与经济、社会发展相适应的水平,并呈现稳定状态之时,社会对人才的需求和个人接受高等教育的需求都会不断增长。这些需求推动着高等教育规模的不断扩大。

② 随着科学技术的进步和经济水平的提高,处于科学技术前沿的高等学校,需要陆续建立新的学科、专业、分支及实验室,增加新的教学科研手段;也需要不断地改善师生员工的工作和生活条件。

③ 一切大学校园设施都处于不停的消耗过程中,由新变旧,直到失去使用价值,从而带来更新设施的需求。

总之,世纪之交的我国城市建设正处于从发展至呈现稳定状态之前夜,大城市中高校大规模改、扩建目前已经形成一种建设趋势。

三、“校、市一体化”的走向是高校科技产业发展的结果

在目前我国的经济发展水平下,国家还不可能满足公立大学的日益上涨的建校经费需求;同时,高校的高科技含量也急于转化为生产力。在这种情况下,各大城市中高科技园区的兴起使之成为高校与城市共同发展的纽带。

高科技园区一般建于校园与城市的交界区域,它的兴起加速了大学与城市的交融。在我国,大学校园选址大都经历了产生于城市—迁移于本郊—重归于城市的历史过程,其中主要原因,一是大学规模由小及大的需求;二是城市化进程不断加快的结果。以上海为例,复旦大学、同济大学所处的江湾五角场地区,这个往昔的上海“乡下”,而今已成为颇具吸引力的“新城”。历史的发展使我国绝大多数大学不仅在空间上重归城市的怀抱,而且冲破了长期封闭的教育体制,“解放”了禁锢思想与空间的校墙。以北京大学推倒校墙建科技开发区为先导,作为科技孵化基地的各大城市高校也纷纷拆“墙”建“区”,在空间、时间和意念上直接与社会对话。这种“对话”行动已由单所大学发展为多所院校的联合,校校呼应,成片成区,形成了中国的“硅谷”和“筑波科学城”,有力地推动了社会、经济、文化、科技的发展。

尽管科技园区的兴起、校墙的“消失”打破了校园往日的宁静,但校界“模糊”,使大学回归城市,达到“校、市一体化”,则极大地促进了社会生产力的进步,这是现代社会发展的需要,也是跨世纪大学校园规划应予以重视的方面。

呈贡大学城聚集着云南大学等九所高校，也是云南省的人才高地。如何在呈贡新城的规划与管理中真正实现云南省优质高校资源成为呈贡新城的文化品牌，校地都在探索。图为云南大学呈贡新校区的一间计算机室

四、高校校园建筑格局的时代思维

1. 改革开放带来了校园建筑思维的丰富化。

我国早期的大规模高校建设开始于20世纪初叶，当时的大学建筑布局有源于欧洲中世纪修道院的方院，也有中国传统的三合院、四合院，它们无一例外地均采用了传统的轴对称构图手法。在当时的历史条件下，晚清洋务派倡导的“中学为体，西学为用”的一般原则，在建筑上，由政府具体化为“宜尽量采用中国古有之形式”。因此，在这个时期，大学建筑也同其他公共建筑一样，出现了一批采用砖木结构或钢筋混凝土结构建成的中国传统的大屋顶形式建筑。多年以来，我国的校园建筑布局一直沿袭了轴对称的构图模式。

改革开放以来，随着高等教育界与建筑界国际交流的开展，大大促进了我们对境外大学建筑发展变化的了解。美国、日本以及欧洲许多国家大学校园规划不是唯有轴对称一种布局形式，自由布局能够创造更为优美的校园环境。自1978年的20余年来，我国许多建筑师、规划师冲破了轴对称布局和千篇一律平庸形式的羁绊，创造了不少自由

布局的校园规划和简洁明快、富有变化的校舍建筑。大学校园建筑思想的变革、丰富，已为我国高等教育界和规划、建筑界越来越多的人士所接受。

2. 校、院、系三级管理体制要求“群簇式”的空间规划格局。

校、院、系三级管理体制在大学中的普遍恢复，使校园的空间规划格局发生了很大的变化。20世纪50年代初，我国学习苏联经验，进行了高校院系大调整，形成了大学、独立学院和专科学校并存的高教体系，大学中只有校、系两级管理机构，取消了“学院”一级，这一举措使许多大学的发展受到了影响。现在恢复大学三级管理体制，是与国际高等教育体系接轨的要求。“校”一级对大学的发展和行为进行宏观规范和调控；“系”一级负责具体组织学科的教学与科研；“学院”则成为校、系沟通，对外交流的桥梁。同时，学院还可以控制、协调学院内部相关系科的发展。

学院取代系成为大学管理体系中的核心体，导致了校园规划主体的转化。传统大学校园中“一系一楼”或“数系一楼”的空间特征将被数楼集合成“群”，各“群”有机联系成“簇”的新特征所取代。一

作者率呈贡区领导班子与驻呈贡新区10所大学领导座谈，探讨加强校地双方全方位合作的相关事宜

个学院占有一个空间“群”，数个学院形成一个空间“簇”，“群簇”空间则形成现代大学校园新的规划格局。大学中的理学院由数、理、化等系馆组成“群”空间，各系在“群”空间中既相对独立，又交通联系便捷，互为影响和依存。分合自如的“群”空间为学科的纵向发展和横向交流创造了条件。从发展角度审视，在以学院为中心的大学校园中，“群簇式”的空间规划格局将成为跨世纪校园规划的主体表现。

五、追求“社会化”和“学术化”的双重性格是跨世纪开放型大学校园的目标

我国早期的大学校园只强调其“学术化”特征，而追求“社会化”和“学术化”双重性格的校园，则是现今时代发展的产物和要求。逐渐摆脱计划经济特征的90年代以来的大学，其办学更具自主权，其形象更具开放性。国家投入的不足，使高校主动出击，拓宽投资渠道，通过吸引内外资、集资、收费、校企联合办学等途径把大学推向社会；“宽进严出”的大学招生制度的出现，导致学生“成分”的多层次化。计划生、委培生、自费生、留学生、成人教育及干部培训学员等不同年龄层次的学员同校，使互相“交流”成为学生自我教育、互相提高的有效方式。高校专业结构的调整，学科在深度与广度的发展中全方位地与社会经济建设主战场靠拢，促使学科与社会互相渗透和广泛交流。这一切都在呼唤一个开放的校园文化环境。

当代大学校园的“开放性”是以校园的“社会化”和“学术化”为基本特征的。校园的“社会化”保证了大学与社会生活的密切联系，强化了大学在科技、文化领域对社会的辐射作用；校园的“学术化”使大学在动态的内外学术交流中保持了其在科学技术领域的领先地位，提高了学校的教学科研水平。可以说，具有“社会化”“学术化”双重性格的校园环境是保证跨世纪高校各项事业发展的基石。我们可以多学习一些国外的经验，以最近的较成功的高校校园建设例子来看：日本群马县立女子大学和科威特雅穆克大学的校园规划都显著地强调了校园的“社会化”和“学术化”，并以此为设计“轴”，合理地安排“社会空间”和“学术空间”，从而形成了颇具时代感和个性的校园形象。除了“社会”和“学术”作用外，两所大学建成后所形成的健康、生动的校园文化，是“两化”的又一魅力所在。

综上所述，当前追求“社会化”和“学术化”的双重性已经成为我国跨世纪开放型大学校园建设的目标。

六、结语——历史的必然课题

大学校园多建于大城市之中，可以说，大学校园的发展建设史就是大城市发展史的一个重要部分。大学校园在初建时所形成的建筑和环境风貌是校园历史的文化，更反映了所在城市的特色及社会意义、文化内涵。

大学校园中的建筑已不仅仅是单纯意义上的建筑了，它会成为该学校或一段历史的标志。就像一提到北京大学，人们会自然地联想到校园内原燕京大学的博雅塔（水塔）和未名湖，以及“五四”时代的北京城；在未来，反观今天采用当代科技手段和时代规划思想建设的高校校园，也让未来的人们看到了今天我们改革开放、艰苦奋斗的历程。

世纪之交，随着我国城市化进程的加快，高等教育亦在迅速发展。1998年5月2日至5月4日，世界百所著名大学校长聚首北京，就“大学如何迎接新世纪的挑战”这一主题，举办论坛探讨。会议规模之大，在中国教育史上尚属首次，在世界教育史上亦堪称盛事。这次盛会在中国举行，极大地推动了我国跨世纪高等教育事业的进程。至1997年底，江苏省内有高等院校65所，与北京市高校数并列国内第一。我国高校校园的改、扩建工作主要发生在特大城市和发达省份的大城市中。在量大、速度快的大城市高校改、扩建过程中，如何把握好我国当代高校建设的走向，如何保护老校园内历史文化环境遗产等，是历史留给我们的必然课题。

参考文献

1.《南京师范大学新校区规划》，江苏省规划院，1988.1

2.《河南大学新校区规划设计方案》，江苏省规划院，1998.4

3. 王文友:《关于高等学校老校园改造规划的思考》，建筑学报，1993.11

（原载于《城市研究》1998年第6期）

驻呈高校大学生业余生活掠影

面对老龄化社会快速到来的城市规划方略

本文是作者上世纪九十年代时发表的论文，然而，时至今日，我国人口老龄化已经提前到来，文章中所提到需迫切解决的若干问题都不幸被言中；这其实是作者并不愿看到的。老龄化问题应引起全社会的重视。

当前，对人口老龄化的研究在我国已经逐渐展开，虽强化了老龄意识的宣传，但在其研究的内容、领域、深度上都需进一步深入。城市规划对于城市的发展与建设起着预先指导作用，也就肩负着满足老年人群体对居住条件、社区环境等特殊要求的重任。由于21世纪我国将全面进入老龄化社会，研究我国所面临的人口老龄化与城市规划等相关的问题，重要而又迫切。

一、问题最初提出的背景

自1870年法国率先进入老龄社会以后，瑞典（1912年）、英国（1931年）也先后成为人口老年型的国家。1938年在美国出版了一本题为“老龄问题”的专著，可以说，这时老龄化人口带来的种种社会问题才真正引起世人的关注。

所谓老龄社会判定标准，即60岁以上人口占人口总数的10%以上或者65岁以上老年人占7%以上。而今，世界上已经有大约1/3的国家进入老龄社会。联合国从1973年起为解决人口老龄化的社会问题通过了一系列决议。在1982年,联合国成功地主持召开了“老龄问题世界大会”。在这个会议上通过了“维也纳老龄问题国际行动计划”。据维也纳会议提供的预测,2000年中国60岁以上老人将达1.3亿,再过一代人之后会变成2.8亿,2025年为3亿,2050年达4亿以上(这远超过美国目前整个国家的人口总数)。1982年我国人口普查时,65岁以上老人有5 000万,到2010年,将达1亿,占总人口7.9%;峰值会在2040年前后出现。若按中国人口现状发展下去,到2050年,每四到五个中国人中就有一个老人。对此,国内外有关学者已开始对中国人口老龄化问题进行密切关注。

二、我国老龄问题比通常所预料的更为严峻

我国有关学者针对人口老龄化问题提出了呼吁,城市规划学者也对此有一定的关注与研究。我国学者认为:城市人口老龄化现象是现代社会经济文化发展的产物,如同城市化水平的提高是经济发展的结果一样,这种现象在经济发达的大城市尤为显著。同时还认为:人口老龄化是社会发展的必然趋势。随着医疗保健事业的加强,人口死亡率的下降,人口平均寿命在延长,老年人在人口中的比重在逐步上升,中国社会将如西方发达国家一样,逐渐步入人口老龄化时代。

但事实上远不仅仅如此。需要指出的是:人口老龄化问题在我国是另具有其特殊性和紧迫性的,绝不等同于发达国家及全球性的人口老龄化问题。按图1的测算,中国老年人口的峰值出现在2040年,其“中位”预测值也超过总人口的20%。我国是靠出生率的收缩来降低人口总量的,这是一个成绩,但随之而来的一个必然结果是导致老年人口比例迅速上升。从图2人口金字塔的底部可以看到,塔底收缩得越快,塔腰鼓起的一大块其量就越重,对下部压迫也就越大。我国有一段时期任由人口出生率增长,在近20年内则一直实行“只生一个”的计划生育紧急措施,这期间没有一个缓和性的过渡。这种人口控制的技术操作,虽然本意是积极可取的,但经过忽松忽紧的人口政策之后,不可避免会带来其他社会问题的隐患。其中最严重的问题就是加速把年轻型人口推向老年型人口。因此,我国在将面临比其他国家更为严峻的老龄化社会问题的沉重压力。

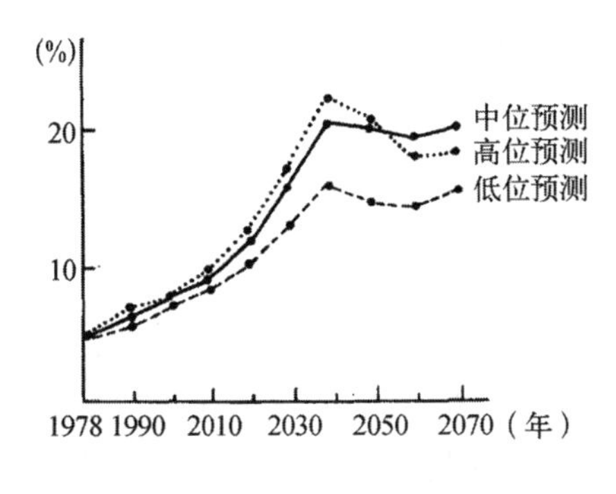

图1　中国老年人口比重

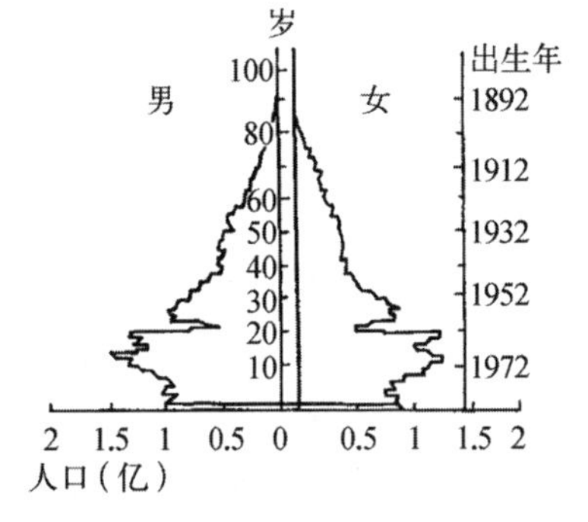

图2　中国人口结构百岁简图

世界上最早从年轻型转入老年型人口的法国用了150年；日本65岁以上的人口所占比例从1920年的5.3%升至1970年的7.1%，花了50年时间。但我国按“中位”预测值，65岁以上人口所占比例从1982年的4.9%到2000年的18年时间就会升至7%（见表1），正式进入老年国家行列，人口老龄化速度世界罕见，而2000年距今只有两年的时间，2000年以后中国老年人口比例更会快速地增大，并且列世界首位的老年人口绝对量值也将变得非常巨大，由此而带来的老龄化社会问题非常严峻、紧迫。

表1　我国老年人口占总人口比例统计及预测

年　龄	历年老年人口所占比例（%）					
	1990年	2000年	2010年	2020年	2030年	2040年
65岁以上	5.61	6.99	7.89	10.56	13.51	17.44
60岁以上	8.62	10.00	12.70	15.96	22.30	31.20

三、城市规划要思想重视、把握动态、增补法规、调整方法

在我国城市建设与规划的同时，要对老龄化社会的快速到来有足够的重视。随着我国国民经济不断发展，城市化步伐加快，人口将逐步集中于城镇中居住、工作。因此需要将人口老龄化问题的解决作为一项城市规划的重要原则列入《城市规划法》的条款，使这一项十分重要的工作纳入城市规划全过程。

城市规划界需对我国人口老龄化的动态进行把握。我国将有部分城市,特别是大城市提前成为“老龄化城市”。到1985年底,上海60岁以上老年人已达1 591 000多人,超过全市总人口的10%;按联合国规定标准,成为我国第一个进入老龄化的城市。而南京、苏州、无锡及沿海一些城市也相继进入人口老龄化,至今已有十年以上的时间,同时老龄人口比例正在不断快速地增大。江苏全省在1988年成为首先进入老龄化的省份……我国城镇建设与规划的决策者和工程技术人员必须十分清楚地掌握以上的情况,在此基础上,对老年社会的城市规划策略与技术方法进行研究、调整。

有专家感叹:世界上有数不清的别墅、星级饭店,这些创造使许多建筑师名垂史册。但是少有建筑师专门去为老年人住房做设计。建筑与城市规划设计的权威著作中也少有专门论述老年人的基本问题的。面对我国老龄化社会的快速来到,规划设计原则、方法不仅需调整,更需要的是创新。随着市场经济的发展,人的传统观念在变化,一些原来由家庭承担的职能将逐步转移到社会,其中老年人问题将首先步入这种转变。城市的建设与管理,城市规划设计方法的调整都将围绕着如何解决“老有所养、老有所为、老有所乐、老有所学、老有所医”的社会问题而展开。这也是在向市场经济转轨的时期面临的新课题。

四、城市规划在技术上要细致研究我国老年人的生活行为规律和需求

1. 老年人的社区需求。

到21世纪我国将较普遍地出现所谓的“四、二、一”结构家庭(即家庭人口为双方祖父母、父母、独生子女)。照顾12个老人是子女(一对夫妻)所不能胜任的。这也就要求对家庭某些传统功能进行削弱和外移,同时需要社区提供更多的社会服务。那么社区将考虑怎样为老年人服务呢? 21世纪,相当数量的老人需要社会提供的是各种服务和照料。有的老人需要购物、洗衣、做饭、医疗护理等方面的上门服务。有些在小家庭中照料有困难的老人需要集中供养,得到社会有组织的日常照顾。

同时,老年人退休以后,还迫切需要社会向他们提供相应的文化娱乐设施。今天在许多城市的街头绿地里可以看到有众多的老人在

练气功、打太极拳、跳交谊舞；一些茶馆、老年活动室受到青睐；社会上各种“老年大学”及绘画、书法、养花、烹调学习班应运而生。凡此种种皆表明了老年人对参与社区文化活动的热情与需要。因此，城市规划在居住街区的规划之中，必须对以上种种设施的建立给予考虑。

2. 老年人的生活行动需求。

老年人与年轻人相比有行动迟缓、不便的特征，因此在城市道路、居住小区的设计中要求“无障碍设计”，老年人行走的安全与方便是主要原则。无障碍设计应包括私密空间与公共空间两部分的设计：前者着重为老年人提供有利于发挥自理能力的生活居住空间；后者为老年人提供广泛的参与公共活动的机会。在老年人居住建筑与公共绿地及公共服务设施之间应提供一条以上的无障碍通道，保证轮椅、步行都很便捷、安全。从而使城市内的无障碍设计做到“点”“线”联成网络，使老年人在城市内的活动保持顺畅、通达。

3. 老年人的心理需求。

由于老年人退出职业岗位之后，生活结构发生了转折，身体素质和智力出现不同程度的衰退，因而会引发一系列生理和心理变化。有医学专家认为，引起老年人死亡的原因之一是老人聚居。整天见到的是老态龙钟、行动迟缓、白发苍苍的老人，哪里还会使人产生朝气？所以现行的城市规划工作，不仅仅是考虑建设多少个老年公寓、老年之家、托老所、敬老院和老年服务中心等各类老年设施的问题，而且还要在规划布局上考虑把老年人同普通人混杂居住的规划和住宅设计方案等，诸如此类的问题都需要做细致的研究工作。

五、城市规划技术经济指标、政策的调整和运行

1. “老年人城市用地”在规划用地类别中的增加。

现行的城市总体规划、分区规划中的用地分类，都在执行建设部1990年颁发的城市用地分类标准，即《城市用地分类与规划建设用地标准》(GBJ137-90)；但是，在该标准的居住、公建、工业、仓储、道路等10大类、46中类、73小类的城市用地分类中，都没有将老年公寓、老人院、孤老收容所等专门为老年人服务的城市设施用地标明出来。该用地标准仅在C36小类的游乐用地一项中提到老年活动中心，而且与舞厅、俱乐部、青少年宫用地归类在一块儿；显然，这样的城市用地类别

划分已不能适应于我国老龄化社会的城市建设，不能解决老龄化社会所面临的有关的城市规划问题。老年设施建设在今后我国的城市建设中将会有10%以上的比例；按老年设施用地需求的最低标准，也应在规划用地的"中类"用地中有所设置。这是城市规划面对老龄化社会到来的一项积极调整。

2. 有关技术经济指标、政策的制定。

对于老年人社区服务设施项目的建设，在城市总体规划、分区规划阶段就应给予考虑；同时，在规划文本中制定有关定量建设指标。技术经济指标的制定则以各地区《老年事业发展"九五"计划》为依据。这样，既有利于城市建设的统筹安排，又使进一步的城市详细规划设计在老年设施建设中有据可查，从而保证老年社区项目的落实。

江苏省是我国率先进入人口老龄化的省份，《江苏省老年事业发展"九五"计划（1996—2000）》制定出了有关数据标准：1万人居住小区，老年公寓建筑指标为60平方米/千人，用地面积100平方米/千人；5万人小区，老年公寓建筑指标为27平方米/千人，用地面积为54平方米/千人。应该说这样的标准只是粗框架的，指标上还是远不够的。我省各城市的总体规划则应在此基础上更进一步地提高、细化指标，为我省的老年人创造更好、更适宜的生活、居住的城市空间。

六、结语

我国将面临人口的迅速老龄化，这不仅是一个人口学现象，更重要的是由于人口年龄结构的变化将带来一系列的社会、经济、文化和发展问题。本文以上论述仅是在城市规划如何面对老龄社会问题上展开的，而解决人口老龄化社会问题是一项庞大的系统工程，需要全社会各行业的共同努力。

一个人在精力充沛的青年、中年、壮年时代为社会做出了无可争议的贡献，在他的晚年，同样应该被社会尊重和承认。城市规划领域中正确、富有预见性的决策，将为我国快速到来的人口老龄化社会做好充分的准备。

参考文献

1.《江苏省老年事业发展"九五"计划》(1996—2000)

2. 杨松荫译:《外国老年人住房问题侧面观》,北京科技出版社,1991年
3. 叶绪镁:"人口老龄化与城市规划",《城市规划》,1994.4
4. 肖振禹:"老龄化,世界面临的新挑战",《人民日报》,1997.4.15
5.《中华人民共和国城市规划法》,1990年4月1日实施
6.《城市用地分类与规划建设用地标准》(GBJ137-90)

(原载于《现代城市研究》1998年第1期)

奥克兰城市公园里的座椅上,两位老人相依而坐,很温馨、很闲适,令人羡慕

低碳城市理念在昆明呈贡新区的实践

2011年6月27日，在住建部召开的“2011年度城市发展与规划大会”上，《昆明呈贡新区低碳城市理念的实践与发展》获得了与会专家学者的高度评价。显然，低碳城市建设的规划与标准，将是昆明呈贡新区建设成为“现代化城市示范区、科学发展示范区、品质春城示范区”的最高标准。

要把昆明建设成为区域性国际城市，必然要走低碳城市的发展之路。呈贡新区是昆明低碳城市建设的先行区。2010年以来，呈贡新区在城市规划中认真落实低碳城市的先进理念，制定了呈贡新区低碳发展规划，在国家发改委2011年3月举办的低碳城市国际研讨会上，呈贡新区作为唯一低碳规划个案，得到国家发改委领导的充分肯定和与会代表的高度关注。

一、低碳城市的主要内容与呈贡新区建设的总体要求

低碳城市的基本理念就是以人为本，人与自然和谐于城市社会、城市经济与城市生活之中，即以低碳经济为发展模式及方向，市民以低碳生活为理念和行为特征，政府公务管理以低碳社会为建设标本和蓝图的城市。目前，世界上的低碳城市首推全球首座零碳排放的城市——阿联酋迪拜，只是这个技术型生态城市因其不可复制性，也就不太有推广性。在中国，以生态宜居型为特征的中新天津生态城值得关注，它是可复制的、可持续的，作为目标主体也是可改进的。另

外，唐山曹妃甸和天津滨海科学发展示范区，杭州、大连、中山作为品质城市示范区，深圳、上海作为现代化城市示范区，对开拓我们的思路、思维和思想都是有着非常重要的参考价值的城市，同时也激励着我们坚持以低碳城市建设标准和开发理念，从呈贡新区现有的"建设条件"出发，探索一条符合呈贡新城实际的低碳城市建设发展之路。

呈贡新城南北纵距18.2公里，东西横距13.6公里，湖岸线长约16公里，规划人口近期85万，远期150万。呈贡新城位于山湖之间的平坦地带，自然形成"依山傍水"的地理环境，自然生态条件较为优越。按照规划要求，呈贡新区应是"云南省第二大城市"，是全省新区、中国面向东南亚、南亚的"桥头堡"，是集绿色交通、节能建筑、高效模式和生态城市于一体的"低碳城市"示范区。

2010年以来，呈贡先后邀请了美国"新城市主义"理论创始人彼得·卡尔索普先生等国内外相关专家对呈贡新区低碳城市建设及商业核心区的开发规划进行指导。所谓"新城市主义"，在20世纪90年代应运而生，它立足于低耗能低排放的社区结构，强调可持续发展、以人为本和方便宜居，受到越来越多国家和城市的重视。呈贡新区是这一理论在中国落地实施的第一个案例。

二、呈贡新区建设规划对低碳城市的贯彻与实践

(一) 低碳生态发展理念在新区规划建设中的体现

第一层次：生态开发分区。我们在总体规划七个功能组团的结构下，根据"低碳城市"的理念，在约3 000米 ×2 000米的尺度控制范围下，将新区分为九个生态区(图一)，形成"多组团、多中心"的合理布局，每个生态区都有不同的功能、分区、服务和大量的就业机会(图二)，每个生态区之间都有河流、绿化，每个生态区内设置交通换乘点，配备集中降低排放的处理设施。

第二层次：生态单元分区。每个生态区内都包括3—5个1 000米 ×800米(约1 000亩)不等的生态单元分区。单元之间以慢行交通联系，并建设完善的配套公共设施(图三)。

第三层次：生态细胞分区。生态细胞指220米 ×220米的区块，街区的中心将保留给绿色景观和行人使用，在生态细胞内没有机动车。

围绕生态细胞边缘的是15—30米绿化和建筑之间的林荫街道。每个区块内都建立废物标准收集设施(点)。这类街区占新区比例大于50%(图四)。

(二)快捷、低耗、绿色交通体系在新区建设规划中的体现

整个新区的道路交通系统规划已经基本确定,而且东部路网建设已基本成型,在线路、设施造型上也体现最新的发展趋势,为公交系统主导的交通结构创造了良好的物质基础,从而促进公共交通在新区城

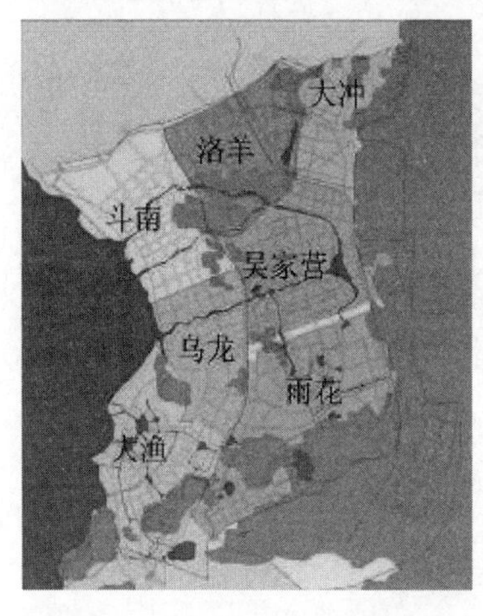

图一

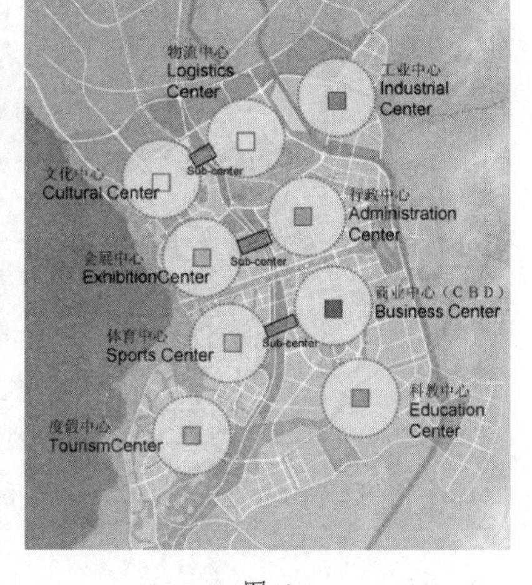

图二

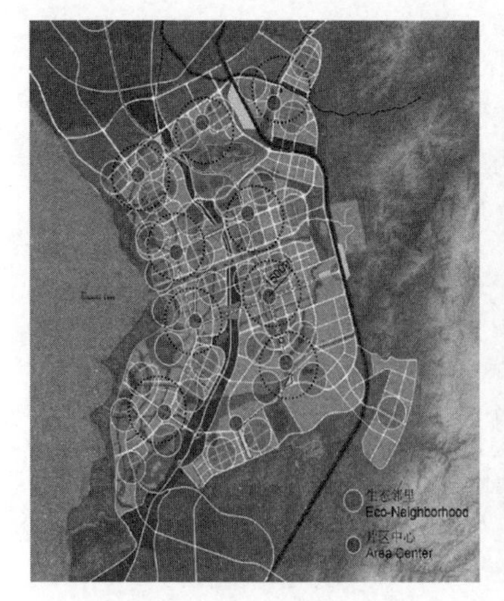

图三

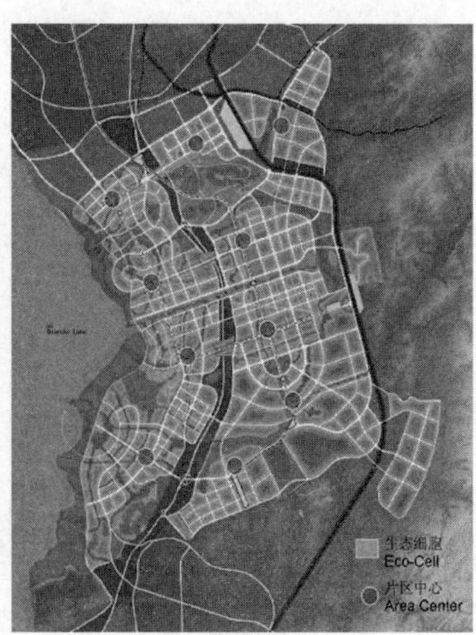

图四

市分担率明显大于50%，在城市内部计划达到60%，区域内达到70%（图五）。将增加一条乌龙—大渔—雨花的轻轨线路，完善轨道交通的网络覆盖率，使人们能够轻松快捷地到达每个生态片区中心，最大限度降低私家车出行（图六）。同时，有轨电车线将生态邻里连接在一起，每个生态细胞都在1 000米有轨电车路线上。6个换乘中心连接有轨网格和轻轨网络，使高效的公共交通系统成为居民出行的首选。这将有效减少车辆交通和居民的买车需求（图七）。

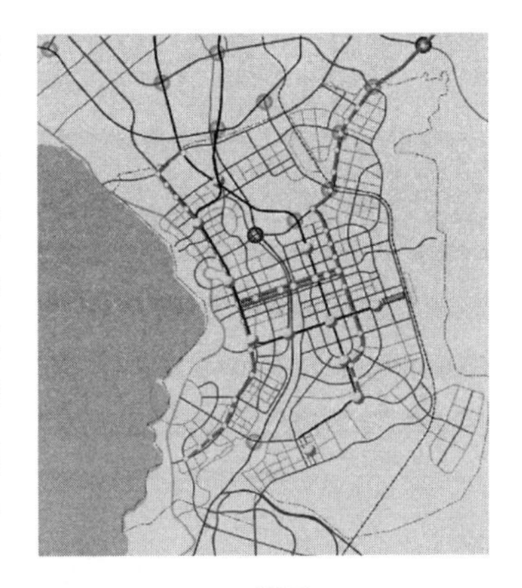

图五

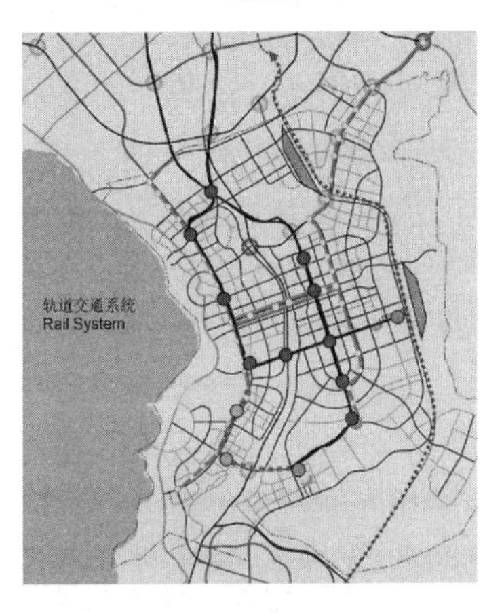

图六

城市步行系统也是低碳城市建设的重要组成部分，呈贡新城的外围环形步行系统主要由沿湖湿地、城市绿化隔离带及郊野公园联系组成。城市横向步行系统的线路主要以滨水公园为主，由洛龙河公园、中央景观公园及捞鱼河公园组成。城市纵向步行系统分别由步行街和城市公园组成，主要线路是建设一条以张官山—三台山—乌龙堡—七星山—关坡山—梅家山组成的养生步行游路（图八）。

对自行车系统和环湖旅游电瓶车系统也有统筹，每年计划沿着环湖路举办“生态之旅”，沿着水边组织、提倡和支持各种健康、运动、公益、文化等民间活动和节目（图九）。

各种充分体现低碳理念的绿色交通体系是城市交通可持续发尽展的必然选择，不仅不会制约城市发

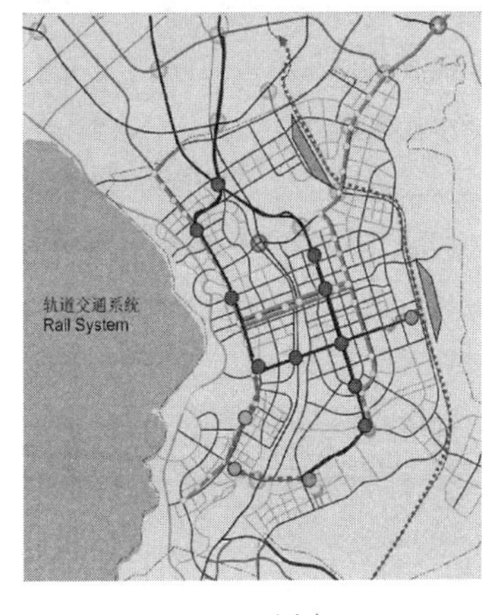

图七

展，反而可以增加城市发展的持久动力，并最终改善城市生活。我们预计，规划2020年新区内部交通平衡率达到50%，公交分担率可达到60%，覆盖范围面积占建成区面积达90%，公交分担率可达到60%，其中轨道交通预计占49%（图十）。

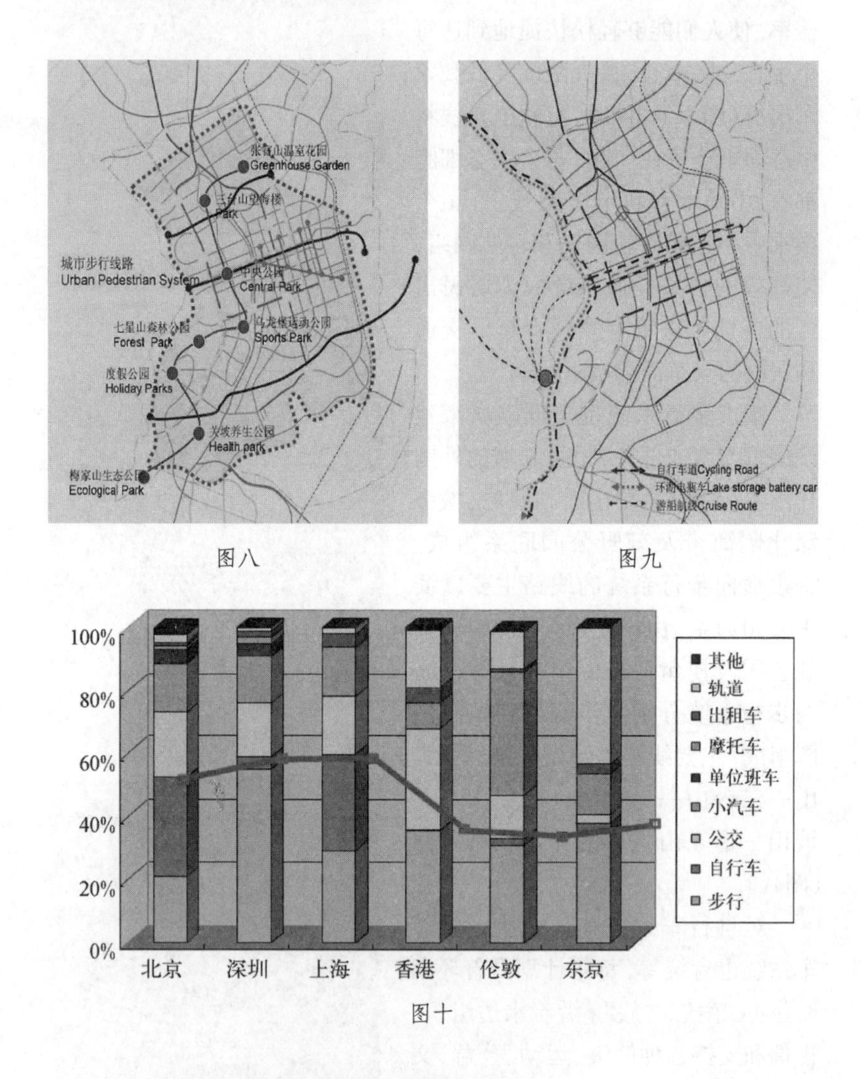

图八

图九

图十

三、网络化生态系统在呈贡新城的构建

网络化生态系统主要由城市森林（生态背景）、城市隔离带和湿地（生态边界）、城市河道（生态廊道）、城市公园（生态斑点）和城市地标（生

态节点)有机结合,共同构成。

(一)建设森林中的城市

按照规划要求,呈贡低碳城市建设规划中,新区范围内要保证至少有50%的渗水面积,新区总绿化面积将要达到55.9%。将坚持长期的树木种植和管理计划,以改善空气质量、降低能源的使用,减少温室气体的排放,减少紫外线辐射暴露和控制雨水径流。我们将有计划、有步骤地动员、组织和鼓励呈贡市民积极参与森林的扩种、养护,成为呈贡特色的公民周末公益性活动之一(图十一)。

图十一

(二)加大城市隔离带和湿地的建设与保护的力度

在呈贡新城建设中,我们将严格禁止在生态敏感区以及山体延绵、植被茂盛、生态良好的山林绿化区域范围内搞规模开发和建设,鼓励生态保护,鼓励引进和发展绿化项目,只允许适当发展无设施建设的生态观光项目,重大市政基础设施和水利设施项目,坚决禁止有城镇功能的用地开发、一切有损生态的工程和项目(图十二)。

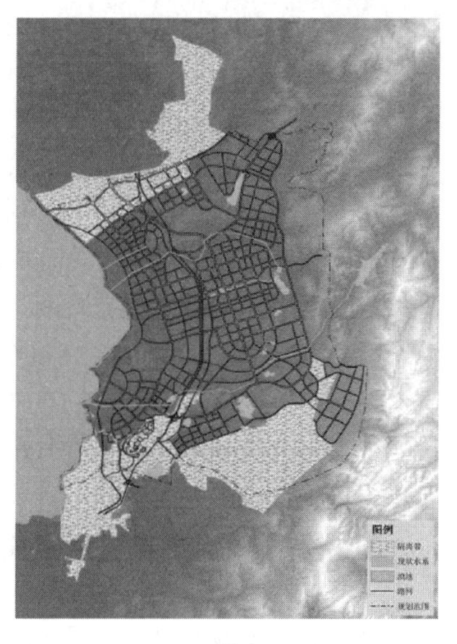
图十二

(三)以生态廊道的标准治理城市河道

在呈贡新城规划设计区域内,逐步清理洛龙河、中央景观河和捞鱼河等河道和其他水域,也可以建立一个封闭的水循环系统,自然净化城市里的人工湿地。最终,这些水域可以用于养鱼业等水域经济产业的生产,或者改造为居民的休闲场所(图十三)。

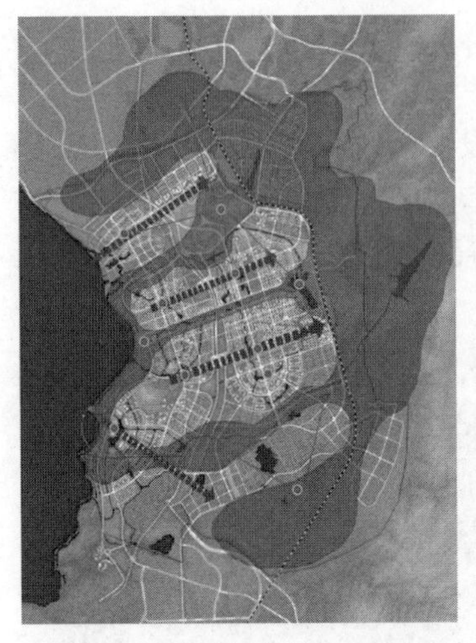
图十三

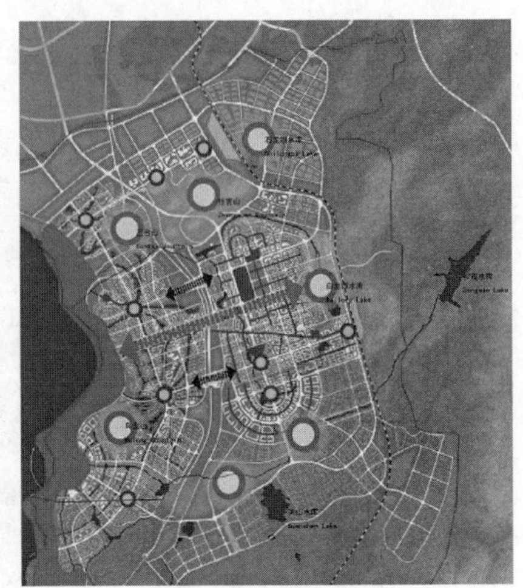
图十四

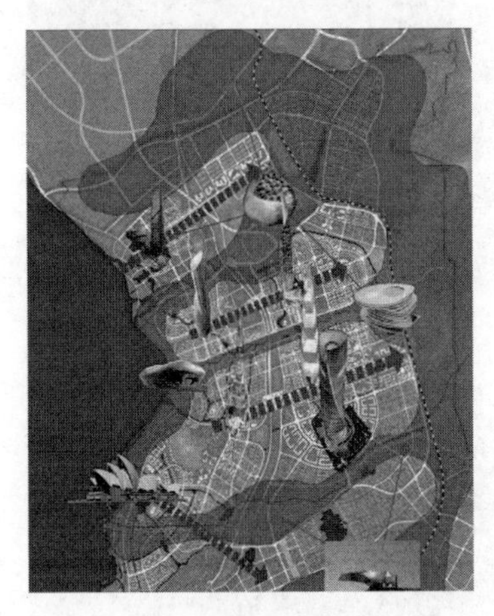
图十五

（四）以生态体系的标准对新城山体进行规划

一般来说，城市开放空间可分为自然与人工两大类，自然空间包括以山体、水库、池塘等自然要素为主的空间，人工空间包括城市建设公园、城市街道、城市绿化空间等由人为创造形成的空间。呈贡新城的公共绿地规划面积为21.23平方公里，人均公共绿地规划为20平方米，确实做到住宅区所有居民可在500米范围内抵达公共空间和绿地（图十四）。

（五）建设好城市的生态地标

以“低碳节能”为标准，在每个区域建造具有低耗能、高效率、零碳、零废弃物等特色的标志性100%绿色示范建筑，呈贡新城将规划建设11个城市生态地标建筑（图十五）。

四、呈贡新区低碳交通模式的新探索

呈贡新区在规划建设中，全面贯彻应用了全球大城市普遍认可、正在实践的TOD原则和NMM理念，即：以公交为核心，通过道路网络、街区结构、功能布局有机结合的规划设计，减少不必要的机动车出行量，辅以彼此连贯的园林、公共设施等，真正让城市成为人们迈步可达、方便亲切、健康的“新城”。在交通模式的选择上，呈贡新区将完善轨道交通、有轨电车系统、城市步行系统、自行车、电瓶车交通等多种公共交通方式，使城市和生态邻里连接在一起，减少车辆交通和居民的买车需求，在交通方式上也做到低碳先行。

同时，在呈贡新城的交通设计理念上，我们坚持将人行安全和便捷的需求纳入其中，营造便于自行车交通的路网来降低机动车需求，建造以公共交通为导向的街道和社区来增加公共交通使用率，提倡混合型土地利用模式来分散市民出行目的地，在步行可及范围内设置公共绿地及公共服务，建设节能建筑和社区，降低二氧化碳排放量。

通过下面这张表格的对比，我们可以看到传统理念下的规划与低碳理念下的规划有着怎样本质的区别：

表1　呈贡现状规划和低碳城市规划特征对比

	传统规划方式下的规划特点	低碳城市规划方式下的规划特点
街道密度和尺度	密度低、尺度大	高密度、细网格
社区尺度	大地块	小地块
土地混合使用	在大尺度街区内功能相对单一的土地开发模式	围绕重要公交节点的高密度、混合用地开发模式
公交系统	重要干道设快速公交	快速公交、公交和慢行专用街道、公交专用车道等构成的密集的公交系统
机动车系统	强调机动车的路段行驶速度，采用多车道的超大马路	强调车流的稳定性、均匀性和连续性，采用车道少的单向二分路
公共空间	强调公共空间及绿地的尺度和面积	强调公共空间和绿地的可达性、连通性、可用性
慢行体系	机动车优先，慢行空间被超大交叉口切割	慢行优先，构建完善的步行设施、步行和自行车专用街道连续性好

（续表）

	传统规划方式下的规划特点	低碳城市规划方式下的规划特点
地块开发控制	对城市形态控制力弱，依赖传统控规指标	对城市形态的控制力强，比传统控规指标更详细、具体

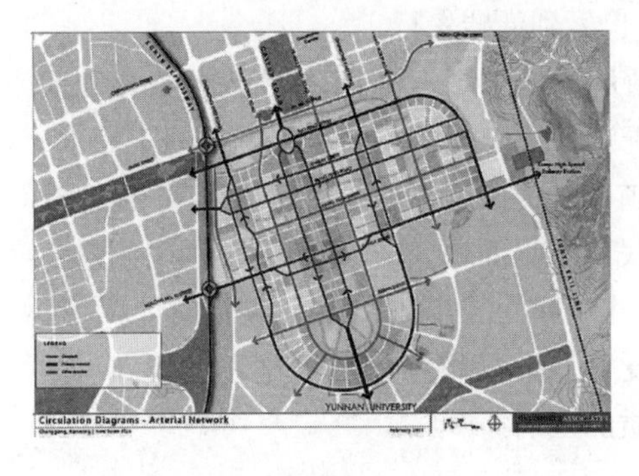

图十六

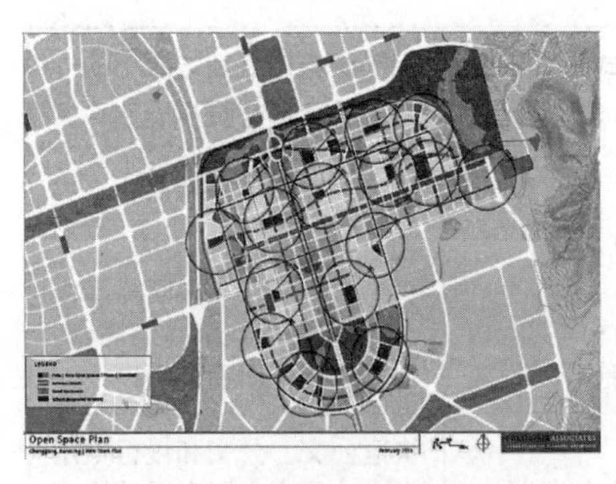

图十七

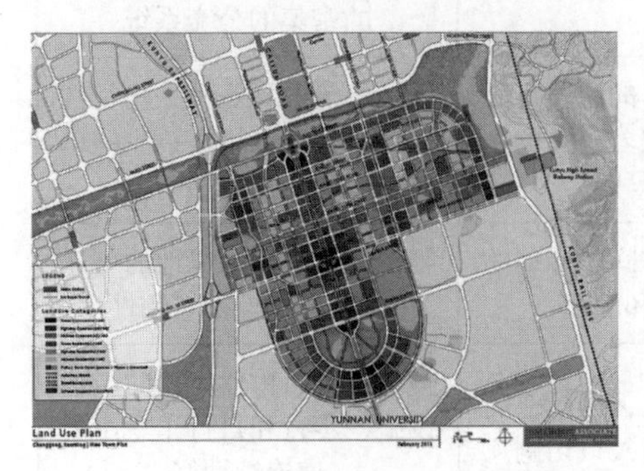

图十八

在呈贡新城核心区路网的规划中，间距为150—200米之间的细密网格状路网，道路断面减小。还考虑了用单向二分路来取代原来的大尺度道路，降低行人和自行车一次过街的距离，同时减小交叉路口的度，简化信号灯的相位控制，使机动车的通行也更加流畅。(图十六)

图十七告诉我们，核心区还围绕主要公交节点做高强度混合开发，图中深色块为地铁、BRT站点所在地的交汇点，开发强度最高。同时，将公共空间、绿廊、水系形成一个整体，400米范围内步行均可到达(图十八)。

在呈贡新区的规划建设中，我们主要是在以下几个方面进行了深入的探索：一是坚持以低碳理念引领城市规划，把握低碳城市建设发展的全局与方向；二是加快产业结构优化升级，促进区域经济的低碳化发展；三是强化低碳管理，倡导低碳生活，促进城市低碳化运营；四是促进农村低碳化建设。应当说，这些探索不仅充分体现在了整个呈贡新区的规划设计中，也体现在了新区建设的具体实践中。在探索与实践中，我们深深体会到，建设低碳城市不仅仅是政府的事，更不仅仅是规划部门的事，企业也需要制定有效的对策、营造低碳化的经营环境。更重要的是，切实提高市民的低碳意识，把低碳城市的理念融入社会生活和经济发展的各方面，全方位渗透到生产生活各领域，唯有这样，低碳发展才有现实的基础和希望。

（原载于《云南城市规划》2012年第1期、《新区》2012年第1期）

省会城市新区：引领中国城市化

本文有两个主要观点：一是省会城市新区将会引领我国第二个三十年(2010—2040)的城市化进程；二是一线城市、三四线城市的新区在第二轮城市化发展中，步伐都会放缓，唯有二线城市——省会城市，具有更强的活力和发展速度。这是因为一线城市的单体城市人口突破3 000万人以后，"城市病"将更严重，三四线城市不具备扩张建新区的条件。只有二线城市——省会城市是一个省的区域中人才、资金、技术等各类要素最为集聚的地方，是省域城市化核心增长极。它将会并已经在高速、实效地增长。作为省会城市新区的昆明呈贡新区，作者也呼吁省、市各界各方多重视其发展，给予昆明呈贡新区政策支持，以使其不要丢掉发展的良机。

在中国30多年改革开放的伟大历史进程中，城市化发展一直扮演着重要角色。其影响并不仅仅存在于中国经济社会的巨大变迁之中，也存在于世界城市经济的潮头浪尖。美国经济学家克莱顿·克里斯滕森就认为，21世纪世界将会有两大重要经济事件发生，一个是美国高科技航天工业的发展，另一个是中国城市化经济的发展。很显然，随着中国改革的不断深入和开放的不断扩大，城市化步伐会不断加快，城市化的影响力会越来越大，城市化经济对整个中国经济的引领作用也会越来越明显。我们注意到，在中国的城市化进程中，各省会城市建设的新区，往往作为全省的政治、经济、文化、人才等要素高地，各自都在省域经济发展中起着重要的引领、示范、带动和辐射作用，有的甚至影响整个中国的改革开放和经济发展大局，因此，关注和研究城市化发展，全国省会新区建设必然成为焦点。

本文所指的省会新区，包括4个直辖市、27个省会城市以及副省级城市的新区，它们是我国区域、省域内带动区域经济发展的强大城市化引擎。

一、国内省会新区开发建设的模式及带动作用

城市化是区域经济发展的必然选择。从1980年8月深圳经济特区的建立，到1990年4月建设上海浦东新区，再到1994年天津滨海新区的兴起，它们不仅是中国30多年改革开放的标志性事件，也是中国城市化发展的里程碑，更是中国近年来新区建设特别是省会新区建设的榜样，具有鲜明的引领作用。近年来，一些省区市都把新区建设当作当地区域经济社会发展的龙头工程来抓，战略意图非常明显，值得我们结合呈贡新区建设实践，认真研究和思考。如河南郑东新区、重庆两江新区、四川天府新区、陕西西咸新区等，发展速度极快、发展质量很高、发展态势特强，不仅对城市化发展未来的指向性极其突出，区域经济发展的辐射和推动作用也特别明显，不仅是现阶段中国经济的重点和亮点，也是引领区域经济发展的重要平台和超强引擎，对整个中国经济发展的影响力也在不断增强。

——深圳经济特区。1980年8月26日经国务院批准正式设立，是中国第一个经济特区。改革开放前，深圳是一个偏远荒凉小镇、边陲

深圳经济特区

上海浦东新区

渔村。在国家政策支持下，经过改革开放30多年的发展、创新，深圳由边陲渔村发展成有一定国际影响力的新兴现代化城市，是中国重要的海陆空交通枢纽城市，有着强劲的经济支撑与现代化的城市基础设施，已经建设成为中国高新技术产业和创意产业重要基地，创造了中国城市化、工业化和现代化的奇迹，为今天的城市化发展和新区建设，提供了全面、丰富、成熟的“深圳经验”。

——上海浦东新区。1990年4月18日，党中央、国务院宣布开发开放上海浦东，从此浦东发展掀开了新的篇章。在80年代，“宁要浦西一张床，不要浦东一间房”是当时上海社会的共识。短短20多年间，浦东就发生了翻天覆地的变化，从阡陌农田到高楼林立、从冷僻乡间到繁荣市区，城市化进程迅猛而有序，成为上海经济的引擎，被国内外舆论评价为“上海现代化建设的缩影”“中国改革开放的象征”“中国三个增长极之一”。现在的浦东，是上海市的一个副省级市辖区。研究浦东新区的发展经验，很重要的一个切入点，就是在整个浦东新区，从管理模式到机制设计都充满开拓精神与创新思维，都有胆有识，敢为人先。

——天津滨海新区。是国务院批准的全国综合配套改革试验区，我国第二个副省级新区。规划面积2 270平方公里，海岸线153公里，截至2011年底，滨海新区常住人口达到253.66万人。天津滨海新区成为继深圳、浦东之后，又一带动中国经济发展新的增长极。目前已有

天津滨海新区

河南郑东新区

90多家世界500强企业在此投资兴建了230多家企业，滨海新区已经成为全国公认的投资创业新热土。党的十七大报告明确指出："更好发挥经济特区、上海浦东新区、天津滨海新区在改革开放和自主创新中的重要作用。"充分肯定了新区在城市化发展中所具有的改革开放和自主创新品质，并且要求"更好发挥"这种品质，进而赋予经济特区和两大新区引领和带动全国的改革开放和自主创新的历史使命。

——河南郑东新区。2003年，河南郑东新区开始建设，目前建成区面积65平方公里，累计完成固定资产投资约1 223亿元，远期规划总面积150平方公里，相当于目前郑州市建成区的规模。其开发建设一开始就被河南省列为全省加快城市化进程的龙头项目，并纳入河南省政府的日常工作来抓，政策的扶持力度也基本适应了新区建设的实际需要。目前，郑东新区已经有400多家国内外知名企业入驻，被誉为中国最具投资价值的CBD之一。

——重庆两江新区。2009年2月5日，国务院发布关于推进重庆统筹城乡改革发展的若干意见(国发3号文件)，在国家战略层面正式研究设立"两江新区"，是我国的第三个国家级、副省级新区。国家"十二五"规划纲要中明确提出"推进两江新区开发开放"。2010年，两江新区GDP达1 055亿元。"两江新区"的战略规划是大手笔、充满大智慧，如何把这种大手笔和大智慧在建设实践中的效应最大化，需

重庆两江新区

四川天府新区

陕西西咸新区

要从理论和实践的结合上做出令人民满意、经得住历史检验的回答。

——四川天府新区。2010年9月1日到2日，四川省委书记刘奇葆在四川省深入实施西部大开发战略工作会议上提出，要规划建设天府新区，形成以现代制造业为主、高端服务业集聚、宜业宜商宜居的国际化现代新城区。在总体规划获批后，成都将天府新区建设作为“一号工程”实施。天府新区的建设目标是成为继上海浦东新区等之后又一个国家级新区。2010年，天府新区GDP达1 800多亿元，对四川区域经济的带动和引领作用正在逐步显现。

——陕西西咸新区。2010年2月，西咸新区建设正式启动，由陕西省委常委、副省长江泽林兼任西咸新区管委会党工委书记、主任。规划面积882平方公里，规划建设用地272平方公里。2010年，西咸新区GDP达140亿元，对陕西城市化发展与区域经济的“发动机”效应已经初现端倪。西咸新区未来对中国西部地区经济社会发展影响之大和辐射之强，已经令专家们充满期待，其潜力不可低估。

从以上案例可以看出，中国的新区建设实际上就是中国改革开放中城市化进程的经典力作，对中国未来发展特别是城市经济发展和城市化进程的引领作用不可小视。

二、省会城市新区开发建设及发展的启示

从国内众多省会城市新区的开发建设中，我们可以得出许多有益的启示：

（一）领导重视是关键

2001年8月，时任河南省省长的李克强在听取郑州市关于新区规划的汇报时，果断拍板：要抓住优化城市布局的机遇，把包括老机场、经济开发区在内的区域整体规划，连片开发，打开郑州发展的空间，用国际化眼光和思维，高起点、大手笔，重新规划建设“郑东新区”，使其成为带动郑州及全省的龙头，并明确要求“郑州市党政一把手亲自抓郑东新区的规划建设”。由于领导重视，郑东新区应运而生。一个原本3平方公里的“新城”设想，变为规划总面积150平方公里、规划人口150万的宏伟构想，从而扩大了城市框架，增强了城市辐射能力，也开启了面向未来的城市建设序幕。纵观各省会新区的建设与发展，领导重视之所以成为关键，最根本的原因就是两点，第一，领导的重视是

以科学决策和创新理念为基础和前提的；第二，领导的重视其实就是对党委、政府相关重大战略决策坚决、认真地贯彻落实。毛泽东说："正确路线决定之后，干部就是决定的因素。"领导的重视正是这种决定因素的核心价值所在。

（二）体制创新添活力

重庆市把两江新区列为全市统筹城乡综合配套改革试验的先行区，采取"1＋3"的管理体制，实施"1＋3"的开发模式，平行推进。在开发建设中，重庆市出台了税收优惠、财政补贴、启动资金、风险补偿、人才机制等十大优惠政策，强势支持两江新区建设。同时，国务院在批复中明确批准两江新区建设参照浦东、滨海新区政策执行，给予两江新区明确、配套的政策支持。我们看到，虽然全国各省会新区都具有城市化发展大手笔、大战略的基本特征，但它们又各自有着鲜明的特色，在开发模式、管理体制、产业规划、人文诉求等各个方面，都各有创新、各有优势、各有思路、各有谋划，它们高瞻远瞩，不拘一格，敢为人先。

园林化新城呈贡一景

（三）资金扶持有保障

四川天府新区的领导体制采用的是两级管理制，即省级设天府新区规划建设委员会，省长亲自挂帅牵头。规建委的主要职能是管理天府新区规划的制定，对下层规划的指导和审定，以及指导协调规划的实施。而在成都、资阳和眉山三市下设建设委员会，由三个市负责建设任务，按照统一规划来建设，省市的积极性都得到了充分发挥。2010年，四川省财政拿出20亿元支持天府新区基础设施建设，而3个市也拿出几十亿元建设基础设施，有力的资金扶持，使天府新区在短短的时间内就实现了高速发展，2010年仅成都部分的GDP就达1 058.43亿元。实际上，任何新区建设都绕不开资金这个结。如何真正打开这个结，使新区建设的资金流动基本进入良性循环，各个新区都有许多好的经验值得我们研究和学习，同时，我们也应当主动争取上级相关部门的资金扶持，加大社会融资和吸引外资的工作力度，使新区建设的资金需求得到最基本的金融支持与保障。

（四）战略定位起点高

西咸新区位于西安、咸阳两个城市主城区接合部，其发展定位着力突出三个新，即“新城市、新体制、新经济”。这一定位从一开始就积极向国务院及国家相关部委上报对接，争取进入国家战略层面。2011年6月13日，陕西省政府和国务院新闻办共同召开新闻发布会，发布了西咸新区的规划和战略定位，西咸新区的开发与建设已提升到了国家战略的层面来实施。高水平、高标准、高起点的战略定位，使西咸新区的建设与发展一开始就充满前瞻性，起点也相当高，被公认为是中国西部大开发的重大战略部署之一，影响有可能非常深远。省会城市的新区规划与建设都有一个共同点：一方面稳接“地气”，与当地城市化进程的必然要求、与本地区经济社会发展的实际需要相结合；另一方面手笔宏大，战略定位起点高远，发展脉络清晰明确，建设理念先进大气，不仅是对本地区甚至对中国的城市化进程都有面向未来的引领作用，也是区域经济发展又好又快的领跑者和重要引擎。

虽然决定省会城市新区建设与发展的因素很多，但最基本最重要的因素：一是各级领导的重视、关心和支持；二是强有力的领导体制和运行机制；三是国家、省、市层面的政策扶持和资金支持；四是高起点的战略定位、高效率开发建设权。只有具备这些关键性因素，才能实现省市新区的高速发展。

三、呈贡新区在省域经济发展中的地位和作用

新区之“新”，在某种意义上讲，就在于管理体制和运行机制的全方位、系统性创新，赋予其更多的经济管理权限，即市级、省级或者国家级管理权限，使之抓住难得的发展机遇，在较为短暂的时期内，促进生产性机构、人口的快速集中，推动区域经济密度的极大提升。呈贡作为云南省会城市的新区，作为桥头堡门户城市核心区，如何在开发建设中先行先试，推动呈贡新区率先发展、科学发展、跨越发展，不仅是建设桥头堡和区域性国际城市的重要着力点，也是深入实施现代新昆明战略的迫切需要。

（一）要高度重视呈贡新区的开发建设

呈贡新区不仅是呈贡的新区，同时也是昆明的新区、云南省的新区，云南未来百万人口的现代化城市新区。作为省会城市的有机组成部分、昆明市行政中心所在地和滇中城市圈的核心枢纽区域，呈贡新区的开发建设事关全省、全市的发展大局，事关国家桥头堡建设和昆明区域性国际城市建设战略的实施，需要进一步解放思想，按照“三个发展”的实际需要，加大管理体制的创新力度；需要进一步加强呈贡新区在昆明建设区域性国际城市实践中的地位和作用，把呈贡新区的建设与发展放到昆明全市改革、开放与发展的大格局中来定位、来统筹、来强化；放到云南区域经济发展的战略高度来思考、来扶持、来谋划；放到新一轮国家西部大开发和全省桥头堡建设的大背景中来规划、来审视、来开发。只有在这样的高度与视野之中，才是重视呈贡新区开发建设的关键所在、层次所在、灵魂所在、效应所在。也只有这样的重视，才有可能为把呈贡新区打造成为滇中经济圈发展核心区和全省区域经济发展强势增长极提供先行先试的可能性，为呈贡新区成为引领和带动全市、全省城市化发展创造有利条件。为此，呈贡新区的建设者要积极争取各级领导机关的理解、支持、帮助和指导，不负党和人民的重托，努力把领导机关的重视化为呈贡新区建设的重要力量。

（二）要建立有力有效的体制机制

参照天府、西咸等大手笔新区建设的经验，应尽快启动或深化有

效整合昆明三个国家级开发区的资源优势，改革创新，以全新的思路做大做强我们云南的省城新区，使之真正成为云南区域经济发展和国家桥头堡建设的强大引擎。同时，应加快建立健全适应呈贡新区加快发展必然需求的管理体制和运行机制，在省级行政层面上统筹协调呈贡新区461平方公里的整体开发建设，以利于各项支持政策的到位，及时解决和处理开发建设中出现的重大困难和问题，避免多头管理、重复建设、无序竞争。

（三）要赋予“特区”政策支撑

从全国省会新区的实践经验来看，很重要的一条，就是各种优惠政策、扶持政策，不仅力度大，有创新，而且是基本配套的、成体系的。应当说，政策保证是建设省会新区的“基础工程”。建议省市党委、政府和各相关主管部门全面出台一系列支持和支撑呈贡开发建设的政策措施，从政策保证这项“基础工程”入手，把呈贡新区作为昆明市乃至云南省的一个特区来打造，从用地、财税、资金、项目、招商、人才等方面加大对新区的扶持力度，切实赋予呈贡更多的经济社会管理和行政审批权限，切实鼓励呈贡采取更加灵活的政策措施、更加灵活的管理制度、更加灵活的改革举措，完善政策体系，改革管理体制，提倡创新精神，落实产业支撑，弘扬低碳理念，推动呈贡新区在全省、全市和滇中经济圈全方位实现率先发展、科学发展、跨越发展，真正成为加快云南区域经济发展和城市化进程的“领头羊”。

（四）要培育壮大支撑产业

纵观省会新区建设实践，有没有产业支撑，产业支撑是不是坚实强劲、是不是充满生机与活力，产业支撑的品质够不够高、体量够不够足，都直接关系着新区建设的成与败。因此，我们要进一步完善产业发展规划，健全投融资体系，重大项目优先布局，通过政策导向、融资导向、产业导向，在呈贡新区着力发展高新技术产业、总部经济、现代服务业、文化产业和花卉产业等特色产业，构建服务全省、面向西南、辐射东南亚南亚的国际科教文化中心、国际金融商务中心、国际花卉交易中心、泛亚物流枢纽中心、国际医疗康体中心、新型产业基地和全国低碳城市示范窗口，建成云南省滇中经济圈的重要增长极。要继续加大招商引资力度，加快呈贡新区投资环境、低碳城市建设步伐，使呈贡新区真正成为中国西部大开发和云南桥头堡建设的投资热土、创业高地和产业新园区，为培育壮大支撑产业打好基础。

四、结语

中国改革开放30多年来的新区开发建设，包括各类开发区，也包括国家层面的特区，以及浦东、滨海等新区，在冲破体制机制和观念束缚后，展现出勃勃生机。进入新世纪以来，全国的新区建设更是加快了步伐。国家批复了一系列区域发展规划，新区建设布局从东部到西部全面覆盖，包括两江新区、天府新区、西咸新区、郑东新区、兰州新区、贵阳新区、济南新区，几乎每个城市和地区都试图通过新区来重新定义自己。

省会城市新区，是一个省的区域中人才、资金、技术等各类要素最为集聚的地方，也是创新思维、实现跨越发展的地方。省会城市的新区就是省域经济的核心增长极。

虽然今后新区的发展会面临劳动力成本上涨、土地刚性约束、地方政府推动新区建设的债务极限和风险等不利因素，但是，西部城市新区具有后发优势。西部城市新区要勇敢地跨越传统产业的重复建设，大胆、大规模承接高端产业的转移，这样，西部新区就一定会有美好的未来。而云南这样的西部边疆省份，绝不能失去这一轮新区开发的战略机遇。从这个意义上说，呈贡新区实际上再一次站到了历史的十字路口上，机遇就在眼前，挑战也更加严峻，作为呈贡新区的建设者，我们有理由充满信心。

(原载于2012年8月31日《云南日报》第七版、《新区》2012年第4期)

中国城市化的呈贡模式

昆明呈贡新区是规划的未来百万人口的新城市。那么，未来什么样的城市是关心人的城市，是适宜人居住与发展的城市，是我们想要的城市？本文就是针对以上提问，在十年时间里，对城市化可持续发展模式的探索与实践。

改革开放30年，我国的高速经济增长和城镇化速度，在世界经济史上是一个历史奇迹。城镇化率从20%提高到40%，英国经历了120年，法国100年，德国80年，美国40年，而我国仅用了22年（1981—2003年）。诺贝尔经济学奖获得者、美国著名经济学家斯蒂格利茨曾说：21世纪影响世界经济发展有两大因素，一个是“美国的高科技”，另一个是“中国的城镇化”。然而，中国的城镇化在不少地区出现“冒进”的现象，许多城市只追求外表的繁荣，但交通拥堵、环境恶化、就业困难等“城市病”却越来越严重。

进入新世纪以来，国家批复了一系列区域发展规划，新区建设布局从东部到西部全面覆盖，几乎每个城市和地区都试图通过建设新区来探索城市的可持续发展道路，来重新定义自己。呈贡作为云南省会城市新区，自2003年5月启动建设以来，始终坚持以人为本，积极发展循环经济，推广绿色低碳技术，在可持续发展道路上进行了有益的探索和实践，先后荣获“中国金融生态县”“全国绿化模范县”“2011中国十佳绿色城市”和全国首批“绿色生态示范城区”等荣誉，一个集湖光山色，融人文景观和自然景观于一体的环保型、园林化、可持续发展的现代化城市雏形初步显现。

笔者认为，呈贡新区的开发建设在经济发展、生态环境、民生保障和社会人文等方面实现了有机统一，是未来城市可持续发展的一个范例。本文立足于分析国内城市新区开发建设的现状，总结呈贡新区开发建设的经验和模式，以期对未来城市可持续发展模式的提炼有所裨益。

一、国内城市新区开发建设现状

中国改革开放30年，每一个十年就会出现一个标志性新区。第一个十年是深圳，深圳的开发方式是劳动密集型，从一个小渔村一跃成为人口上千万的现代大都市，创造了辉煌的财富奇迹，也创造了辉煌的城市奇迹；第二个十年则是以上海浦东新区为代表的金融密集型发展，正是集合上海各种人才、资金、人文、区域等要素，还有整个文化科研环境的支撑，造就了如今的浦东；第三个十年是天津的滨海新区，属于技术密集型的开发模式，依靠天津港口城市的便利，发展飞机制造业和天津生态城。正是各类开发区，也包括国家层面的特区，以及浦东、滨海等新区，在冲破体制机制和观念束缚后，聚集经济爆发式增长，展现出了勃勃生机，发展成为囊括现代产业、现代生活和现代都市的城市新区。

新区之新就在于赋予更多的经济管理权限，即市级、省级或者国家级管理权限，使之抓住难得的发展机遇，在较为短暂的时期内，促进生产性机构、人口的快速集中，最终推动区域经济密度的极大提升。在城市化进程中，一、二线城市作为全省的政治、经济、文化、人才等要素聚集地，在省域经济发展中起着重要的引领、示范、带动和辐射作用。然而，随着城市化进程的快速推进，一线城市的人口、就业、环境承载能力已基本饱和。为此，开发建设二线城市，即省会城市新区，事关全市、全省发展大局。近年来，国内不少省市都把新区建设当作全省经济社会发展的龙头工程来抓。如河南郑东新区、重庆两江新区、四川天府新区、陕西西咸新区等，由于领导重视、机制灵活，其发展速度、发展质量和发展态势极为明显，不仅成为当前中国经济的重点和亮点，而且也是引领省域经济发展的重要平台和超强引擎。

一二线城市由于城市辐射带动功能比较强大，社会需求比较旺盛。而三四线城市由于对周围的辐射和吸附能力比较有限，因此在新区建设上应更加谨慎，不能盲目搞“冒进”，应该注意效益和质量。如近年来国内一些城市相继爆出严重楼市泡沫，新区建设演变成了房地产开发，没有相应的产业支撑，最终只可能变成空城。

二、呈贡新区开发建设的探索和实践

现代新昆明建设启动以来，经过10年的开发建设，呈贡新区从一个传统的城郊农业县，发展成为集绿色低碳和山水园林为一体的现代化城市新区，在城市可持续发展方面进行了有益的探索和实践。美国新城市主义创始人彼得·卡尔索普近期发表了《中国“鬼城”的真正问题》一文。文中，卡尔索普认为呈贡新区不是“鬼城”，它是中国城市化中绿色低碳新区的典范。

（一）打破传统“摊大饼”模式，探索线形城市发展道路

之前国内城市规划有放射状的、有网状的、有环状的，到了21世纪，城市在高速发展的过程中，开始发展线形城市。线形城市占用的空间非常小，它往往在高速公路沿线或者轨道交通沿线修建，利用灵活多变的公共交通工具，混合城郊两种生活模式，有效地减低私家车带来的噪声和污染。同时，线形城市能够有效避免放射状、网状或者环状城市不断向外扩散，出现“摊大饼”的情况，使得城市空间布局更加合理，同时也使得城市发展的空间更广阔。

呈贡作为昆明郊县，是现代新昆明建设的主战场，承载着“一湖四片”战略的东城片区建设任务。在新区建设过程中，昆明地铁1号线纵贯新区，将新区和老城区连为一体，使新区形成一个“线形”的布局结构。同时，自2010年以来，呈贡先后邀请美国TOD（transit-oriented development，即交通引领城市发展）之父——彼得·卡尔索普先生对呈贡新区低碳城市建设及商业核心区的开发规划进行设计。卡尔索普结合呈贡实际，为呈贡设计了低碳交通路网，倡导小街区理念，增加路网密度，提倡以步行和自行车出行为主，这大大降低了机动车出行几率。呈贡新区的线形模式有效避免了“摊大饼”式的传统城市发展路径，为积极探寻现代化、集约式、生态型的城市化发展模式提供了一个典范。

（二）坚守生态环境底线，积极推进生态文明建设

经济发展与环境保护既对立又统一。环境问题产生于发展，环境

为人类生存与发展提供不可或缺的资源，并对人类活动所产生的“三废”进行净化，然而，当人类索取资源的速度超过了资源的再生速度时，当“三废”排放量超过了环境的净化能力时，逐渐恶化的环境必然影响和制约人类的生存和发展。因此，在城市化进程中，城市不仅是经济系统，同时还是一个社会文化系统和一个生态系统。经营城市不仅要追求经济价值，更要追求文化、美学、生态价值。

呈贡位于山湖之间的平坦地带，自然形成“依山傍水”的地理环境，生态条件极为优越。自新区建设启动以来，历届党委、政府始终坚持以人为本，将环境保护问题摆在议事日程上，牢固树立生态环境是生产力的理念，积极适应发展绿色经济、循环经济、建设低碳城市的要求，通过深入实施环湖截污、面源污染治理、生态修复与建设、入湖河道整治、生态清淤及节水“五大工程”和“四退三还一护”工作，坚决执行建设项目环保“一票否决”制，大力推进“百湖城市”和绿色建筑建设，全面开展“十万人种百万棵树”等活动，实现了城市绿地率达42.7%以上，森林覆盖率达48%以上，绿化覆盖率达47.8%以上。

正是由于呈贡新区在发展经济的同时，有效地保护了优美的生态环境，获得了国家园林城市、国家卫生城市、中国十佳绿色城市和全国绿色低碳示范城区等诸多荣誉。

（三）立足资源要素优势，有选择地发展特色产业

呈贡新区在产业发展上并不是一味追求经济增长、盲目引进项目，而是依托昆明市级行政中心、云南省10所高校、地铁、中央火车站、云南白药等资源优势，有选择地招商引资，有选择地布局建设产业园区。目前，呈贡新区正按照“产城一体化”“文旅一体化”的要求，在160平方公里的核心区范围内规划建设面向西南、辐射东南亚南亚，服务全省的信息科技产业园、国际医疗医药产业园、文化旅游产业区、斗南花卉产业园和泛亚金融产业园等现代特色产业园区。

信息产业园以发展电子核心基础产业、下一代信息网络技术、高端软件与新兴信息服务业为主；国际医疗医药产业园以云南白药为依托，发展生物医药产业基地、国际医院、国际商务酒店及相关休闲、旅游、国际性科研与文化会展中心、科研商务办公区及企业育成中心、健康生活商城等为主；文化旅游产业园将三台山自然环境、冰心故居和文庙人文环境相融合，在注重历史文化保护的同时，打造集文化休闲、休憩购物、商务办公、居住、消费为一体的城市综合服务中心；斗南

国际花卉产业园发展集花卉种植、研发、交易、拍卖、采后处理、总部办公、精品展示、文化传播、特色旅游等功能为一体的高原特色农业。

同时，呈贡整建制托管给昆明高新技术产业开发区、昆明经济技术开发区、昆明滇池国家旅游度假区和昆明阳宗海风景名胜区的洛羊、马金铺、大渔和七甸4个街道共301平方公里的范围内，正全面推动传统产业优化升级，大力培植有色金属精深加工、装备制造等现代化产业，形成了核心区和四个托管区既互联互补、又各具特色的产业发展道路。呈贡新区的特色产业布局，将为更多人提供就业岗位，打破了房地产开发的传统模式。

（四）优先保障和改善民生，加快推动和谐社会建设

2013年第一季度，在全省129个县（市、区）经济指标排名中，呈贡新区以城镇居民人均可支配收入8 723元和农民人均纯收入7 091元的优势，分别排在第一和第二。作为传统农业县的呈贡，正处于一产萎缩、二产剥离、三产刚刚起步的境地，经济总量小，是拿什么撑起了百姓的钱袋子？

城市化的最终目的是“人的城市化”。在呈贡新区的开发建设中，近10万农民失去了赖以为生的土地。为做好失地农民再就业工作，呈贡新区于2010年11月24日挂牌成立了全省首个失地农民创业协会。失地农民每年交1元钱即可成为创业协会会员，享受到贴息贷款、最新市场信息、法律维权等服务。为扩大就业和再就业，新区还安排专项资金支持失地农民外出租地种菜、种花，扶持被征地农民积极发展二、三产业，仅2012年就核发失地农民外出租地补助资金4 949.36万元。同时，还相继成立了呈贡新区创业园、大学生村官创业园、失地农民创业园和失地农民创业基地，切实为失地农民提供更多的创业就业岗位，拓展就业、创业、投资、社保、帮扶等增收渠道，以稳定和扩大就业增加工资性收入，以鼓励和支持创业增加经营性收入，促进城乡居民收入和经济同步增长。

另外，呈贡新区还加大了向教育、医疗卫生、文化体育等公共基础设施的投入，积极推进优质教育资源均衡化和公共卫生服务均等化，以办全省最好的教育和公共服务为目标，全面启动教育改革和文化、卫生、养老等公共设施建设。正是由于呈贡新区高度重视教育、医疗卫生、社会保障、公共服务、生态环境等社会建设和管理，才形成了呈贡经济发展、生态良好、生活富裕、社会安定、宜居宜业的良好局面。

三、呈贡模式的健全完善

如果说，过去10年呈贡新区所走的道路是一种探索，是对传统发展模式的一种突破，那么，在未来的开发建设中，呈贡新区将从探索“不一样的道路”到完善“呈贡模式”的内涵，坚持走以人为本、全面协调可持续的科学发展道路，切实打造人民幸福美好、社会和谐进步的宜居宜业新城。

（一）坚持以人为本，建设宜居宜业高原湖滨生态文明城市

经济增长并不是人类发展的最终目的，而是提高人民福祉的一种手段。实践科学发展观，就必须割舍人们对物的片面追求，坚持以人为中心，全面协调可持续发展。在中国，人口密度高而人均城市生态资源拥有量偏低，只有具有完整的可持续发展理念和行动的生态人，才可能造就可持续发展的城市。呈贡依山傍水、风景秀丽的自然生态，是呈贡乃至人类共同的宝贵财富，一旦受到破坏，将难以再生，保护呈贡优美的生态环境，维护呈贡秀丽的山水风景，是呈贡人必须肩负的历史责任。我们唯有立足实际，坚持以人为本，坚守生态环境底线，坚定不移发展绿色经济、低碳经济、循环经济，才能把呈贡新区建设成为宜居宜业高原湖滨生态城市。

（二）坚持科学规划，提升城市的现代化品质

坚持高起点、高标准、高品位“三高”原则，按照“产城一体化、文旅一体化、城乡一体化、产学研一体化”的要求，结合“百湖城市”建设，进一步做好城市空间、城市形态设计，重点抓好新区土地综合利用、城市功能、产业布局、基础设施建设、次级中央商务区等规划设计，打造山、水、园、林与现代城市和谐统一的都市环境。同时，强化城市精细化管理，深入推进城市街道绿化、美化、亮化、净化工程，营造清洁、整洁、舒适的城市居住环境，提高新区的区域承载能力、综合竞争力、聚集辐射力和发展软环境。

（三）发挥资源禀赋，推进现代产业跨越发展

随着呈贡城市化进程的快速发展，人才、资金、技术、交通等资源要素迅速聚集，但产业仍然是呈贡发展的“短板”。新区要发展、要跨越，必须立足实际，充分发挥资源优势，旗帜鲜明地发展绿色、环保、低碳的高新技术产业，尤其是要加快推进以电子信息、生物技术、新材

料、新能源、节能环保、旅游文化为重点的医疗医药产业园、信息产业园、斗南国际花卉产业园、三台山文化旅游产业园等特色产业园区建设，以重点突破带动整体发展，形成产业聚集效应和产业集群优势，打造经济发展新引擎。

（四）创新社会管理，让人民生活更幸福

在科学发展、社会和谐中造福人民，是我们一切工作的出发点和落脚点。必须千方百计加强社会建设、创新社会管理、维护社会稳定，多渠道开发就业岗位，积极引导失业人员和农村富余劳动力自主创业、有序就业。不断完善城镇居民养老、医疗、失业、工伤、生育保险制度，建立广覆盖、保基本、多层次、可持续的社会保障体系。深入推进教育、卫生改革，满足群众的基本教育和医疗卫生需求，努力实现好、维护好、发展好最广大人民的根本利益，让全区人民学有所教、劳有所得、病有所医、老有所养、住有所居，不断增强全区人民的安全感、归属感和幸福感，使社会更加和谐，生活更加幸福，人民更加满意，真正成为和谐社会的样板和典范。

（五）强化周边合作，不断增强城市发展活力

从城市发展历史来看，竞争与合作是一直存在的，任何城市都在牵制与反牵制的博弈过程中求得发展，而竞争与合作是不可分割的整体，通过合作中的竞争、竞争中的合作，实现共存共荣，一起发展。呈贡地处昆曼经济走廊和昆河经济走廊沿线，泛亚国际大通道中线与东线在这里交汇，既是滇中城市群一体化发展的中心节点，也是区域性国际城市建设的前沿窗口。随着泛亚铁路、中央火车站、城市轨道交通和南亚国际陆港的逐步建成，呈贡的区位优势、开放优势将更加凸显。为此，呈贡必须放眼国际，更加主动地融入中国-东盟自由贸易区、孟中印缅次区域、大湄公河次区域合作，拓展与东南亚、南亚、西亚及印度洋沿岸国家和地区的交流合作，加强与周边地区的经济、教育、信息、文化、旅游等深层次交流合作，主动承接东部沿海地区的高端产业转移，并积极承办具有较大影响力的文体赛事、会展等活动，不断提升呈贡新区的影响力和知名度。

总之，城市发展模式并不是理想化的“定位”“选择”出来的，而是在实践中创造的。建设一个新兴城市，必须要有产业支撑，为在新城市生活的新居民提供就业岗位，这样才是最适宜人居住、最适宜人发展的新城市。因此，百万人口新城市的建设不是种白菜，几个月就有

收成，而是一个可持续发展的过程，不能急功近利，需要20年甚至上百年的精心经营才能建成。

党的十八届三中全会《决定》中提出控制大城市发展，这表明未来中国城市化要以开发二线城市为主。呈贡新区是省会城市新区，是全省129个县（市、区）中人才、资金、技术等各类要素最为集聚的地方，也是可以创新思维、实现跨越发展的地方，符合这样的城市化战略要求。丰富完善“呈贡模式”的内涵，必须立足省情、突出特色，以敢为天下先的精神，发挥优势、先行先试、大胆创新，始终坚持走绿色、低碳的可持续发展之路，并在实践中不断深化完善，并精心经营，才能实现建设宜居宜业的高原湖滨生态城市的战略目标，才能成为未来城市可持续发展的典范。

（原载于《云南通讯》2014年第2期、《云南城市规划》2013年第4期）

伦敦典雅的古建筑围合的街区，尺度宜人，是为人修建的城市

伦敦近郊的沿街住宅，低层是商铺，与我们许多县城的建筑功能形式一模一样。我们要学习的，是这些建筑在工艺和色彩上的追求

第三编　**访谈与调研**

现代城市运动，提倡绿色、环保、低碳和城市的可持续发展。图为作者接受媒体采访

城市文化特色的张扬与提升

——云南省广播电台2005年9月1日直播采访昆明市规划局周峰越副局长实录

记者：今天我们的话题是在城市发展建设过程中，如何发扬城市的文化特色，进一步说就是怎样建设我们的城市使其更具有文化特色。那么一座城市的文化特色，在目前我国高速城市化的过程中，有着怎样的深远意义？换句话说，我们今天谈城市文化，对于一座城市，对于城市中广大的市民来说，很重要吗？

周副局长：主持人好，听众朋友大家好！今天讨论的话题是有关城市文化特色的，当前我国600多个城市都加快了城市发展的步伐，而现在城市竞争的新法则就是：城市以文化论输赢。那么文化就是城市的底蕴，一个没有文化底蕴的城市是不可能具有持久吸引力的。城市有吸引力，就有竞争力；有了竞争力就有了良好的城市环境，就有高品质的城市生活，就会引来巨额的外来投资、大量外来人才等等。同时，城市竞争力的大小还决定了城市将给她的市民带来多少就业的岗位，带来什么样的就业岗位。对于一座城市，对于城市中广大的市民来说，城市竞争力的大小将影响城市中每一个家庭的幸福。可以说城市的文化特色太重要了！

记者：每一座城市都有各自的文化特色，请问是否可以用更形象的通俗的比喻让听众朋友知道什么是一座城市的文化特色？

周副局长：每一个成功的城市都有各自的文化特色。我们说到巴黎，大家都会想到浪漫之都；说到纽约，会想到华尔街的金融大厅；提到周庄，会想到其传统的水乡建筑；提到我们云南的丽江、香格里拉，就会想到人与自然的和谐相处。

刚才主持人说到用一个通俗的比喻来说明城市的文化特色；如果我们比喻一个城市的硬件设施和经济发展水平如一个人的身体与外貌，那么其城市文化就如同这个人的风度和修养。一个人的外形无论如何悦目，但如果谈吐粗俗，行为粗鲁，是不会有吸引力的。城市也是一样。

时下，比较流行的城市美化运动，就是一种城市建设文化，7月份刚刚在昆明召开了“GMS”会议，在准备会议的几个月间，全市上下齐努力，使“市容市貌焕然一新，国内国外眼前一亮”。

记者：“GMS”会议是继’99世博会之后昆明召开的又一次重要国际盛会，也是一次重大的历史机遇。请问，为召开重大国际会议而进行的城市美化运动有怎样的特点？它对一个城市环境、品质的提升有怎样的作用？

周副局长：现代城市为重要盛会所进行的城市美化运动，在国内外都有很好的范例，它是一项良好的城市建设行为。例如，近来北京市为迎接2008年奥运会，上海市为迎接2010年世界博览会，以及昆明市迎接’99世界园艺博览会，所做的城市建设、城市环境整治工作，对城市品质提升起到很大的加速作用。这是因为，国际重大盛会的召开要求的是一流的城市环境、一流的城市管理、一流的城市服务！昆明市在迎接今年7月初举行的“GMS”会议准备期间，通过对城市环境的整治工作，使市容市貌焕然一新，不仅得到国内外来宾的称赞，得到更大实惠的是广大昆明市民群众，大家平时生活、工作的城市环境得到了美化与提升，交通得到了一定缓解，到处是鲜花，广大市民天天生活在其中，不仅提高了工作效率还促进了身心健康。

记者：说起城市建设中心的城市文化，往往就会想到城市的文脉，想起许多城市中通过努力保留下来的历史性建筑和历史街区。请问，历史街区的保护与当前的城市经济发展是否矛盾？如果矛盾，保护与发展哪一个在先？

周副局长：城市文化特色中，占很大一部分的是这座城市的历史文脉，在许多现代都市中，都往往规划保留一些历史街区和古建筑。伦敦的SOHO，巴黎的拉丁区，就是这种城市规划手法的产物。还有北京的故宫，我们昆明的官渡古镇，当前正在进行保护性开发的昆明文明街区等，那么保护与经济发展是否有矛盾呢？

据专家说，日本东京在现代化的新宿区附近，仍然保留了一个成片的低矮的老街，结果呢？在老街上停留购物的人流密度要远比附近大商厦内的人流密度大。为什么？这就是因为历史街区有更大的吸引力。这个例子说明，保护与经济发展并不矛盾。实际上，建设一个全新的街区对于我们现代人来说并不难。但将一个古老的街区保留下来，保持其原有的历史空间风貌，却是件了不起的事！

总之，历史街区保护与城市经济发展绝不会矛盾，如果出现保护影响了短期的经济利益，那么一定要以保护为主，我们眼光要放远一些，因为我们的城市是千秋万代的城市，要一代一代传下去的。

在历史文化街区保护方面，我国的城市近几十年来做得不好，我们看不到完整的古街区，多数留下来的古建筑也只是寺院、宫观等宗教建筑等，非常遗憾！近几年来，学术界对50多年前，关于老北京城“梁、陈”规划方案所进行的广泛讨论，就是在这方面的深刻反思。

记者：目前有专家说，城市的发展过程中的许多败笔，如绿地、树木的减少，有价值旧街区的拆除等等，要更多地归罪于大量的只追求经济利益的房地产开发商，尤其是一些文化素质较低的开发项目，你觉得这句话对吗？那么究竟是怎样一群人决定了城市建设的走向，决定了城市的未来？

周副局长：的确，在近20年的城市发展中，许多城市包括我们昆明市，由于一些只追求经济利益的房地产项目，侵占了我们的城市道路、绿地，拆除了有价值的历史街区，这是对城市文脉的践踏！这样的开发项目是没文化的开发项目，因为它根本不尊重它所在的城市，城市的历史！

房地产开发只占城市建设的一部分，我们可以通过政策、法规来科学引导，更何况现在许多开发商是有文化品味，有理想追求的。

但是城市是一个复杂的系统，城市规划与建设是一个系统工程，可以说城市建设的走向是由城市系统中许多要素决定的，客观上有城市的社会、经济、文化等要素，主观上城市的领导者、决策者、管理者、专家决定了城市建设的走向。提到专家，包括城市工程学家、城市社会学家、城市经济学家以及制定城市总体规划的城市规划师、设计城市街景的建筑师。我们广大的城市规划师要肩负起历史赋予的使命，要向当年梁思成、陈占祥两位大师学习！

城市领导者、专家、决策者，对城市建设的走向起了很大的作用，这是需要引起重视的。

记者：提起世界上的著名城市，我们不禁就会想到国外的巴黎、纽约，国内的北京、上海，那么是不是城市一定是建得越大越好？目前许多城市提出打造国际型大都市，城市CBD是怎么一回事？

周副局长：城市不是建得越大越好。在1996年，我国有76个城市在规划中提出建立国际化大都市。今天看来，很不现实。至今称得上国际大都市的城市在国内是屈指可数的。城市大未必就好，中小城市未必就没有吸引力。现在评比有魅力有竞争力的城市，指标不限于经济指标，人均住宅面积、绿地面积、空气质量指数、污染企业治理、公共交通、公共安全等都纳入了评估体系。

有文章刊载，李政道博士说，我不知道天堂是什么样子，但天堂有苏州的1/10就不错了，因为苏州既是完整保持了2 500年的历史文化风貌的名城，人均GDP又居全国之首，达到了5 700美元。他说苏州是一个非常有内涵、有深度的城市，所以我们在新昆明的城市规划中提出：不求最大，但求最好！

CBD是英文central business district的缩写，翻译过来是中央商务区；其概念90年代初传入我国，应该说真正意义上的CBD只有少数国际性的都市具有。

因此我们要正确理解其含义，不要跟风。我省有的地州县，只有几万、十几万人口的小城市，提出打造CBD是不准确的口号。

记者：昆明如何在快速的城市建设进程中保留自己的城市特色？

周副局长：昆明城由南诏、大理国初建，后元代赛典赤、明代沐英修建，灵龟形的明朝城池确定了现今城市核心片区的道路骨架。1899年法国人方苏雅到昆明设法国领事署，在昆明待了8年，拍摄了一百年前昆明城郭风貌和城池街道，还有东西寺塔、五百罗汉、圆通寺、海源寺、金殿等。这些老照片让我们领略了昆明古城的许多特色，我们要做的就是保护这些老昆明的城市特色，同时让它们与世博园、滇池高尔夫等现代城市特色并存，构筑富有魅力的现代新昆明。

要改变许多人把昆明当成他们前往版纳、大理、丽江的中转站的局面，使昆明真正成为“春融万物”的城市和国际著名的旅游城市。

如何充分利用云南九所高校聚集呈贡，使得呈贡具有优质教育资源聚集、人才优势明显等独特优势，加强校地合作，有效提升呈贡新区的文化教育水平和城市的文化品位。呈贡区委区政府主动走进校园，与大学师生深入广泛地交流互动。图为作者与驻呈高校宣传系统师生座谈

记者：我国大连市在近来的城市建设之中，取得了令人注目的成绩，大连也成了一个著名的城市名片。其经验对昆明有怎样的借鉴作用？昆明是否可以学习走大连城市建设之路？

周副局长：大连的城市建设是一种现象，到过和未到过大连的人都对大连这个名牌城市的特色如数家珍：中央广场、女骑警、足球队、一年一度的国际时装节等，同时带来的投资与贸易也是很大的。我们要做的是，首先要虚心和尊重别的城市取得的成功，同时我们昆明要学习的不是也去建什么中央广场、也搞时装节等，而是要研究我们自身的城市CI战略，使昆明市也能像大连一样，短时间内在全国数百个城市之中脱颖而出。

记者：城市是由街道组成的，而街道又是由建筑围合而成的，当前国内不少城市建筑设计流行欧陆风格，建洋房或流行复古风，在普通建筑之上建盖大坡顶。请问以你的观点，昆明的建筑风格采取哪种风格为宜？怎么看待现代建筑？建筑是不是越高越好？

周副局长：首先，建筑不是越高越好；建筑是有多种形式的，多种功能的；建筑有平层的，有多层的，也有高层的。其实目前所谓流行的欧陆风，就连欧洲建筑师也不知道究竟是什么。“欧陆风”一词早起于我国的广东省，而实际上欧洲大陆有许多样式，如西班牙式建筑、洛可可法国式建筑、哥特式建筑、巴洛克式建筑等。仿古典建筑就有希腊、罗马古典、文艺复兴仿古典和现代的新古典等。

在若干建筑流派中，由于建筑的新材料、新技术的广泛使用，“现代建筑”在我们今天的城市中占很大比例。应该说，注重功能与经济、造型简洁美观的“现代建筑”是我们大量使用和提倡的。

至于在普通建筑之上加盖大坡顶，则是对中国古建筑风格的粗浅的模仿，建筑品位较低，不宜推广。

我认为，昆明的建筑风格，一方面要保留历史上传承下来的明清建筑特色，以及法式、苏式新古典主义的特色建筑，同时要弘扬大云南民居特色，如“一颗印”式建筑，26个少数民族民居的建筑符号也可以广泛提炼、运用。

总之，昆明的建筑风格就要体现历史传统上的兼收并蓄、海纳百川的气度，同时又具有现代建筑功能，表达云南地方本土建筑、特色的手法与追求。

只有这样坚持几年、十几年，才能重现和光大昆明的城市风貌特色，让具有多元文化元素与丰富本土文化内涵的建筑群，构筑我们的新昆明。

记者：昆明的许多房地产楼盘纷纷起洋名字，如挪威森林、创意英国、戛纳小镇等，这是一种什么样的城市文化现象？

周副局长：对于昆明市许多房地产项目楼盘纷纷起洋名字，外地的媒体以及外地的来宾提出了诚恳的批评。市委、市政府领导也非常重视。房地产楼盘取名，是反映一个城市文化品位高低的窗口。

应该说起洋名字本意是表现了开发商的一种想法，向往发达国家的良好城市环境的一个愿望。没有哪个楼盘起名非洲楼盘的。但起洋名的居住小区，其表现形式上文化品位很低。所以，昆明市规划局于今年8月1日下发了《关于进一步加强对建设项目地名管理的通知》，规定新建小区、商住楼、公园等须向市政府有关部门申报命名经批准后，我局再进行规划审批。

记者：最后，是不是城市硬件环境建设好了，就是一个高品质的城市了？而城市文化特色、文化底蕴对昆明的健康发展有怎样的意义？

周副局长：总的说来，不是说城市硬件环境建设好了，就是一个高品质的城市了，城市环境改造好了，是可以部分地提升城市品质。但一座城市的组成，除了它的房屋、街道、公园、绿地等硬件设施外，还有包括其主体——在城市中生活的人们。

一个城市的文化特色是与城市的社会、经济状况、历史传统息息相关的。同时，舆论的影响（包括今天的广播节目）、市民文化生活以至政府官员的示范效应，城市中作家、诗人、艺术家等都对城市的文化特色有很大影响。

今天的昆明背靠强大而广阔的国内市场，面对经济日益活跃的东盟地区，是中国面向东盟地区的桥头堡。新昆明正面临前所未有的发展机遇。但是在昆明快速的城市化进程中，一定要重视城市文化特色的保护与发扬。

我们今天提出了重塑与发扬昆明精神，就是提升城市文化，推动城市发展的有力举措。

现在我们已明确提出，新昆明不能仅有蓝天和白云，新昆明的建设不仅意味着城市空间建设重点转移，更意味着现代新昆明城市文化精神的张扬和提升。

（原载于《云南城市规划》2005年第5期）

建设百万人口的新城市，需要一种精神。图为作者和昆明呈贡新区的广大干部群众一起高唱革命歌曲

为什么呈贡会成为云南的第一个
——昆明市呈贡区委书记专访

元生活：呈贡是一个历史悠久的传统农业县，当初选择呈贡作为昆明市新的行政中心是出于什么原因？

周峰越：这是有历史渊源的。2003年5月，现代新昆明发展大会上，省委、省政府确定现代新昆明以一湖四片、一湖四环为主建设的发展战略。一湖四片就是以昆明为主城，晋宁、海口、呈贡为辅围绕滇池发展，一湖四环则是环湖公路、环湖新城、环湖生态和环湖湿地。围绕滇池的四个城，昆明老城区是主城，东城就是呈贡新区，南城是晋宁，包括了晋城和昆阳，西城是海口，四个片区中区域面积最大的是昆明老城区，其次就是呈贡区，这样的区域面积决定了昆明城市未来发展的空间首要在呈贡，而且呈贡离老城区最近。

为什么选择呈贡？首先是因为地理位置。整个滇池流域有2 920平方公里，包括山体和平地。云南人习惯将平地讲为坝区，滇池坝区的面积是1 300平方公里，其中309平方公里是滇池水域，还有79公里的湿地不能用于建设。剩下的900多平方公里，老城区占有300平方公里，剩下的600平方公里之中还有湿地和生态隔离等不可开发的土地，可开发的土地就不足200公里，而这200平方公里在哪里最集中？就是当初的呈贡县，如今的呈贡区。呈贡县的用地范围有10个乡镇，现在改为10个街道，总共461平方公里，这就是省会城市要拓展新区只能选择呈贡的原因所在。其他地区，比如海口的面积不足10平方公里，大部分为山地。晋宁也只有45平方公里，只有呈贡461平方公里中有200平方公里的平地可以开发，未来可以发展的空间决定了呈贡的发展方向。

第二方面，呈贡是昆明市的新区，昆明是省会城市，那么呈贡就是各种要素最为聚集的新区。何谓要素？指的就是各种基础设施离发达的老城区最近。大家都知道，昆明地铁今年年底就会通车，第一条地铁通往呈贡。地铁的出现使得呈贡和昆明老城区的距离大大缩短了。我们会建成昆明最大的中央火车站，面对南亚、东南亚以及国内北京、上海、广州的铁路，简称八进省四出境的高速铁路中心枢纽。还有呈贡面对南亚、东南亚的集装箱货运枢纽——小洛羊集装箱标准项目和钢铁联运枢纽，也都在呈贡，这些要素都是云南其他128个县区不具备的，这是呈贡成为省会城市新区非常重要的一个条件。

从人文方面看，呈贡最早设县是在元朝，那时云南就被设为元朝的行省，呈贡也在那时就有了县的构架，至今已有736年的历史。呈贡人文荟萃，创造了农业文明的高峰，龙城的蔬菜、斗南的花卉在全国农业部都是示范单位、龙头企业。抗日战争时期，西南联大很多教授的研究所和住所都在呈贡，比如冰心、沈从文、费孝通等。费老还留下了"远看滇池一片水，水明山秀是呈贡"的诗句。再比如中国第一个国情研究所就在呈贡。当时的研究所在日军轰炸中研究人口数据、耕作方式、男女人口的比例、GDP的方式，这些最初的方法论奠定了日后中国国情研究的基础。这些都可以看出呈贡的现代文明和文化发展是有迹可循的。

元生活：那是否可以说，地理位置、区域空间以及人文文化这些要素的集合让呈贡成为新区的不二之选？

周峰越：是的。当然最重要的还是在滇池区域开发中，呈贡作为省会城市的新区，有很好的发展动力。按照现在新昆明的战略，选择呈贡是必然的，其他地方没有发展空间，经过8年的拓荒，老城区9所大学搬到了呈贡，只有农大和财大因为空间限制而没有搬迁。目前在呈贡大学城的师生达到15万人，机械人口增长快速。人口素质增长也很快，现在呈贡平均每3、4人中就有1个大学生。昆明行政中心也搬迁至呈贡，75个委办局集中搬迁至呈贡，可以提高政府部门的办事效率。以前在昆明老城区开会，四套领导班子都在路上不断颠簸，浪费了时间，降低了效率还影响交通。现在昆明老城区200多平方公里中容纳了500多万人，交通需要疏解，关键是人流要疏解出来，否则，会造成交通的瘫痪。地铁开通，人们搬迁至呈贡后，可以大大减少老城区人口出行量，缓解老城区的交通压力，解决老城区发展中的矛盾。

元生活：目前，呈贡之于昆明的战略地位如何？作为一个新区，呈贡区的发展备受瞩目的原因是什么？

周峰越：这就需要讲讲省会城市的重要性。从社会经济发展来看，中国的城市化经济发展是参与世界经济分工的一个主要潮流，美国经济学家克里斯滕森说，21世纪世界两大经济重要事件，一个是美国的高科技航天工业的发展，另一个则是中国城市化经济发展。这是整个社会经济发展和人类近100年发展中很重要的一个进程。中国的城市化进程何以要注意省会城市的新区？从邓小平同志南方谈话开始，政府都十分注重新区的发展。中国改革开放30年，每一个十年就会出现一个标志性新区，第一个十年是深圳，当时沿海14个城市开发，深圳是其中的典型代表，深圳的开发方式是劳动密集型，从一个小渔村一跃成为人口上千万的现代大都市，创造了辉煌的财富奇迹。第二个十年则是以上海浦东新区为代表的资金密集型发展，正是集合上海各种人才、资金、人文、区域等要素，还有整个文化科研环境的支撑，造就了如今的浦东。当时浦东新区的资本运作得到了国家的大力支持，批准了两个保税区以及100多条优惠政策，包括股市试点、金融改革等。第三个十年是天津的滨海新区，属于技术密集型的开发模式，依靠天津港口城市的便利，发展飞机制造业和天津生态城。

在快速城市化中，我们需要一个引领、一个示范。在全国27个省会城市、4个直辖市，总共31个行政单位中，只有要素聚集的新区才是引领这些省会城市的发展引擎和发动机；同时是这个区域的行政资源、政治资源、经济资源、人才资源聚集的地点。中国有1 997个县城，

667个城市，绝大多数城市都有新区。但要素最为聚集的是省会城市和直辖市的新区，因为它们有得天独厚的优势，可以迅速发展。比如浦东新区、滨海新区、河南郑东新区，现在发展得非常好，定位新的产业，促进劳动力转移，城市化进程中注重环保，城市规划十分漂亮。

元生活：和您之前所列举的几个新区相比，呈贡的差异化体现在哪里？它在今后该如何发展？

周峰越：呈贡目前只是进行了要素的聚集，其他发展还不到位，大家的认识也还不到位。我们应该把呈贡新区作为昆明发展的龙头，同其他地方的省会城市新区进行比较竞争，实现经济总量的跨越。如果云南省的129个县市区都均匀发展，反倒会造成人才流失。这也许是因为思维模式的落后，导致竞争意识还不强。呈贡成为一个新区就是一个省的经济龙头。第一，要发展，要有产出，新区要有很好的产业定位，除了必要的要素聚集，还要有产业定位。呈贡的产业定位不能搞重复建设，必须从事高端产业，发展现代服务业，这样才能实现经济的跨越发展。这次省第九次党代会提出科学发展、和谐发展和跨越发展，为建设重要桥头堡而奋斗——“三个发展一个奋斗”。其中最为重要的就是跨越发展，呈贡的发展必须跨越，否则我们会越来越落后，因为起步就慢，如果不跨越发展，其他发达城市也在发展中，一对比，呈贡只会更落后。虽然国家也重视县域经济，实际上省域经济更为重要，因为省与省之间的对比经济要素最为齐备，这是县域经济无法比拟的。云南省的地理面积很大，在欧洲相当于一个小国家甚至中等国家了，所以从省域经济的角度来说，我们应该集中调配元素，将129个县市区进行合理的产业分工，将所有有利条件整合加以运用。

元生活：刚刚您提到云南省第九次党代会，请问周书记如何理解这次会议的主要精神？对于呈贡今后的发展，这次会议有什么指导意义？

周峰越：这次云南省第九次党代会讲了三个发展，第一个发展是科学发展。我对此的理解是人与自然的和谐关系。我们必须处理好人与自然的关系，我们要注意废水、废渣、废气“三废”的处理，不能

热火朝天的昆明呈贡新区地铁建设工地

因为GDP的发展牺牲生态环境，国家倡导科学和谐发展，要如何发展呢？就是不单纯发展GDP还需要发展绿色GDP。在昆明要和谐发展科学发展，首先要保护好滇池，就是保护好云南的大气层，我们在呈贡修建了两个污水处理厂以及环保发电厂。第二个是和谐发展。处理好人与人之间的关系，比如，我们呈贡最近进行“千名干部入万家农户”的活动。每个干部去一户老百姓的家里，拉拉家常，去的时候带点生活必需品如米油等。我们要让百姓意识到，干部到老百姓家里不是形式主义，而是一种切实的感情，拉近干部与老百姓的距离。目前为止，我个人走动了6家，经常走动可以和百姓保持联系，是政府给老百姓的一个诉求渠道，有助于保持社会稳定。社会经济快速发展，矛盾的产生不可避免，作为领导不能回避，必须面对。可以解决的矛盾一定要解决，一时难以解决的，要做好解释工作，并逐步解决。第三个是跨越发展。说到底，跨越发展才是我们的目的，怎么才能跨越发展？我认为要注重省会城市的新区，不能再重复原来的老路，重复发展第二产业，一般的第三产业，一般的农产品，那我们永远都追不上别的城市，更别说超越了。

元生活：“撤县设区”对于呈贡而言，算是新中国成立以来呈贡历

欣欣向荣的新城市——呈贡一隅

史上的一次重大的转折，呈贡将面临怎样的机遇与困难？呈贡应该靠什么产业支撑它的跨越发展？

周峰越：撤县设区给呈贡带来的机遇是历史性的，现在9所大学搬迁到呈贡，行政中心也搬迁过来了，但这些还只是要素的聚集，还不是发展，发展必须要有产业来支撑。撤县设区之后，我们查资料发现，从1949年到现在，云南省农业县成为区的，呈贡区是第一个，以前改区都有一些城市化的基础，例如现在的红塔区，是曾经的红塔市。呈贡曾经是个农业县，现在即将变为一个人口有100万的现代化城市，为什么呈贡会成为第一个？是有科学道理的，我们向国家行政部申请到国务院批准，历经6年的时间，因为我们的农业文明已经到了步入工业文明的阶段，到了城市化的时候。理论上讲，100万人口大城市的培育，如果没有外因的影响，任其自然生长的话，需要一百年的时间。但是深圳只用了短短30年的时间，就成为一个上千万人口的大城市，这就是要素集中的好处。深圳大开发，全国的人才都跑去深圳找机会发展，全世界的资金也汇集去深圳——人流资金流信息流一同聚集构成的要素，加速推进了深圳的发展。深圳起初十年也是十分艰辛的，过程也用了三十年时间才发展成今天的样子。

呈贡就如同当时的深圳，现在呈贡工作广大干部都是拓荒牛，正在开垦期，面临极大的机遇同时还有极大的困难。昆明老城区在册人口300万，加上流动人口，有500多万人。第五次人口普查的数据显示，我们奋斗了62年，云南第二大城市曲靖人口也只有52万人。在云南，我们几乎没有建设新的百万人口的大城市的经验，所以我们这样的大型城市对经济上有多大的好处，对政治上有多大的发展，对社会经济的发展会有多大的带动力，没有人具体知晓。同时，在快速城市化过程中，如何保障原住民的利益，这都是省域内的新课题。机遇正在慢慢降临，我们必须抓住它。在我们的规划中，到2020年我们会有95万人，这些高速城市化要素一聚集，呈贡就会成为云南省的第二大经济体。而且呈贡的产业都是向高端定位，这对整个滇东发展都是有辐射拉动作用的，是一个跨越式的发展。尽管我们没有经验，但我们可以学习，学习如何聚集要素，无论是国内的浦东新区还是国外的先进经验，我们都会汲取。这些发展当然也离不开和谐二字，包括对原住民的妥善安排，用国际视野去规划市政道路、关注“三废”排放、保护环境等，都要注意。

最核心的一点是准确的产业定位，一个百万人口的城区一定不能作为一个消费的城市，要成为一个高端产业城区，这样才能支撑城市的发展。呈贡新区未来的发展，是一个高速城市化的过程，我们国内积累了很多经验，改革开放30年，深圳也好，浦东也好，都有自己的产业支撑，呈贡新区必须有自己的产业支撑。

元生活：产业结构的调整，对于呈贡现有的30万人口会带来什么变化，新区将如何安置原住民？

周峰越：原住民的妥善安置是个很重要的问题。新加坡的原住民安置就做得非常好，政府会给原住民每人一个摊位，叫做小贩中心，小贩如果有了别的发展，要离开小贩中心，只需要将摊位归还给政府，不能私下转让。政府又会将收回来的小贩中心交给其他有需求的原住民。新加坡在城市化进程中也有过杂乱无章的时期，新加坡政府对原住民进行了妥善的安置，再培训再教育，给他们更好的发展空间和再就业的机会。人心安定的新加坡在城市化进程中实现了跨越式发展。

我们建设呈贡新区也明确提出，要让每一个呈贡居民成为呈贡新区建设中最衷心的拥护者、最积极的参与者和最大的受益者。要妥善安置居民，盖农民安置房，租金补偿，和谐发展。现在每户呈贡农民的房子是按240平方米来算，给他们140平方米的主力户型用于居住，另外的房子组织进行公租房培训和管理。我们也要千方百计地想些办法，解决离开土地的农民的民生问题，城市才会可持续发展。

元生活：地铁对于呈贡的作用是毋庸置疑的，如何利用地铁发展自身？呈贡新区如何打造低碳城区？

周峰越：按照现代国家的标准，地铁每小时运输45 000人，轻轨每小时运输25 000人，昆明现在修建的就是地铁标准的运量。按要求，一个城市要修建地铁，城市人口必须达到160万人。2006年呈贡申请地铁路线时，人口只有114 000人，当时所有的专家都反对，认为呈贡人口数目远远达不到修建地铁的标准。现在最先进的城市发展理论是transit-oriented development，即交通引领城市发展，也就是说一个理性的城市，必然是交通规划先行。等到交通发生拥堵，混乱不堪时再来解决就来不及了，城市要理性发展，首先要把交通网络建好，城市功能围绕交通发展。这方面香港做得不错，虽然地理面积很小，围绕地铁交通线盖楼，香港的发展才会有条不紊。根据这个理论，昆明的第一条地铁线还是选择了通往呈贡。新区的城市规划十分先进，邀请到美国TOD之父——皮特·卡尔索普做设计，皮氏身价不菲，但是我们得到了美国能源基金会资助的300万美元，呈贡最近被建设部列为低碳城市示范区。卡尔索普为呈贡设计的交通路网，倡导小街区理念，混居的模式、小路网街区也都是关心人、爱护人的模式，以步行和自行车出行为主；大大降低机动车出行几率。正是因为这个规划，美国能源基金会才愿意给我们赞助，支持呈贡做这样一个低碳城市。

大家都在想未来一个理想的城市是什么样。我认为理想城市用一句话就可以总结了——最适宜于人生活最适宜于人发展的城市就是理想城市。呈贡新区是全国绿色城市之一，呈贡的绿化是很出色的，绿化提倡全覆盖，今年组织“十万人种百万棵树”活动，目前已种植了140万棵树。在旱季，24小时轮班浇水，即使到了冬季，冬天是植物长根的季节，我们浇水车为三班倒，让树长好根。雨季一来，这些树就可以增快生长速度，这就是人们常说的根深叶茂，所以呈贡的树比其他地区长得快。呈贡所有的污水全部截污处理，所有垃圾焚烧处理。我们现在也不允许周边村庄烧秸秆，政府进行秸秆回收，斗南很多秸秆含水量高无法燃烧，我们就准备将它打碎，进行处理，将秸秆做成生物有机肥。当然，这需要监督和管理，我们派出巡逻车，在呈贡新区只要看见有地方冒烟，执法队员就会去处理，首先用水浇灭，然后批评教育烧秸秆的人，督促改变呈贡人农耕火种的生活方式。做这些事的目的都是为了保护环境，我们的空气指数最好，环境自然是最适宜人生活的。环境好了，还要有个好的职业环境，呈贡要大力搞好产业结构调整，让人才愿意到呈贡来，愿意留下来为呈贡发展献策出力。总之，一个现代化的城市，首先应是一个环境文明的城市；这就需要我们坚持努力构筑这座新城市中的文明与精神。

（《元生活——呈贡元年》2011年12月25日）

昆明呈贡新区新老城之间保留的三台山公园，一座山保留在现代城市中间，别有山水城市的韵味

呈贡的信心

——昆明市呈贡区委书记谈支柱产业

脑子和银子

先有脑子,后有银子。

充实脑子离不开文化,省第九次党代会第一次把文化上升到产业的高度。我们知道,大家都喜欢看韩剧看好莱坞大片,美国、日本、韩国文化产业的产值,已经超越传统制造业。所以,我们除了在制造业、科技上追求进步,更要重视文化产业的培育和发展,提高民族软实力。为促进文化产业发展,呈贡设置了两个文化产业园区,一个是省级亚广传媒基地,所有的省级电视台、电台、剧院,都会搬到这里办公,以后云南省拍的电视剧、电影都将在这里完成。一个是市级文化产业园区,市级传媒公司,比如报业集团等都在这里有产业。文化不仅是事业,到了一定程度还会是个产业,而文化产业的发展还有个大好处,那就是带给人们精神层次的发展。

信息产业带来的产值很高,以印度信息产业为例,基本每7个平方米,就有一个就业岗位,而一个就业岗位至少能够创造13万—23万元人民币的产值。发展信息产业是呈贡未来的一个很重要的方向。有个云南师大毕业的女生写了篇文章，她说四年的青春都在呈贡度过，对这里有了感情，然而四年前学校周边是一片稻田，现在还是一片稻田。毕业了，她不得不离开这个喜欢的地方，到别的地方找工作。现在，呈贡大学城已经入驻9所高校，校区人口逾15万。美国依托斯坦福大学、旧金山大学、金门大学、加州大学打造了一个世界的硅谷；北京中关村也依托附近高校资源，成就一个高科技财富神话。我们呈贡有10万大学生资源，怎么就不能发展自己的信息产业？这么好的地方，为什么不能读书在这里，就业在这里，创业也在这里？新区规划了一个呈贡科技信息产业园。年轻人可以在呈贡大学区搞自主创业，搞创新创意园。呈贡科技信息产业园正在报批中，一旦批下来就会立即着手成立。目前我们正在和国内很多一流的软件公司商谈合作，它们在省会城市新区的科技发展方面有很多很好的经验。

云南的另一个资源是旅游，结合旅游资源，而康体旅游是未来发展方向。我们要在呈贡打造一流的医疗康体园，医疗康体是一项高端产业，有些项目做一次检查就需要几万元。目前，全球国际医疗机构产业做得最好的是美国，其次就是中国台湾，无论技术还是服务设施都十分发达，我们正在和台湾地区相关机构对接。引进高端的医疗机构之后，全省、西南各地的人都可以来呈贡进行高端体检和保健，这在其他地方是没有的。此外，很多疑难杂症专科在此成立，国际级专家在呈贡坐诊，呈贡未来会是一个国际医疗城。现在呈贡区级两个医院目前都已交给延安医院管理，云大医院也即将在这里建成，年底即将封顶，再等一年就能开业为人们服务。这些医院都会建成国际医院，面对南亚、东南亚，体现呈贡桥头堡龙头的地位。

这些产业规划在之前也许是人们闻所未闻的，呈贡要率先发展，一个产业，一个创新，如果等别人都听过，都懂，都会做的时候，就没有市场了，也没有机会了。这次省的党代会也提到，要提高人民的幸福感，在这个产业里我们会配套发展养老院以及幼儿园，这也符合我们的老龄化社会的需要，另一方面可以解决呈贡10万失地农业人口的就业问题。

农业品定价要有话语权

呈贡的第四大产业，是都市农业产业化。呈贡有很辉煌的农业文明，龙城的蔬菜，斗南的花卉，都做得十分出色。栽培技术、农业技术都是很好的，现在北京很多重要场所都由呈贡提供蔬菜。全国市场包括国内外，70%的鲜花交易都在呈贡进行。呈贡的鲜花拍卖市场是国内最先进的鲜花拍卖市场，严格按荷兰的阿斯米尔拍卖模式，从高往低拍。这些都为呈贡带来了人气和商机，同时也为呈贡贡献很高的产值，成为呈贡的龙头产业之一。怎样将这一传统产业发扬光大，这是我们城市化进程中所面临的问题。今年，我们引进了一家港资企业，联合成立一个斗南国际花卉产业园区。这个园区致力于花卉的研发，届时，泛亚花卉博览会等活动将永不落幕。同时，还可以开辟整条鲜花产业链，比如控制花卉定价，制定相关包装、花卉旅游、插花培训等，提升产业品质。斗南国际花卉园区已经开工。

此外，呈贡正在筹建泛亚农业总部基地。什么意思呢？就是呈贡不种菜，但是全国农业市场的总部在这里，办事处在这里。北京、山东、河北最大的农业市场都会汇集在呈贡，同时所有物流、信息流、资金流的流向都有后援市场和金融服务区进行服务。面对南亚、东南亚的蔬菜市场，我们互通有无，将桥头堡的市场作用发挥到最大。当然，新的产业模式是看不到实体的菜，在电脑上完成所有交易。这还有利于行业自律，进行全面的食品检测，产业可溯管理等。大家都聚在一起，举行研讨会，进行经济分析，进行境内外所有蔬菜的交易。我们可以不种菜，但是我们要有交易权和引导权，我们可以不种花，但是我们要有研发权和发言权。呈贡就是要打造一个这样的农产品总部基地。

房子经济学

最近，呈贡新区建设将启动三个方向。第一个是旧城改造，将呈贡老城街道恢复成明清风格，形成一个国学文化园区，对以前的文脉进行保护。对呈贡老城区古老的文物——文庙进行严格保护。

第二个是三大中心的搬迁，一是行政中心，二是高等文化教育中心，第三个是金融中心。前两个中心已经搬迁到了呈贡。金融中心还未建立起来，呈贡的上海东盟商务大厦盖起来之后会有泰国、缅甸、老挝、柬埔寨的很多机构入驻，将加强呈贡与南亚东南亚等国的联系，尽快确立呈贡金融后援服务中心的地位。

另一方面，我们要搞一个教育基地、教育高地，呈贡的高等院校已

昆明呈贡新区东盟大厦效果图

经没问题了。现在缺的是小学、幼儿园等优质资源。新的云大附小、云南附中、师大附小、师大附中、中华小学都会在呈贡建立。昆三中已在呈贡建校，这是昆明市硬件最好的中学，老城区的三中已经不招生了，三年后将会全部搬到呈贡。呈贡目前正办一个三中和中华小学合办的呈贡实验学校，会是一个很大的学校，九个年级都在一起，市教育局将帮助呈贡一起完成。这是为了让我们的农民工子弟也上最好的学校，享受最好的教育资源。

在我们的规划里，这个未来的百万人口大都市，进入门槛会很低，是最适宜人居住、最适宜人发展的地方，政府对呈贡农民的第一套房进行安置后，会组织农民进行公租房的培训和管理。让这个城市有50%的房子可以出租，不买房子的人可以租到最便宜的房子。世界上拥房率最高的国家是阿尔巴尼亚，达到97%的拥房率，几乎人人都有房，但是这个国家却非常穷，全球GDP排名一百多位。而拥房率比较低的是瑞士，40%不到，这个国家的人民许多都是租房，但是瑞士很富裕。拥房率的高低决定一个地方的文明程度，所以呈贡新区的方向是盖大量安置房，一方面解决失地农民经济问题，另一方面把节约下来的资金用于其他方面的建设，补贴廉租房与市场租金之间的差价。这在国内还是一种创新尝试。

根据一般统计调查，国内目前一个人平均一生中会有四次工作变动，换一次工作换买一套住房是不现实的。但是远距离的上班带来的时间成本又令人们苦不堪言。这会导致两个困难：一个是降低城市效率，政府需要额外花很多金钱物力在修建基础设施上；第二个困难是使社会上的要素不活跃，大家都不愿意去换工作岗位，不愿意充分参与竞争，市场经济中人的要素配置就不充分，这一点上，就没有解放我们的思想，就没有解放生产力。我们观察国外的先进城市，例如我在美国学习时发现，你在哪个公司工作，公司可以马上为你提供附近出租房信息。这有利于劳动力的流动、人才的交流，促进一个地方经济发展。所以，一定要建造人们适宜生活、同时适宜其工作的人本的城市！

（原载于《元生活——呈贡元年》2011年12月25日）

目前，一大批充分体现低碳环保理念的商务大厦正在呈贡新区落地建设。图为正在建设中的呈贡新城核心区高层建筑群

“新城市主义”建设呈贡
——再访昆明市呈贡区委书记

“举全市之力建设好呈贡新区”，之所以关注呈贡，不仅仅因为新区的战略意义，还在于其成型的过程中，有太多令人着迷的设计，譬如卡尔索普的新城市主义，卡尔索普本人亲自参与呈贡的规划设计，而呈贡新区，据此成为这一理论在中国落地实施的第一案例。

元生活：在之前《元生活》对您进行的专访中，您曾提出过一个“理想国”的概念。请问您对理想国是怎样理解的？

周峰越：柏拉图的理想国是从政治经济改革的角度去描绘的。城市规划理论中的理想国最早是200年前的英国提出的，当时工业革命背景下，城市快速形成，促使他们提出理想的人居城市应该具备四大功能：居住、生活、工作以及游憩。城市的规划师们不仅要懂得城市交通学、建筑学、材料学，还要懂得城市社会学、城市经济学、城市心理学，尤其是社会学。美国曾经在很长一段时间设置黑人区，造成很严重的社会矛盾。呈贡新区的建设不会归类社会各个阶层，在规划建设过程中，不区别对待社会各阶层，廉租房、经适房和市政小

城市形象透视

区、商品房开发区混居，不形成阶层对立，使全区人民共享一个社区，和谐共处。

元生活： 这个理想国的蓝图，对于呈贡新区的规划和它今后的发展，有什么借鉴意义？

周峰越： 最适宜人生存发展的地方，就是老百姓的理想国。有好的工作环境，好的教育环境，老有所依、老有所养、老有所乐。怎样做到这一点？可以借鉴新城市主义中英国最早提出的neighborhood unite，意即邻里单元，指的是居住区的理念，高速的车流量带来生活嘈杂，邻里单元的设置就是相对安静的生活区，有街心小公园，有幼儿园、小学，保证小孩上学可以不穿越马路，主妇在家做饭熨衣服的时候可以看见窗外玩乐的孩子。而国内的小区多数都误读了这个理念,小区越做越大,生活十分不便。城市规划公共空间较少,压抑阴暗,影响生活在其中的人们的心理。所以我们搞新区建设不仅要研究城市心理学,还要研究社会构成。我留学时候住过的一个美国小镇,人口并不大,只有100多万人,但小镇里有个圣何塞小剧院,居民都是买季票去观看的。文化设施在城市中必不可少,人们有不同的文化诉求。呈贡将要引进的动漫产业也是文化产业的一部分,人们可以面对面地交流,增添趣味性,拉动消费,提供很多发展空间。交通堵塞是城市病中最令人头痛的一种,科技的产生导致了大城市的无序蔓延,发展公共交通,就是为了让无序的交通变为理性出行,交通引导城市也是新城市主义的一部分。

元生活:呈贡新区的建设提倡低碳,那么它在规划上,如何体现?呈贡是否会有悉尼歌剧院之于悉尼,鸟巢之于北京那样的标志性建筑?

周峰越:2010年以来,呈贡先后邀请了美国“新城市主义”理论创始人——彼得·卡尔索普先生等国内外的大师级专家,对呈贡新区低碳城市建设及商业核心区的开发规划进行指导。“新城市主义”的精髓就是立足于构建低耗能低排放的社区结构,强调可持续发展、以人为本、方便宜居,所以它受到越来越多国家和城市的重视。呈贡新区是这一理论在中国落地实施的第一案例。卡尔索普结合呈贡实际,规划了包括“生态开发分区”“生态单元分区”“生态细胞分区”三个层次的生态片区。随着新区开发的深入和招商引资力度的加大,在未来2—3年内,呈贡新区一定会竖起以低碳、环保、节能为标志的地标性建筑,并会有低碳的设施和路网。

元生活:建筑是城市规划的重要组成部分,请问在建筑方面呈贡将会有怎样的特点?

周峰越:一个城市的建筑,从设计上就必须注重高水准,要有国际大师级的作品,整个城市才会有品位,尤其是像呈贡这样的新区。我们邀请了像卡尔索普这样的大师为呈贡设计单点建筑。简单举个例子,人们到了西班牙,就会去看高迪的建筑,这是高尚建筑艺术的代表。呈贡即将建设的音乐厅、博物馆等都会面向国际招标设计。昆钢

昆明呈贡新区七彩云南第一城效果图。这座有100万平方米的城市综合体将于2016年建成投入使用

集团在呈贡投资的建设工程，就已经邀请卡尔索普设计了一部分建筑。建筑设计也必须考虑市民的接受力。新西兰奥克兰中间有一栋楼，楼顶是一个斜面，还有一个盖子。也许建筑师的创意是好的，但当地市民认为这个建筑是失败的，感觉在城市中央盖了一个巨大的马桶。这就是一个鲜明的案例。建筑设计还必须尊重历史。在呈贡的昆明市级行政中心设计上就充分考虑了元朝的风格，这是有原因的，历史上云南经济的高峰期是在元代，时年63岁的赛典赤·赡思丁在云南建立了当时全国13个行省中的第一个行省，任云南第一任行政长官，他采纳儒家的思想、伊斯兰文化，结合越南、老挝等地的建筑风格打造云南建筑。

元生活：看呈贡土地规划的现状，大多以保障房为主，呈贡的房价是否停留在低价区？

周峰越：准确地说，呈贡不仅有14个地块的失地农民保障性住房，更有众多的高尚住宅区和商业区，也有大成商务中心、七彩云南第壹城和昆明涌鑫中心这样的城市综合体。呈贡的房价不仅一直在稳步上升，而且与当前楼市低迷的大趋势形成了较强的反差。这也从另一个侧面证明了呈贡新区的魅力。

元生活：两会期间，环境问题再次被提上日程，公众对PM2.5的关注度也非常高，请您为我们介绍一下，呈贡新区入围"中国十佳绿化城市"的技术标准参数有哪些？我们知道，维护绿化费用是比较高的，呈贡在这方面的开支是多少？

周峰越：呈贡新区能够入围"中国十佳绿化城市"，最主要的指标就是PM2.5。去年，我们在环境保护、绿化美化和城市管理上共投入资金1.3亿元，政府的大力保护使得呈贡空气质量优质达标，因此今年呈贡还将加大资金投入力度用于保护环境。

元生活：您曾提到呈贡新区将主动承接沿海发达省区市产业转移，强化与玉溪等地的深层次合作，能为我们具体描述这方面的愿景吗？

周峰越：呈贡产业发展的定位，就是依托昆明市级行政中心、云南省9所高校、中央火车站等资源优势，打造面向西南、辐射南亚东南亚，服务全省的国际医疗康体产业、科技信息产业、总部经济和文化产业，这"四大产业"作为承接东部沿海地区产业转移的有效载体，有利于进一步加快产业结构调整升级，加快发展服务业，实现产业集聚，扩大利用境外省外资金，并全面参与全球分工。我们要加强与玉溪等地的深层次合作，目的就是要有效整合利用周边相对丰富的土地、能源等资源，降低成本，提高竞争力，培育壮大新兴产业。

（《元生活》杂志2012年4月5日）

城市化进程中，是不是真正做到了城乡一体化，是不是坚持了城市与农村同步、和谐发展，对城市规划建设者是个考验。图为作者在失地农民创业基地调研

城市规划反射的人性光芒
——呈贡新区建设实录

在过去的几十年里，我国人口快速增加至13亿多，而城市人口的增长率又大大超过人口增加率。大批农村人口向城市迁移，拥挤在缺乏基础设施的城市边缘，无计划的爆炸式城市化，带来了拥挤、堵塞、教育、医疗等问题。生活在一个吃饭、上学、就医都不得不经受漫长等待的城市里，时间成本的粗放式消耗，将会逐步吞噬一座城市的朝气与创造力。

一个公众不太熟悉的群体——城市规划建筑师，心怀乌托邦的梦想与卓越的思想，关注到建筑、交通对居住其中的人们内在的影响，提出若干理想主义与现实主义结合的幸福城市构想，这就是现代意义上的城市规划。世界规划设计师们的第一次尝试是1933年，国际现代建筑协会在雅典开会，制定了《雅典宪章》，首先提出要将城市与周围影响地区作为一个整体进行布局，城市规划的目的在于解决居住、工作、游憩与交通四大功能。其中，以E·霍华德的田园城市为代表，提出城乡一体化，让每个在城市居住的人都能最大限度地贴近乡村环境。几位先行试验者进行了实践。当然，最终在经济至上的城市法则下失败了，但这是一个伟大的尝试，为后来的城市规划提供了一种有益的探索。

其后，发展到科学社会主义经济学，城市规划学发生学科演变。要求每个城市的管理者，从城市规划的角度去建设一个城市，城市规划不仅要懂得建筑学、规划学，同时还必须精通社会学、材料学、城市心理学等。比较清晰地表达这一学科理念的是1977年的《马丘比丘宪章》，宪章重视城市的文化性，强调物质空间只是影响城市生活的一个方面，起决定作用的应该是城市文化、社会交往和政治结构。

中国也有自己的城市规划理想，同济大学教授吴志强博士，在1997年执笔了《21世纪城市规划师宣言》，又称《北京宣言》，国内11个规划师在此宣言上签字，国家注册规划师、现任呈贡区区委书记周峰越就是其中一个。通过周峰越，规划建筑师们建设和谐家园的努力和理想，在呈贡新区一一实现。周峰越认为，人和人相互作用和交往是城市存在的基本根据，强调城市中不同的文化背景和不同的社会集团之间的社会和谐，避免城市中社会空间的强烈分割和对抗。坚持为全体城市居民服务，是一个城市规划师的根本立场。呈贡新区采用混居模式，廉租房、经适房和市政小区、商品房开发区混居，以邻里单位的形式沟通，增加人们之间的交流空间，人与自然的沟通空间，不形成阶层对立，所有市民和睦生活在同样的环境中。好的工作环境，好的教育环境，老有所依、老有所养、老有所乐。这就是一个理想城市应该具备的基础功能。交通引导城市，从这一理念出发打造低碳呈贡、引

建设中的呈贡新城

“商业驱动的城市未来”昆明呈贡新城经济发展高端研讨会现场。左起第三位是《货币战争》作者宋鸿兵，第四位是本书作者（时任呈贡区委书记），第六位是胡润排行榜的创始人胡润

导低碳生活，优先发展公共交通，拒绝高速车流量带来的生活嘈杂。回归到自行车、步行、地铁出行。

周峰越说，一个会读书的城市，才是一个有希望的城市。这与《马丘比丘宣言》所提倡的文化塑造城市不谋而合。周峰越在新区的文化方面做了如下努力：呈贡文庙读书会、新区画展、花灯产业、信息产业、图书馆、戏剧院等等，大大小小的文化项目正在逐一实现。人们可能会有不同的文化诉求，满足并引导人们的文化追求，一言以蔽之，文而化之。

现实生活的不便造成了人们的漠然，现代人时常感到竞争的压力。周峰越认为幸福城市的一个标准是，让居住在其中的人有渠道释放生活的压力，而不是放在心里。其中，园林绿化与邻里单位相得益彰。呈贡虽然是一个建设中的经济特区，几乎处处都在施工，然而走在大街上，却感到十分安静，干净的马路，优美的绿化，这同样源自一个理念——关心城市中的人。控制PM指数，呈贡区政府城管部门对所有在建项目的施工单位进行了严格管理：所有渣土车只能在晚上作业，并且设计固定路线出入；所有施工现场都有沉淀池、积水池等，使运送渣土的车辆得以冲洗干净后离开工地；所有施工工地均要求盖棚，防止粉尘飘浮在空气中破坏环境。据此，呈贡新区被评为2011年

“中国十佳绿化城市”，周峰越本人荣获“中国绿色新闻人物”。

理性、人性、时尚的城市规划带给我们的是幸福美好的城市蓝本，这个示范城市带给我们无穷的想象、向往和希望，我们更加期待呈贡新区明天的模样。

（原载于《元生活》2012年4月5日）

2012年8月15日，作者陪同冰心小女儿吴青一行在呈贡冰心默庐参观

20世纪40年代抗战时期，著名作家冰心一家居住在昆明近郊呈贡，昆明呈贡新区目前将冰心故居维修保护，作为城市文脉，已列为呈贡区的历史保护建筑

第四编　**附录**

昆明呈贡新区经过十年的开发建设，一个湖滨生态园林城市展现在世人面前

昆明市级行政中心设计方案诞生记

李信言*

从2003年到2011年，在短短的八年里，呈贡新区建设取得了令人瞩目的成就，新区面貌焕然一新。作为当年为市级行政中心设计付出过许多心血和汗水的设计人员来说，对呈贡新区的情感自然与别人不同。当年呈贡新区党工委委员、呈贡新区管委会主任助理、昆明市规划局党组成员、副局长周峰越同志，现在担任了呈贡新区党工委书记、呈贡县委书记。当我再有机会与他谈起昆明市级行政中心的设计及建设过程，谈起当年他指导我们设计的情形以及我们共同为行政中心建设所付出的努力，周峰越书记十分感慨。他说：现在，作为呈贡新区的一把手，对新区的未来充满信心。就像当年设计市级行政中心一样，他又开始了对新区建设的新一轮设计，他将带领呈贡新区人民一道，团结奋斗、开拓创新，一定要把呈贡新区建设成为最适宜人居住的生态城市新区，成为品质春城示范区，成为面向西南开放的区域性国际城市新区。

2011年初，呈贡新区显得格外“忙碌”，昆明市级行政机关开始了搬迁的步伐，各单位陆续入驻行政中心，开始正常对外办公，给这片沉寂已久的土地带来新的生机。

站在呈贡三台山极目远眺，昆明市级行政中心以其宏伟的气势、

---

* 李信言，深圳设计院设计一所所长、高级建筑师、昆明市市级行政中心主设计师。

呈贡新区市级行政中心远眺

波浪般起伏的屋面造型，宛如大海飘扬而至；轻轻地走进她，螺蜂叠翠、龙池跃金、云台月照、翠堤春晓，其间既相互对比又相互渗透，构成了丰富多样的景观形式，其优美的姿态融合于环境、融入于自然，成为呈贡新区一颗璀璨的明珠。

昆明市级行政中心自建设完成以来，其独特新颖的设计得到了国内外专家、学者、各级领导及呈贡新区人民的一致好评和赞赏。美国哈佛大学城市设计学院前院长、哈佛大学终身教授彼特罗先生到呈贡新区考察，对新区的园林景观建设表示赞同，认为新区园林景观规划建设工作规划合理、建设规范，充分体现了中国园林式建筑的特点。尤其是昆明市级行政中心，设计庄严得体、朴素简洁，体现了云南的地域文化和民族文化特色，给人一种清新怡人的感觉。

2004年，昆明市组织了全国范围内的设计招标，深圳市建筑设计研究总院接到设计投标邀请任务后，时任深圳市建筑设计研究总院副院长的孟建民亲自在全院挑选设计团队，组成以李信言为主创建筑师的创作团队，并亲自部署设计任务，要求设计团队一定要代表总院力争中标并出色完成设计任务。

在当年，全国的各大中型城市行政中心基本上都以体量集中、高大、挺拔的现代建筑形式来设计，昆明市委、政府领导班子却提出要不

呈贡新区市级行政中心规划图

追逐潮流，建符合昆明的历史文脉和山水园林城市特征的行政中心。由昆明市规划局负责项目设计基本定位以及控制。

接到这一光荣而又艰巨的任务，规划主管部门主要领导分赴各设计投标单位检查指导设计工作，时任昆明市规划局党组成员、副局长，呈贡新区党工委委员、呈贡新区管委会主任助理的周峰越在第一时间，赶到深圳市建筑设计研究总院，看设计草图、听取汇报。

在听了设计主创李信言汇报后，作为负责这一项目的主要领导，周峰越明确提出设计要求：昆明市级行政中心作为呈贡新城富有地域特色的标志性建筑群，必须传承昆明作为千年历史名城的文脉特点。于是，他提出由深圳市建筑设计研究总院主创带领设计团队到云南省红河州、大理州行政中心和丽江沐王府进行考察，分析筒瓦、法式殖民建筑、传统的云南民居及土司府建筑。他认为，最初的设计方案是现代高层建筑群，不能体现云南地方建筑特色。只有传统的才是世界的，只有继承发展传统，才能实现更高层次的超越，才是最具现代感的建筑作品。

也就是这次考察，直接催生了关于昆明市级行政中心新的设计方案——也是最终方案。

2004年底，行政中心项目用地选址于白龙潭水库以东的丘陵地上。在第一轮投标评审会上，主创李信言在投标文件中对用地的局限性提出了大胆的质疑：首先，作为省会城市的行政中心，基地悬浮于城市规划结构之外，不利于提升周边的地块价值；此外，基地为丘陵地形，周围被5座山丘包围、阻隔，不利于行政中心的交通疏导；第三，基地坐向为东西向，与我国政务建筑的南北坐向的要求不相吻合。

经过了半年，昆明市规划局对昆明市级行政中心进行第二轮招标，这次项目用地改了，确定了最终行政中心的用地。

建设用地确定了，怎么规划？园林、建筑怎样设计？紧接下来面临的是更大的挑战。

为了追求细节的完美，周峰越常常查规程、翻资料，彻夜不眠。2005年5月，在一个面向设计竞标单位召开的招标会上，他提出园林式办公形态的规划思想，市委、市政府、市人大、市政协各自形成"四小楼"组团，各委办局根据隶属关系在功能上与之对应的要求，并进一步提出现代中式建筑风格的定位，以体现云南的历史文化特征。在周峰越的指导下，设计团队最终确定要把行政中心建成既有传统建筑韵味，又有现代中式建筑风格；既体现出政务建筑的地域性、民族性和文化性，又以景观环境为空间主体的园林式办公区。

深圳市建筑设计研究总院最终完成了昆明市行政中心"一条中轴""两个广场""两个片区"的总体构思，在第二轮投标评审会上高票中标，受委托进行昆明行政中心的规划、建筑单体方案到初步设计、景观设计任务，对行政中心展开全方位的深化设计。

当年设计方案的效果图，与现在建成后的实景如出一辙

市行政中心的规划结构是以南北向三条绿化带划分与之平行的三条建筑空间,形成“三轴三绿”的规划模式。以中央主绿化带为主轴,以中低层建筑群为主体的建筑布局。强调贯彻整体的园林生态设计思想,形成良好的行政区生态环境。

便民服务中心与会议中心作为标志建筑设置于中轴线上,一前一后,各设置了市民广场,充分表达了行政中心为民服务这一主题思想。同时,两大建筑在保量方面作为控制性的元素,解决了分散式布局与突出整体形象要求这一主要矛盾。

市行政中心规划设计以“山水园林城市”为理念,以节约利用土地为根本。把建筑群体集中在两旁的次轴上,以城市绿廊为主体,规划出中心生态景观带,作为城市绿廊的延续。茂密的林带与人性的空间充分体现生态化与园林化这一主题。建筑群的地下空间相对集中,形成能反映各组团特性的景观空间。东西两侧的绿带密植高大乔木,一方面起到防护作用,另一方面可使建筑与绿色林木相互辉映,形成山水园林城市特点。

以云南当地的空间布局形式来组织行政中心的建筑组团,以中式建筑的礼仪空间形式来体现空间秩序。结合建筑单体的屋檐、屋脊、墙体、连廊、柱式、斗拱、花窗、雨篷等中式建筑符号配合石材、钢、玻璃等先进的结构形式与构造做法,充分体现现代中式建筑风格。

当年6月,在领导小组关于优化总体设计交通体系,完善建筑功能配置的会议上,周峰越果断建议,市级行政中心在色彩上借鉴胜利堂

现在已投入使用的昆明市行政中心

灰色系和陆军讲武堂的黄色系，这一提议被采用。

行政中心总体在两个城市街区基础上分为南北两区。南区由1、2号地块组成，1号地块包括便民服务中心、工口、农口、建口、综合财贸口办公楼；2号地块包括市委和市政府两大机关办公楼。北区由3、4、5号地块组成。3号地块为两个委办局办公楼；4号地块为市人大、市政协；5号地块为会议中心、后勤保障中心、综合服务中心。

园林景观以中国古典园林为蓝本，具有云南地方风貌特色的山水园林景观。根据“依山就势”的原则，设计以原有地形地貌为基础，因地制宜，道路与景观根据地形采取了灵活多变的手法，达到中国传统上“步移景异”的园林空间效果。

在景观轴线上，南北两端在城市广场式的开放空间逐渐过渡，变化到中间区域的自然山水空间。按照功能区块分成四组，反映昆明文化历史特点的园林空间——螺蜂叠翠、龙池跃金、云台月照、翠堤春晓，其间既相互对比又相互渗透，构成丰富多样景观形式。行政中心绿地分为集中绿地、道路防护绿地和城市隔离绿地。

广场区域的植物，树姿优美、高大挺拔，以衬托出周边建筑的效果，选用银杏、南洋杉、凤凰木等。政府楼周边环境则密植树木，办公楼半隐于丛林中。运用不同植物高低错落的特点，形成一个小环境，使各个办公楼隔离开来，让每个办公楼形成相对独立的办公环境。植物有滇朴、滇栾、云南樟、山茶等。中心绿化带的水中植物有荷花、唐菖蒲，岸边以垂柳为主，空旷处植古榕树、古桂花。廊架处种植炮仗花、软枝黄蝉等花多、花期长的藤本植物。坡地植物以云南黄馨、茶花等当地树种为主。

现在，当市民们徜徉在行政中心的生态景观带，细细欣赏着这一座座气势恢宏的大楼，看她内敛的风格，朴素的色调，簇拥在这一片青青的绿草坪中，如同一艘艘航行在大海中的轮船，处处都透出一种和谐的美。难怪建筑行业的专家们会发出“构思巧妙、简洁明快”的赞叹！什么样的建筑具有人文意识？什么样的建筑是凝固的乐章？我们从昆明市级行政中心找到了答案！

(原载于《云南城市规划》2011年第3期、《新区》2011年第4期)

附：深圳设计总院关于“昆明市级行政中心”项目设计工作备案录

△2004年10月，看地。用地位于白龙潭水库以东的丘陵地上，11月开始设计工作，方案拉出模块后周峰越到深圳市建筑设计研究总院检查，建议设计人员到云南看红河州政府、丽江沐府，分析筒瓦、法式殖民建筑、传统的云南民居及土司府建筑。

△2005年5月，周峰越提出园林式办公形态的规划思想及现代中式建筑风格理念。

△2005年5月23日，由专家的评标会确定深圳市建筑设计研究总院提出的方案中标。

△2005年6月22日，根据20日建设领导小组关于优化总体设计交通体系，完善建筑功能配置，各单位功能以及生态化园林的指导意见，周峰越提出的在色彩上借鉴胜利堂灰色系和陆军讲武堂的黄色系的建议被采用。

△2005年11月24日，根据昆明市规划局关于强化设计协调性、地域性、突出园林式建筑特点的意见，提交了修改方案。

△2006年1月23日，根据市领导关于建筑统一协调的意见，提交了四大机关立面方案6个，便民中心立面方案4个，会议中心立面方案4个以及建筑模型。

△2006年1月24日，根据市领导及市建设领导小组关于节约建筑面积，减少进深，取消挑廊与玻璃幕墙，立面要求庄重大方以及层高和功能等方面的意见，提交了总体规划设计及所有单体的新一轮设计方案。

△2006年3月10日，订立第一批合同。

△2006年8月11日，订立第二批合同。

彼得·卡尔索普为本书赠言

步入21世纪以来，中国的城市化已经成为影响世界经济、文化和环境发展的最重大的事件。在过去的20年间，中国的城市化率由25%增长为54%，超过3亿人口进入城市。在城市化极大推动了中国物质文明建设和经济发展，快速改善人民生活的同时，也带来了一系列的挑战。这些挑战包括城乡二元经济失衡、贫富差距拉大、社会公平性受到挑战；快速城市化与快速机动化并行造成的城市拥堵加剧，一些大城市的运行效率降低，城市活力和竞争力下降；快速的城市化引发的重化工业占据产业结构首位，私人机动车交通快速增长，城市温室气体和常规污染物排放激增，人居环境恶化等一系列的问题。

为应对上述问题，无论国家政府部门还是学术团体，都在不懈努力，力图通过创立新的方法和思路，以解决城市发展过程中的难题。中国最新发布的国家新型城镇化规划强调以人为本，推进以人为核心的城镇化。然而，生态文明建设的实践模式存在着的挑战，盲目简单引用概念，堆砌技术，粗放式的规划和管理模式，都制约了城市真正实现可持续发展。面对城市规划实施方面的挑战，许多城市发展的设计者和实施者都在深刻思考如何借鉴国际的先进经验，并且与自身城市的特点相结合，走出一条创新的生态文明建设之路。在这批孜孜不倦而上下求索的有识之士中，周峰越先生是我非常尊重的一位地方实践者。

初识周峰越先生于呈贡新城规划建设之时，作为呈贡新区的主要领导，峰越先生以其敢为人先的勇气和紧密审慎的思考，同国际技术团队一起，采用新型低碳规划设计的理念打造新区。这一突破性的规划成果紧紧围绕以人为本、低碳集约的理念，以公共交通引导城市发展（TOD）构造了近10平方公里的低碳社区，并将其付诸实践。这一案例成为中国首批低碳绿色试点项目，并为世界银行城市报告所引用，成为中国城市规划中具有里程碑意义的一个项目。在城市规划建设的实践过程中，峰越先生秉持严谨求实、勤恳创新的思想，克服一个个理念和技术的难题，说服激励不同的利益相关方，以极大的耐心和勇气，披沥数载，终于使这一突破性的城市发展规划得以落地。

峰越先生曾在多个城市参与城市规划工作，并先后任职两地（玉溪、昆明）规划局长，直到成为呈贡新区区委书记，他的工作历程反映了一个城市可持续发展的践行者一步步坚实的工作足迹。从中也让我看到了中国同仁在探索城市化新的发展道路上的默默耕耘和不断前行。拿到这本近30万字、图文并茂的专著，仍是倍感惊异，惊异于峰越先生能够在政府工作如此繁忙，夜以继日的工作条件下，仍能够长于思考，勤勉治学，成就了这样一系列充满睿智与理性思索的文章。拜读之后，不禁感叹天道酬勤，峰越先生历经十数年的努力，其体会和思考足以在国家提出新型城市化建设的口号之时，从实践者的角度，给出自己的一份理解和答案。这必将对昆明乃至全国城市空间结构、生态文明和可持续发展产生积极的影响，此诚云南之幸，国家城市发展之幸。作为追求城市完美发展的同道者，深为峰越先生的精神和思考所感动，希望这本书能同时给我们的朋友和同路人更多的启示，共同构建一个城市可持续发展的美好明天。

彼得·卡尔索普
2014年4月

Since the beginning of 21st century, China's urbanization has become the most significant event affecting the world's economy, culture and environment. In the past 20 years, the urbanization rate has increased from 25% to 54%, with more than 30,000,000 people entering cities. Urbanization greatly pushed forward economic development and improved people's living quality, but also brings about a series of challenges. These challenges include urban and rural economic imbalance, the widening gap between rich and poor, social injustices, rapid motorization causing traffic jams (decreasing overall operational transit efficiency), declining city vitality and competitiveness, heavy industry taking the leading role in industry structure, an increase in the number of private vehicles and emission of GHG, and an overall worsening living environment, among others.

To deal with these issues, both the government and the academic community persistently tried to create a new solution for the problems brought about by urbanization, "Scientific Outlook on Development" and the "Five in One" development strategy, encompassing ecological civilization. The newly released "New National Urbanization Plan" emphasizes the idea of people-oriented urbanization. However, the practice of ecological construction faces challenges. "People-oriented" and related concepts are often cited but without a clear definitions or implementation plans, technologies are often introduced without proper analyses on how they will actually benefit cities, and city design and management is carried out with a macro view without focus on details, which all restrict the city to realize sustainable development. Facing implementation challenges, many designers and city implementers are thinking deeply in terms of how to learn successful international experiences and adapt them to the local context of Chinese cities. Mr. Zhou Fengyue is one such local practitioner who I highly respect, who is doing such work and deep thinking.

I first met Mr. Zhou Feng Yue, the chief leader of the new district, when I started working on the planning for the new Town. With his great courage to be progressive and careful thinking, Mr. Zhou works with a team of international experts, and adopts a new paradigm of low-carbon planning . This ground-breaking new town plan is developed under the "people-oriented, low-carbon, and compact" principles, which envisions a 10 square kilometer community with the transit-oriented development model and brings it into reality. This city therefore becomes one of the first low-carbon sustainable pilots in China, also a significant milestone in Chinese city planning. It was also cited as a positive case in the World Bank report. With his practical yet innovative approach, Mr. Zhou conquered a series of technical and ideological challenges, persuaded stakeholders with different interests in the implementation process. With great patience and courage, he was able to turn this plan into reality.

Mr. Zhou has worked in the planning departments of several cities. He was also the planning director for the city of Yuxi, and city of Kunming, and later steps on the leadership position of the new mayor for Chengong New District. His past experience is a reflection of the hard work by sustainable urban growth practitioners. I also saw the hard work and progress made by my Chinese counterparts in exploring new paradigm of urbanization. I was very impressed with this 300,000-word monograph, given the busy daily life from government administrative work. His diligence, as well as his careful thinking leads to these thoughtful articles. After reading the book, I feel this is exactly as the saying that "hard work will be rewarded" at the moment when the country calls for new paradigm in the urbanization. Mr. Zhou, as the practitioner for decades, is able to share his own understanding and solutions. As someone who also pursuits perfect urban development, I feel very touched by Mr.Zhou's dedication and creative thinking. I hope this book will provide inspirations for our friends and colleagues, and contribute to the future sustainable growth of Chinese cities.

April, 2014

本书责任编辑审稿意见

《营国——城市规划建设管理实践与思考》一书站在理论和专业的高度，围绕城市规划实践中的问题作了精辟的论述，同时又不拘泥于琐碎的技术细节，使城市规划的基本理论与实践中的典型案例和作者自身丰富的工作经历紧密结合，体现了一位城市管理者的深入思考和人文关怀。

全书语言朴实，行文流畅。原稿曾经作者数次增删，保留了最精华的内容，是一部兼具学术性和现实价值的不可多得的佳作，可以使中国的城市规划和管理者从中得到很好的借鉴，也可供高等院校城市规划相关专业的师生作为扩充知识、接触实际的学习读物。

2014年6月

后　记

这本书中收录的，是我在近16年间陆续发表的关于城市规划建设管理的小文章，有些观点随着时间的推移，有可能已经时过境迁，但为了真实反映当时的想法及观点，也就不做删改。不妥之处，敬请各位读者批评指正。

面对中国百年城市化大潮，我们有许多问题需要回答，也有不少问题来不及回答。对此，唯有冷静沉着的思考，唯有不停歇的实践、实践再实践。

周峰越

2014年4月13日于昆明

图书在版编目(CIP)数据

营国:城市规划建设管理实践与思考/周峰越著. —上海:复旦大学出版社,
2014.9(2020.10 重印)
ISBN 978-7-309-10565-0

Ⅰ. 营… Ⅱ. 周… Ⅲ. 城市规划-研究 Ⅳ. TU984

中国版本图书馆 CIP 数据核字(2014)第 075668 号

营国:城市规划建设管理实践与思考
周峰越 著
责任编辑/岑品杰

复旦大学出版社有限公司出版发行
上海市国权路 579 号 邮编: 200433
网址: fupnet@fudanpress.com http://www.fudanpress.com
门市零售: 86-21-65102580 团体订购: 86-21-65104505
外埠邮购: 86-21-65642846 出版部电话: 86-21-65642845
上海崇明裕安印刷厂

开本 787×1092 1/16 印张 24 字数 349 千
2020 年 10 月第 1 版第 5 次印刷

ISBN 978-7-309-10565-0/T·504
定价: 49.00 元